普通高等教育"十二五"系列教材

U0288899

数字电子技术与逻辑设计
（第三版）

主　编　徐　维

副主编　蒋渭忠

编　写　杜玉华

主　审　赵德安

中国电力出版社

CHINA ELECTRIC POWER PRESS

内 容 提 要

本书为普通高等教育"十二五"系列教材。

本书在第二版的基础上增加了一些设计型的例题、习题，供学生在理论学习之后进行实验调试；同时在部分章节中增加了使用Multisim 9 分析和仿真数字逻辑电路的简单内容。本书内容简明扼要、通俗易懂、突出重点、概念清晰、深入浅出，主要包括数字电路基础、逻辑代数基础、逻辑门电路、组合逻辑电路、触发器、时序逻辑电路、脉冲电路、数/模（D/A）和模/数（A/D）转换、半导体存储器、可编程逻辑器件等，且每章都配有小结和习题，文后配有部分习题参考答案。

本书可作为高等院校计算机类、电子信息类、自动化类等相关专业基础课教材，也可作为相关技术人员参考用书。

图书在版编目（CIP）数据

数字电子技术与逻辑设计 / 徐维主编. —3 版. —北京：中国电力出版社，2013.2（2022.11 重印）

普通高等教育"十二五"规划教材

ISBN 978-7-5123-3914-9

Ⅰ. ①数⋯ Ⅱ. ①徐⋯ Ⅲ. ①数字电路－电子技术－高等学校－教材②数字电路－逻辑设计－高等学校－教材 Ⅳ. ①TN79

中国版本图书馆 CIP 数据核字（2013）第 000235 号

中国电力出版社出版、发行

（北京市东城区北京站西街 19 号 100005 http://www.cepp.sgcc.com.cn）

三河市百盛印装有限公司印刷

各地新华书店经售

*

2003 年 2 月第一版

2013 年 2 月第三版 2022 年 11 月北京第十三次印刷

787 毫米×1092 毫米 16 开本 16.5 印张 396 千字

定价 43.00 元

前　言

　　"数字电子技术与逻辑设计"课程是计算机、电子、信息和自动控制等专业的技术基础课。为使理论教学和实践教学紧密结合，注重学生的智力开发和能力培养，本书按照"普通高等教育'十二五'教材的规划"的要求，在第二版的基础上进行了修订。

　　本次修订主要是根据本课程实践性强的特点，增加了一些设计型的例题、习题，供学生在理论学习之后进行实验调试。同时在部分章节中增加了使用 Multisim 9 分析和仿真数字逻辑电路的简单内容，希望给读者一些初步的概念，真正掌握这部分内容还必须通过后续课程的学习和实践应用。

　　此外，在第 2 章中介绍基本逻辑运算和复合运算时，增加了国际上流行的旧逻辑图形符号的介绍，Multisim 9 仿真软件中采用的就是这样的符号。为便于教学和学生学习，教材中仍然普遍使用的矩形轮廓符号，只是在利用 Multisim 9 仿真软件绘图时用的旧逻辑图形符号。

　　本书由常州工学院徐维担任主编，蒋渭忠担任副主编，杜玉华参与了编写。徐维编写了第 3~8 章，蒋渭忠编写了第 1、2 章，杜玉华编写了第 9、10 章。

　　本书由江苏大学赵德安教授担任主审，并提出了许多宝贵意见。许多教师和同学也热情地为本次修订工作提出了很好的意见和建议。在此谨向他们表示衷心的感谢！

　　由于作者水平有限，加之时间紧张，修订后的教材难免存在不足之处，恳请广大读者批评指正。

编　者

2012 年 11 月

第二版前言

本书是在《数字电子技术与逻辑设计》第一版的基础上，按照"普通高等教育'十一五'教材的规划"的要求修订的。

本书自 2003 年 2 月出版以来，在一些高校的教学工作中经受了实践的考验。许多教师对本教材给予了充分的肯定，认为本教材的知识体系结构符合计算机、电子类等专业对数字电路课程的基本要求，在够用的基础上保证了知识体系的完整性，教学内容符合应用型人才的培养目标，课时安排合理。

第二版教材在基本保持原书理论体系的基础上，对第 2 章、第 3 章、第 6 章和第 9 章内容做了一定的修改和补充。如将第 2 章中的逻辑函数的表示方法及其相互转换做了更具体的阐述，另外，考虑到目前的数字电子技术课程多半安排在模拟电子技术课程之后，所以将第 3 章中与模拟电路重复的内容做了适当的删减。第一版中第 6 章中对时序逻辑电路的分析举例较少，初学者较难掌握，而这部分内容又很重要，因此增加了一些合适的例题，对不同结构的时序逻辑电路的分析做了具体的补充。第 9 章中增加了"存储器容量的扩展"一节的内容。另外，对每章后面的小结和习题做了相应的修改和补充。

本书修订部分主要由徐维、蒋渭忠、华路纲完成。华容茂教授审阅了全部书稿，并提出了许多宝贵意见。从本书的初版到本次修订，得到了许多兄弟院校同仁的热情支持和悉心指导，借此机会向他们表示衷心的感谢。

修订后的教材中一定还有许多不完善之处，殷切地期望读者给予批评和指正，编者将不胜感激。

编　者
2006 年 4 月

第一版前言

本书是根据国家教委制定的《电路与电子技术》课程教学基本要求，由十余所以培养应用型人才为主要目的的高等学校从事计算机类、电子类和电气类课程的老师编写的，全书分 3 册：《电路与模拟电子技术》、《数字电子技术与逻辑设计》、《电工、电子技术实习与课程设计》。

编写《数字电子技术与逻辑设计》时，注意了以下几点。

（1）本书的内容以计算机专业的教学要求为主，适当涵盖相近电类专业（电子类、电气类、机电一体化类）的教学要求。

（2）在介绍基础知识、基本理论和基本技能训练的同时，注意融入新知识、新器件。

（3）全书以中小规模集成电路为主，以外特性为主，而且小规模集成电路的介绍主要针对培养学生分析电路原理的思路与方法，中规模集成电路、集成块引脚及功能的应用在多处进行介绍以突出应用。

本书由华容茂主编，罗慧芳、陶洪副主编。第 1、7 章由陈海峰编写，第 2、8 章由罗慧芳编写，第 3、4 章由杨春平编写，第 5、6 章由徐维编写，第 9、10 章由陶洪编写。全书由华容茂、罗慧芳统稿，在统稿过程中做了很多重要修改与补充，最后由华容茂定稿，陈寿铨审阅了全部书稿，并提出了宝贵的意见，华婷、叶剑秋、王俊为本书的录入做了大量的工作，在此表示感谢。

由于编者水平有限，加之时间仓促，书中定有不少错误与缺点，恳请批评指正。

编 者

2003 年 2 月

目 录

前言
第二版前言
第一版前言
第1章 数字电路基础··1
1.1 概述···1
1.2 数制···2
1.3 码制···6
小结··8
习题··9
第2章 逻辑代数基础··10
2.1 概述···10
2.2 基本逻辑运算···10
2.3 逻辑代数的基本公式、常用公式和重要规则·····························14
2.4 逻辑函数及其表示方法···17
2.5 逻辑函数表达式的表示形式··20
2.6 用 Multisim 9 进行逻辑函数的各种表示方式之间的相互转换······34
小结··36
习题··37
第3章 逻辑门电路··41
3.1 概述···41
3.2 分立元件的开关特性···41
3.3 TTL 集成与非门电路···51
3.4 特殊的 TTL 门电路···58
3.5 常用 TTL 门电路··62
3.6 其他双极型门电路···63
3.7 MOS 门电路···67
小结··76
习题··76
第4章 组合逻辑电路··82
4.1 概述···82
4.2 组合逻辑电路的分析···82
4.3 组合逻辑电路的设计···85
4.4 常用集成组合逻辑电路···90
4.5 用中规模集成电路设计组合电路··112

4.6　组合逻辑电路中的竞争冒险现象 ··· 115

4.7　用 Multisim 9 实现组合逻辑电路的设计 ··· 119

小结 ··· 120

习题 ··· 120

第 5 章　触发器 ··· 124

5.1　概述 ··· 124

5.2　基本触发器 ··· 124

5.3　同步时钟触发器 ·· 127

5.4　主从触发器 ··· 131

5.5　边沿触发器 ··· 133

5.6　各种类型触发器之间的相互转换 ·· 137

5.7　用 Multisim 9 验证触发器的逻辑功能及其应用 ··· 138

小结 ··· 140

习题 ··· 140

第 6 章　时序逻辑电路 ··· 144

6.1　概述 ··· 144

6.2　时序逻辑电路的分析 ··· 145

6.3　时序逻辑电路的设计 ··· 151

6.4　常用时序逻辑器件 ·· 158

6.5　常用集成逻辑器件及其应用 ·· 169

6.6　用 Multisim 9 分析时序逻辑电路 ··· 176

小结 ··· 178

习题 ··· 178

第 7 章　脉冲电路 ··· 183

7.1　概述 ··· 183

7.2　施密特触发器 ··· 183

7.3　单稳态触发器 ··· 187

7.4　多谐振荡器 ··· 191

7.5　集成定时器 555 及其应用 ·· 193

7.6　用 Multisim 9 分析由 555 定时器构成的脉冲电路 ······································ 196

小结 ··· 200

习题 ··· 200

第 8 章　数/模（D/A）和模/数（A/D）转换 ·· 203

8.1　概述 ··· 203

8.2　D/A 转换器 ··· 203

8.3　A/D 转换器 ··· 210

小结 ··· 219

习题 ··· 220

第 9 章　半导体存储器 ·· 222

9.1　概述 ·· 222

9.2　只读存储器 ·· 223

9.3　随机存储器 ·· 227

9.4　存储器容量的扩展 ·· 229

9.5　ROM 的应用 ·· 230

小结 ·· 234

习题 ·· 235

第 10 章　可编程逻辑器件 ··· 236

10.1　概述 ··· 236

10.2　可编程阵列逻辑 PAL ·· 240

10.3　通用可编程逻辑阵列 GAL ·· 240

10.4　可编程逻辑器件应用举例 ·· 243

小结 ·· 245

习题 ·· 246

部分习题参考答案 ··· 247

参考文献 ·· 251

第 1 章　数字电路基础

本章介绍有关数字电路的基本概念。首先扼要介绍了数字信号，数字电路的特点、分类、应用，然后讲述了不同数制的转换方法，最后介绍了各种二—十进制编码（即 BCD 码）、格雷（Gray）码、校验码。

1.1　概　　述

1.1.1　数字量与模拟量

电子电路中的量可以分为两大类：模拟量和数字量。

模拟量：指在时间和数量上都是连续变化的量。把表示模拟量的信号称为模拟信号，并把工作在模拟信号下的电子电路称为模拟电路。

数字量：指在时间和数量上的变化都是离散的量。即它们的变化在时间上是不连续的，总是发生在一些离散的瞬间。同时，它们的数字大小和每次的增减都是某一个数量单位的整数倍，而小于这个最小数量单位的数字没有任何物理意义。数字量只有两个离散值，常用数字 0 和 1 来表示，注意，这里的 0 和 1 代表了两种对立的状态，称为逻辑 0 和逻辑 1，也称为二值数字逻辑。同样地，把表示数字量的信号称为数字信号，并把工作在数字信号下的电子电路称为数字电路。

1.1.2　数字电路的分类

（1）按其组成结构不同可分为分立元件电路和集成电路两大类。其中，集成电路按集成度大小分为小规模集成电路 [SSI 集成度为（1～10）门/片]、中规模集成电路 [MSI 集成度为（10～100）门/片]、大规模集成电路 [LSI 集成度为（100～1000）门/片] 和超大规模集成电路（VLSI 集成度为大于 1000 门/片）。

（2）按电路所用器件不同可分为双极型和单极型电路。其中双极型电路有 DTL、TTL、ECL 等；单极型电路有 JFEI、NMOS、PMOS、CMOS 等。

（3）按电路逻辑功能的特点可分为组合逻辑电路和时序逻辑电路两大类。

1.1.3　数字电路的应用

数字电路的应用很广泛，主要应用在下列几方面。

（1）数控：各种生产过程的自动控制。如温度、压力的自动控制，数控机床的控制等。

（2）数字化测量：早期一直使用的依赖模拟电子技术的指针式测量仪表，现在已由数字式仪表所代替，如数字频率计、数字万用表、数字秤、数字钟等。

（3）数字电子计算机：20 世纪 30 年代前后，人们开始将电子技术应用于计算工具，开发电子计算机，最早采用真空管；从 20 世纪 40 年代开始，数字电子技术逐渐进入计算机以致完全占领了电子计算机领域。当今人们所熟悉的电子计算机，几乎全都是利用数字电路的计算机了。

（4）数字通信：进入 21 世纪以后，"数字化"、"信息"、"数字信息"这些名词已家喻户晓，它标志着数字电子技术还将在更深层次上进入生产、生活的各个领域。

1.2　数　　　制

1.2.1　常用数制

在日常生活中，人们用数字量表示事物的多少时，仅用一位数码往往不够用，所以经常需要用进位计数的方法组成多位数码使用。我们把多位数码中每一位的构成方法以及从低位向高位的进位规则称为数制。在各种数制中，数码（即表示数的符号称为数码）的位置不同，所表示的值就不相同。

在数字电路中常用的计数体制除了十进制以外，还有二进制、八进制、十六进制。

1. 十进制数

十进制是人们在日常生活和工作中常用的进位计数制。

（1）组成十进制数的数码有：0、1、2、3、4、5、6、7、8、9 共十个。

（2）十进制的进位规则是："逢十进一"。

（3）计数的基数为 10，又称权为 10。如

$$345.67 = 3\times10^2 + 4\times10^1 + 5\times10^0 + 6\times10^{-1} + 7\times10^{-2}$$

一般地说，对于任意一个具有 n 位整数和 m 位小数的十进制数均可表示为

$$(N)_{10} = \sum_{i=n-1}^{-m} k_i \times 10^i = k_{n-1}\times10^{n-1} + k_{n-2}\times10^{n-2} + \cdots + k_1\times10^1 + k_0$$
$$\times10^0 + k_{-1}\times10^{-1} + \cdots + k_{-m}\times10^{-m} \tag{1.1}$$

式（1.1）称为十进制数 $(N)_{10}$ 的权的展开式。k_i 是第 i 位的系数，它可以是 0～9 这十个数码中的任何一个。i 表示该数码所处的位置，位置不同，它所表示的值不同。

2. 二进制数

在数字电路中应用最广的数制是二进制。

（1）组成二进制数的数码有：0 和 1 两个。

（2）二进制的进位规则是："逢二进一"。

（3）计数的基数为 2，又称权为 2。

任何一个具有 n 位整数和 m 位小数的二进制数均可展开式为

$$(N)_2 = \sum_{i=n-1}^{-m} k_i \times 2^i = k_{n-1}\times2^{n-1} + k_{n-2}\times2^{n-2} + \cdots + k_1\times2^1$$
$$+ k_0\times2^0 + k_{-1}\times2^{-1} + \cdots + k_{-m}\times2^{-m} \tag{1.2}$$

式（1.2）中 k_i 取 0 或 1 两个数码，2^i 为第 i 位的权值，i 包含从 $n-1$ 到 0 的所有正整数和从 -1 到 $-m$ 的所有负整数。

如　　　　　　$(101.11)_2 = 1\times2^2 + 0\times2^1 + 1\times2^0 + 1\times2^{-1} + 1\times2^{-2} = (5.75)_{10}$

3. 八进制数和十六进制数

八进制数的进位基数为 8，它有 0～7 八个数码，各位数的权值是 8 的幂。低位数和相邻高位数之间的进位关系是"逢八进一"。任何一个八进制数均可展开为

$$(N)_8 = \sum k_i \times 8^i \tag{1.3}$$

式（1.3）中 k_i 取 0～7 中的某一数码，8^i 为第 i 位的权值。

如　　　　　　$(234)_8 = 2 \times 8^2 + 3 \times 8^1 + 4 \times 8^0 = 128 + 24 + 4 = (156)_{10}$

同理，十六进制的进位基数为 16。它有 0～9、A、B、C、D、E、F 十六个数码（十进位数的 10～15 分别用 A～F 六个英文字母表示）。低位数与相邻高位数之间的进位关系是"逢十六进一"。任何一个十六进制数可表示为

$$(N)_{16} = \sum k_i \times 16^i \tag{1.4}$$

式（1.4）中 k_i 取 0～F 中的某一数码，16^i 为第 i 位的权值。

如　　　　　$(2A.7F)_{16} = 2 \times 16^1 + 10 \times 16^0 + 7 \times 16^{-1} + 15 \times 16^{-2} = (42.4960937)_{10}$

现代计算机中普遍采用 8 位、16 位、32 位二进制并行运算，而二进制数中的数位较多，不易读/写，因而常用八进制和十六进制符号书写程序。表 1.1 所示为几种常用计数制的对照表。

表 1.1　　　　　　　　　　　　几种常用计数制对照表

十进制	二进制	八进制	十六进制
0	0000	0	0
1	0001	1	1
2	0010	2	2
3	0011	3	3
4	0100	4	4
5	0101	5	5
6	0110	6	6
7	0111	7	7
8	1000	10	8
9	1001	11	9
10	1010	12	A
11	1011	13	B
12	1100	14	C
13	1101	15	D
14	1110	16	E
15	1111	17	F

1.2.2　数制转换

各种数制的转换分两种情况：一种情况是把非十进制数（即二进制、八进制、十六进制数）转换成十进制数；另一种情况是把十进制数转换为非十进制数。现分别讨论如下。

1. 非十进制数转换成十进制数

把非十进制数转换成等值的十进制数的方法是：将它们按位权展开后，把所有各位的数值按十进制数相加，即可得到等值的十进制数了。

【例 1.1】　$(1011.01)_2 = (1\times2^3 + 0\times2^2 + 1\times2^1 + 1\times2^0 + 0\times2^{-1} + 1\times2^{-2})_{10}$

$$= (8 + 2 + 1 + 0.25)_{10}$$

$$= (11.25)_{10}$$

$$(25.46)_8 = (2\times8^1 + 5\times8^0 + 4\times8^{-1} + 6\times8^{-2})_{10}$$

$$= (16 + 5 + 0.5 + 0.09375)_{10}$$

$$= (21.59375)_{10}$$

$$(B2)_{16} = (11\times16^1 + 2\times16^0)_{10}$$

$$= (178)_{10}$$

2. 十进制数转换成非十进制数

在这类转换中，要注意先将十进制数的整数部分和小数部分分别进行转换，然后将结果合并为要求的数制形式。

（1）整数部分的转换：采用除基取余法。所谓除基取余法即用目的数制的基数去除十进制整数，第一次所得的余数为目的数的最低位，把得到的商再除以该基数，所得的余数为目的数的次低位，依次类推，直至商为 0 时，所得的余数为目的数的最高位。

【例 1.2】　把 $(28)_{10}$ 转换成二进制数、八进制数、十六进制数。

$$(28)_{10} = (11100)_2 \qquad (28)_{10} = (34)_8 \qquad (28)_{10} = (1C)_{16}$$

（2）小数部分的转换：采用乘基取整法，即用该小数去乘目的数制的基数，第一次乘得结果的整数部分为目的数的最高位（小数部分的最高位），将乘得结果的小数部分再乘基数，所得结果的整数部分作为目的数的第二位，依次类推，直至小数部分为 0 或达到要求精度为止。

【例 1.3】　把 $(0.765)_{10}$ 转换成二进制数、八进制数、十六进制数均精确到小数后 4 位。

0.765×2=1.530	1	0.765×8=6.12	6	0.765×16=12.24	C
0.530×2=1.06	1	0.12×8=0.96	0	0.24×16=3.84	3
0.06×2=0.12	0	0.96×8=7.68	7	0.84×16=13.44	D
0.12×2=0.24	0	0.68×8=5.44	5	0.44×16=7.04	7
0.24×2=0.48	0	0.44×8=3.52	3	0.04×16=0.64	0

$$(0.765)_{10} = (0.1100)_2 \qquad (0.765)_{10} = (0.6075)_8 \qquad (0.765)_{10} = (0.C3D7)_{16}$$

在将十进制小数转换成二进制小数时，一般保留 4 位小数，第 5 位小数则采取"零舍一入"的原则。由此可知，十进制小数有时不能用二进制小数精确地表示出来，这时只能根据精度要求，求到一定的位数，近似地表示。在将十进制小数转换成八进制小数时，若保留 4 位小数则第 5 位小数采取"三舍四入"，在将十进制小数转换成十六进制小数时，若保留 4 位小数则第 5 位小数采取"七舍八入"。

3. 非十进制数之间的转换

（1）二进制数与八进制数之间的转换：将二进制数转换成等值的八进制数时，由于 3 位二进制数恰好有 8 个状态，而把这 3 位二进制数看做一个整体时，它的进位输出又正好是逢八进一，所以只要以小数点位为分界线，整数部分从低位到高位将每 3 位二进制数分为一组，不足 3 位的在最高位补 0，而小数部分则从高位到低位将每 3 位二进制数分为一组，不足 3 位的在最低位补 0 并代之以等值的八进制数，即可得到对应的八进制数了。

【例 1.4】　试将二进制数 $(1010011100.101110111)_2$ 转换成八进制数。

$$001 \quad 010 \quad 011 \quad 100 \quad . \quad 101 \quad 110 \quad 111$$
$$1 \quad\quad 2 \quad\quad 3 \quad\quad 4 \quad\quad\quad 5 \quad\quad 6 \quad\quad 7$$
$$(1010011100.101110111)_2 = (1234.567)_8$$

将一个八进制数转换成二进制数时，只需将八进制数的每一位用等值的 3 位二进制数代替即可。

【例 1.5】　试将八进制数 $(5623.127)_8$ 转换成二进制数。

$$5 \quad\quad 6 \quad\quad 2 \quad\quad 3 \quad . \quad 1 \quad\quad 2 \quad\quad 7$$
$$101 \quad 110 \quad 010 \quad 011 \quad . \quad 001 \quad 010 \quad 111$$
$$(5623.127)_8 = (101110010011.001010111)_2$$

（2）二进制数与十六进制数之间的转换：十六进制数的基数 $16 = 2^4$，所以 4 位二进制数对应 1 位十六进制数。按照上述的转换步骤，只要将二进制数按 4 位分组，即可实现二进制数与十六进制数之间的转换。

【例 1.6】　试将二进制数 $(101110010011.001010111)_2$ 转换成十六进制数。

$$0100 \quad 0101 \quad 1100 \quad . \quad 0110 \quad 1101$$
$$4 \quad\quad 5 \quad\quad C \quad\quad 6 \quad\quad D$$
$$(10001011100.01101101)_2 = (45C.6D)_{16}$$

1.2.3　逻辑运算和算术运算

在数字电路中，1 位二进制数码的 0 和 1 不仅可以表示数量的大小，而且可以表示两种不同的逻辑状态。例如，可以用 1 和 0 分别表示一件事情的是和非、真和假、电路的通和断、电灯的亮和灭等。这种只有两种对立逻辑状态的逻辑关系称为二值逻辑。当两个二进制数码表示不同的逻辑状态时，它们之间可以按照指定的某种因果关系进行运算，这种运算称为逻辑运算。有关逻辑运算的问题将在第 2 章详细讨论。

当两个二进制数码表示两个数量的大小时，它们之间可以进行数值运算，这种运算称为算术运算。二进制的算术运算和十进制的算术运算的规则基本相同，不同之处在于它们的进位规则不同即二进制数是"逢二进一"而十进制数是"逢十进一"。

加法运算的运算规则为　　0+0=0　　1+0=1　　1+1=10

乘法运算的运算规则为　　0×0=0　　1×0=0　　1×1=1

减法、除法则是加法和乘法的逆运算。

【例 1.7】　$(1101)_2 + (101)_2 = ?$

$$\begin{array}{r} 1101 \\ + \ 101 \\ \hline 10010 \end{array}$$

$$(1101)_2 + (101)_2 = (10010)_2$$

【例 1.8】 $(110.11)_2 + (101.1)_2 = ?$

$$
\begin{array}{r}
110.11 \\
+\,101.1 \\
\hline
1100.01
\end{array}
$$

$$(110.11)_2 + (101.1)_2 = (1100.01)_2$$

【例 1.9】 $(11001)_2 - (1111)_2 = ?$

$$
\begin{array}{r}
11001 \\
-\ 1111 \\
\hline
1010
\end{array}
$$

$$(11001)_2 - (1111)_2 = (1010)_2$$

【例 1.10】 $(1011)_2 \times (11.01)_2 = ?$

$$
\begin{array}{r}
1011 \\
\times 11.01 \\
\hline
1011 \\
1011 \\
1011 \\
\hline
100011.11
\end{array}
$$

$$(1011)_2 \times (11.01)_2 = (100011.11)_2$$

【例 1.11】 $(101111001)_2 \div (1111)_2 = ?$

$$
\begin{array}{r}
11001 \\
1111\overline{)101111001} \\
1111 \\
\hline
10001 \\
1111 \\
\hline
10001 \\
1111 \\
\hline
10
\end{array}
$$

$$(101111001)_2 \div (1111)_2 = (11001)_2 \cdots 余 (10)_2$$

1.3 码   制

1.3.1 BCD 码

不同的数码不仅可以表示数量的大小，也可以表示不同的事物。当表示不同的事物时它们已没有表示数量大小的含意，只表示不同事物的代号而已。这时这些数码称为代码。在数字系统中，由 0 和 1 组成的二进制数码不仅可以表示数值的大小，还可以表示特定的信息。用 4 位二进制数组成一组代码来表示 0～9 十个数字，这种代码称为二—十进制代码（Binary Coded Decimal），简称 BCD 码。表 1.2 所示为三种常用的 BCD 码，它们的编码规则各不相同。

表 1.2 常 用 的 BCD 码

十进制整数	8421 码	2421 码	余 3 码
0	0000	0000	0011
1	0001	0001	0100
2	0010	0010	0101
3	0011	0011	0110
4	0100	0100	0111
5	0101	1011	1000
6	0110	1100	1001
7	0111	1101	1010
8	1000	1110	1011
9	1001	1111	1100

1. 8421 码

8421 码是 BCD 代码中最常用的一种代码。该码共有 4 位，其位权值从高位到低位分别为 8、4、2、1，故称 8421 码。每个代码的各位数值之和就是它表示的十进制数，它属于有权码。8421 码与十进制数之间的关系是 4 位二进制代码表示 1 位十进制数。

如 $(6)_{10} = (0110)_{8421}$ $(78)_{10} = (01111000)_{8421}$

2. 2421 码

2421 码也是一种有权码，该码从高位到低位的权值分别为 2、4、2、1，也是 4 位二进制代码表示 1 位十进制数。该码中 0 和 9、1 和 8、2 和 7、3 和 6、4 和 5 互为反码，即两码对应位取值相反。

3. 余 3 码

余 3 码的编码规则与 8421 码不同，如果把每一个余 3 码看做二进制数，则它的数值要比它所表示的十进制数码多 3，故而将这种代码称为余 3 码。在余 3 码中，0 和 9、1 和 8、2 和 7、3 和 6、4 和 5 互为反码。余 3 码不能由各位二进制数的权值来决定某代码的十进制数，属于无权码。

1.3.2 格雷（Gray）码

格雷码是一种无权码，其特点是任意两个相邻的码之间只有一位数码不同。另外，由于首、尾代码和以中间为对称的两个代码之间也仅一位数码不同，故通常又称格雷循环码或反射码。用格雷码计数时，每次状态更新仅有一位代码发生变化，这样就减少了出错的可能性。表 1.3 所示为 4 位格雷码的编码表。

格雷码可以由自然二进制码转换而来。转换的方法是：从自然二进制码最低位开始将相邻两位二进制数码两两相加，但不进位，其结果作为格雷码的最低位，依以类推求出其余各位；为了得到与自然二进制码相同的位数，在自然二进制码的最高位之前补零，与自然二进制码的最高位相加得到格雷码的最高位。例如十进制数 9 的转换过程如下。

$$\text{——在最高位补0}$$

$$0\ (1\quad 0\quad 0\quad 1)_2 = (1101)_G$$
$$\quad 1\quad 1\quad 0\quad 1$$

其结果为 $(9)_{10} = (1001)_2 = (1101)_G$。

表 1.3　　　　　　　　　　4 位格雷码的编码表

十进制数	格雷码	十进制数	格雷码
0	0000	8	1100
1	0001	9	1101
2	0011	10	1111
3	0010	11	1110
4	0110	12	1010
5	0111	13	1011
6	0101	14	1001
7	0100	15	1000

1.3.3　校验码

在数字系统中采用大量的二进制数码组表示各种不同的特定的信息。当数码位数较多时较难反映出该数码组是否出错，因此希望有出错概率较少，或较易发现出错的码制，校验码就是具有这种特点的码制。

奇偶校验码是将 1 位二进制代码，配置到被传送的每一组二进制代码中，并使配置后的每一组代码中"1"的个数为奇数或偶数，如表 1.4 所示为带奇偶校验位的 8421 码。

表中前 4 位为 0～9 十进制数的 8421 码，第 5 位为校验位。它可以是"1"也可以是"0"，究竟是取"1"还是取"0"就看加上这位以后，使总的 5 位二进制代码中"1"的个数是奇数，还是偶数，如果是奇数，则最后一位是奇校验位，否则是偶校验位，如 $(3)_{10} = (0011)_{8421}$，带奇校验位则为 $(3)_{10} = (00111)_{8421奇}$，带偶校验位则为 $(3)_{10} = (00110)_{8421偶}$。所以最后一位校验位究竟加"1"还是加"0"视需要而定。

表 1.4　　　　　　　　　带奇偶校验位的 8421 码

0	00001	00000
1	00010	00011
2	00100	00101
3	00111	00110
4	01000	01001
5	01011	01010
6	01101	01100
7	01110	01111
8	10000	10001
9	10011	10010

小　　结

（1）本章主要介绍了数字电路的有关基本知识，是数字电路分析的基础。

（2）在计数制中，主要讲了十、二、八、十六进制的计数规则及相互转换的方法。其中把二进制、八进制和十六进制数称为非十进制数。非十进制数转换成十进制的方法是：将其按权展开即可；而将十进制数转换为非十进制数则要将其分整数和小数两部分进行，采用除基取余法和乘基取整法。二—八—十六进制的相互转换是根据相应进制的基数来确定转换的位数进行互换的。

（3）BCD 码是数字系统中最常用的代码，常用的 BCD 码有 8421 码、2421 码、余 3 码。另外还介绍了格雷码、奇偶校验码。各种代码都有自己的编码规律和特点。8421 码、2421 码属于有权码，余 3 码、格雷码属于无权码。

习 题

1.1　数字信号的定义是什么？数字电路的定义及特点是什么？

1.2　什么是 BCD 码？常用的有哪几种？它们的特点分别是什么？

1.3　将下列各数按权展开。

$(11010)_2$，$(1011.011)_2$，$(357)_8$，$(5617)_8$，$(2C9)_{16}$，$(FC8)_{16}$

1.4　将下列各数转换为十进制数。

$(10110)_2$，$(1001.01)_2$，$(33)_8$，$(FF)_{16}$

1.5　将下列十进制数转换为二进制数。

$(15)_{10}$，$(35.675)_{10}$，$(87.5)_{10}$

1.6　将下列二进制数分别转换为八进制数、十六进制数。

$(101010101)_2$，$(1110.101)_2$

1.7　计算下列二进制数。

10.1101+1.011

1101.101−11.1111

1101.101×110

0.1011÷11.001

1.8　试用 8421 码和格雷码分别表示下列各数。

$(345)_{10}$，$(6921)_{10}$

第2章　逻辑代数基础

逻辑代数是研究数字系统逻辑设计的基础理论。本章在介绍逻辑代数的基本概念、基本定律及重要规则的基础上，再介绍逻辑函数的常用表示方式（真值表、逻辑表达式、逻辑电路图、卡诺图等）以及它们之间的相互转换，最后着重讨论逻辑函数的化简。

2.1　概　　述

逻辑代数又称布尔代数，它是 19 世纪英国数学家乔治·布尔（Boole）提出，早期用来研究各种开关电路，所以也称开关代数。后来人们发现它完全可以用来研究逻辑电路，因此称逻辑代数。它作为一个数学工具，是分析和设计逻辑电路的理论基础。

逻辑代数和普通代数一样，也有常量和变量之分。通常也用字母表示变量，但是变量的取值只能是 0 或 1，没有第三种可能，而且这时的 0 和 1 已不再表示具体的数量大小，而只是表示两种不同的逻辑状态；而常量只有两个：0 和 1。

由于逻辑代数中逻辑变量取值简单，其运算法则也就简单。然而，它不同于算术运算。逻辑代数中包含一些与普通代数不同的运算规律，我们在学习和运用逻辑代数的过程中，应注意加以区别。

2.2　基本逻辑运算

逻辑代数的基本逻辑运算有：与运算、或运算、非运算。下面分别进行介绍。

2.2.1　与运算（AND）

与运算表示这样一种逻辑关系：只有当决定事物结果的所有条件都具备时，结果才会发生，这种因果关系称为与逻辑关系，或者称为逻辑乘。在图 2.1 所示的电路中，只有当两个开关 A 和 B 均闭合时，灯 F 才会亮，因此灯 F 和开关 A、B 之间的关系是与逻辑关系。

这里 A、B 是逻辑变量，F 表示运算结果。F 是 A、B 的逻辑乘（假定开关断开用 0 表示，开关闭合用 1 表示；灯灭用 0 表示，灯亮用 1 表示。），A、B 中只要有一个为 0，则 F 为 0；仅当 A、B 均为 1 时，F 才为 1。灯 F 与开关 A、B 的关系也可用表 2.1 表示。该表格称为与运算的真值表。

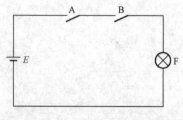

图 2.1　串联开关电路

表 2.1　　　　　与 逻 辑 真 值 表

A	B	F
0	0	0
0	1	0
1	0	0
1	1	1

在逻辑代数中，实现与逻辑关系的运算称为与运算，其运算符号为"·"，上述逻辑关系可表示为

$$F = A \cdot B$$

在数字逻辑系统中，实现与运算的单元电路称为与门电路，简称为与门。其逻辑符号如图 2.2 所示。

2.2.2 或运算（OR）

或运算表示这样一种逻辑关系：决定某一事件发生的所有条件中，只要有一个或一个以上的条件具备时，这一事件就会发生，这种因果关系称为或逻辑关系，也称逻辑相加。在图 2.3 所示电路中，开关 A 和 B 并联控制灯 F。当开关 A、

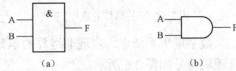

图 2.2 与门的逻辑符号

(a) 新逻辑图形符号；(b) 旧逻辑图形符号

B 中有一个闭合或者两个均闭合时，灯 F 即亮，因此，灯 F 和开关 A、B 之间的关系是或逻辑关系。

在逻辑代数中，实现或逻辑关系的运算称为或运算，其运算符号为"+"。上述逻辑关系可以表示为

$$F = A + B$$

F 是 A、B 的逻辑加（假定开关断开用 0 表示，开关闭合用 1 表示；灯灭用 0 表示，灯亮用 1 表示。），A、B 中只要有一个为 1，则 F 为 1；仅当 A、B 均为 0 时，F 才为 0。灯 F 与开关 A、B 的关系也可用表 2.2 表示。该表格称为或运算的真值表。

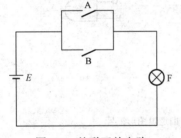

图 2.3 并联开关电路

表 2.2　　　　或逻辑真值表

A	B	F
0	0	0
0	1	1
1	0	1
1	1	1

在数字逻辑系统中，实现或运算的单元电路称为或门电路，简称为或门。其逻辑符号如图 2.4 所示。

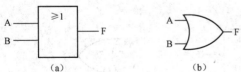

图 2.4 或门的逻辑符号

(a) 新逻辑图形符号；(b) 旧逻辑图形符号

2.2.3 非运算（NOT）

非运算表示的逻辑关系是：只要条件具备了，结果便不会发生；而条件不具备时，结果一定发生。这种因果关系称为非逻辑，也称逻辑求反。在图 2.5 所示的电路中，开关 A 闭合，灯却不亮；A 断开时，灯才亮。因此，灯 F 与开关 A 之间的关系是非逻辑关系。

逻辑代数中，实现非逻辑关系的运算称为非运算，非运算的符号为"－"，上述逻辑关系可表示为：若 A 为 0，则 F 为 1；反之，若 A 为 1，则 F 为 0。此时灯 F 与开关 A 的关系为 $F = \overline{A}$，其真值表见表 2.3。

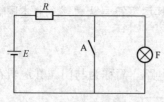

图 2.5　开关与灯并联电路

表 2.3　　　　　　　非逻辑真值表

A	F
0	1
1	0

数字逻辑系统中，实现非运算的单元电路称为非门电路，简称为非门，又称"反相器"。其逻辑符号如图 2.6 所示。

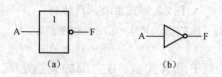

（a）　　　　　　　　（b）

图 2.6　非门的逻辑符号

（a）新逻辑图形符号；（b）旧逻辑图形符号

上面介绍的与、或、非三种逻辑运算是逻辑代数中最基本的逻辑运算，由这些基本运算可以组成各种复杂的逻辑运算。

2.2.4　五种常用的复合逻辑运算

在实际应用中为了减少逻辑门的数目，使数字电路的设计更方便，还常常使用由基本运算组成的五种复合逻辑运算。现分别介绍如下。

1. 与非运算

与非运算是由与运算和非运算组合而成的，如图 2.7 所示。

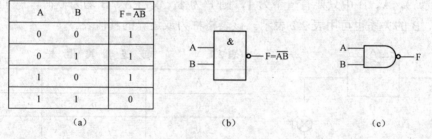

A	B	$F = \overline{AB}$
0	0	1
0	1	1
1	0	1
1	1	0

（a）　　　　　　　（b）　　　　　　　（c）

图 2.7　与非逻辑运算

（a）逻辑真值表；（b）新逻辑图形符号；（c）旧逻辑图形符号

2. 或非运算

或非运算是由或运算和非运算组合而成的，如图 2.8 所示。

A	B	$F = \overline{A+B}$
0	0	1
0	1	0
1	0	0
1	1	0

（a）　　　　　　　（b）　　　　　　　（c）

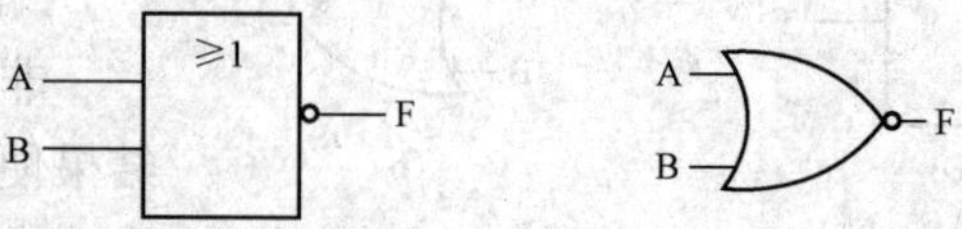

图 2.8　或非逻辑运算

（a）逻辑真值表；（b）新逻辑图形符号；（c）旧逻辑图形符号

3. 与或非运算

与或非运算是由与运算、或运算和非运算组合而成的，如图 2.9 所示。

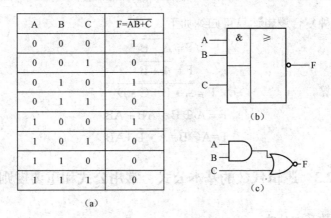

A	B	C	F=$\overline{AB+C}$
0	0	0	1
0	0	1	0
0	1	0	1
0	1	1	0
1	0	0	1
1	0	1	0
1	1	0	0
1	1	1	0

(a)

图 2.9　与或非逻辑运算

（a）逻辑真值表；（b）新逻辑图形符号；（c）旧逻辑图形符号

4. 异或运算

异或运算是一种二变量逻辑运算，当两个变量取值相同时，其运算结果为 0；当两个变量取值不同时，其运算结果为 1。异或运算的真值表和相应逻辑门的符号如图 2.10 所示。

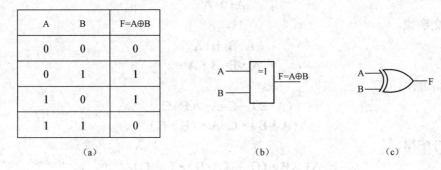

A	B	F=$A \oplus B$
0	0	0
0	1	1
1	0	1
1	1	0

(a)　　　　　　　(b)　　　　　　　(c)

图 2.10　异或逻辑运算

（a）逻辑真值表；（b）新逻辑图形符号；（c）旧逻辑图形符号

5. 同或运算

同或运算是异或运算的逆运算，当两个变量取值相同时，其运算结果为 1；当两个变量取值不同时，其运算结果为 0。同或运算的真值表和相应逻辑门的符号如图 2.11 所示。

A	B	F
0	0	1
0	1	0
1	0	0
1	1	1

(a)　　　　　　　(b) 　　　　　　　(c)

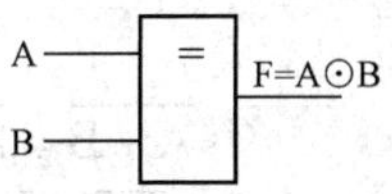

图 2.11　同或逻辑运算

（a）逻辑真值表；（b）新逻辑图形符号；（c）旧逻辑图形符号

综上所述，五种复合逻辑运算可归纳如下。

（1）与非运算　　　　　　　　　　$F = \overline{A \cdot B}$

（2）或非运算　　　　　　　　　　$F = \overline{A + B}$

（3）与或非运算　　　　　　$F = \overline{A \cdot B + C \cdot D}$

（4）异或运算　　　$F = A \oplus B = A\overline{B} + \overline{A}B$

（5）同或运算　　　$F = A \odot B = \overline{A} \cdot \overline{B} + AB$

2.3　逻辑代数的基本公式、常用公式和重要规则

2.3.1　逻辑代数基本公式

由于逻辑变量取值只有 0 和 1。根据三种基本运算的定义，不难推出下列基本定律。

（1）逻辑变量 A 与逻辑常量 0 和 1 的关系。

$$A \cdot 0 = 0 \tag{2.1}$$
$$A + 1 = 1 \tag{2.2}$$
$$A \cdot 1 = A \tag{2.3}$$
$$A + 0 = A \tag{2.4}$$

（2）交换律。

$$A + B = B + A \tag{2.5}$$
$$A \cdot B = B \cdot A \tag{2.6}$$

（3）结合律。

$$(A + B) + C = A + (B + C) \tag{2.7}$$
$$(A \cdot B) \cdot C = A \cdot (B \cdot C) \tag{2.8}$$

（4）分配律。

$$A + (B \cdot C) = (A + B) \cdot (A + C) \tag{2.9}$$
$$A \cdot (B + C) = A \cdot B + A \cdot C \tag{2.10}$$

（5）互补律。

$$A + \overline{A} = 1 \tag{2.11}$$
$$A \cdot \overline{A} = 0 \tag{2.12}$$

（6）重叠律。

$$A + A = A \tag{2.13}$$
$$A \cdot A = A \tag{2.14}$$

该定律又称重叠定理，它指出：一个变量多次自加或者多次自乘的结果仍为自身。

（7）反演律。

$$\overline{A + B} = \overline{A} \cdot \overline{B} \tag{2.15}$$
$$\overline{AB} = \overline{A} + \overline{B} \tag{2.16}$$

该定律又称摩根定理（De Morgan 定理）。在逻辑代数中，摩根定理是一条十分重要的定理，它解决了逻辑式求反问题和逻辑表达式的变换问题。

（8）非非律（或叫还原律）。

$$\overline{\overline{A}} = A \tag{2.17}$$

该定律又称对合定理，它指出：连续两次"非"运算相当于没有进行任何运算，它表征了"否定之否定等于肯定"这一规律。

2.3.2 逻辑代数的常用公式

由逻辑代数的基本定理可导出一些常用的公式，利用这些公式可简化逻辑式。

公式 1： $$AB + A\overline{B} = A \tag{2.18}$$

证明： $$AB + A\overline{B} = A(B + \overline{B}) = A \cdot 1 = A$$

该公式说明：如果逻辑表达式中有两个乘积项的基本两项除去相同部分外，剩余部分互补，则这两项可合并成一项，其互补因子被消去。

公式 2： $$A + AB = A \tag{2.19}$$

证明： $$A + AB = A \cdot 1 + AB = A \cdot (1 + B) = A \cdot 1 = A$$

该公式说明：如果逻辑表达式中的某一项包含了式中的另一项，则该项是多余的，因而又称吸收定理。

公式 3： $$A + \overline{A}B = A + B \tag{2.20}$$

证明：

$$A + \overline{A}B = A(B + \overline{B}) + \overline{A}B = AB + A\overline{B} + \overline{A}B$$
$$= AB + A\overline{B} + \overline{A}B + AB = A(B + \overline{B}) + B(\overline{A} + A) = A + B$$

该公式说明：如果逻辑表达式中某项的"非"被另一项所包含，则可从另一项中去掉该项的"非"。

公式 4： $$AB + \overline{A}C + BC = AB + \overline{A}C \tag{2.21}$$

证明： $$AB + \overline{A}C + BC = AB + \overline{A}C + BC(A + \overline{A})$$
$$= AB + \overline{A}C + BCA + BC\overline{A}$$
$$= AB + ABC + \overline{A}C + \overline{A}CB$$
$$= AB(1 + C) + \overline{A}C(1 + B) = AB + \overline{A}C$$

该公式又称多余项乘积定理，它指出：当逻辑表达式中的某变量（如 A）分别以原变量和反变量的形式出现在两项中时，这两乘积项的其余部分组成的第三项（如 BC）必为多余项，又称冗余项，可以从式子中去掉。若第三项中除了前二项的剩余部分外，还含有其他部分，它仍然是多余项。因此，多余项定理可推广到如下更一般的形式。

$$AB + \overline{A}C + BCf(A, B, \cdots) = AB + \overline{A}C$$

【例 2.1】 $AB + \overline{A}C + BCD = AB + \overline{A}C$

请读者按照公式 4 的证明方法，自己试着证明。

公式 5： $$\overline{A\overline{B} + \overline{A}B} = \overline{A}\,\overline{B} + AB \tag{2.22}$$

证明： $$\overline{A\overline{B} + \overline{A}B} = \overline{A\overline{B}} \cdot \overline{\overline{A}B} = (\overline{A} + B)(A + \overline{B}) = \overline{A}A + \overline{A}\overline{B} + AB + B\overline{B} = \overline{A}\,\overline{B} + AB$$

该公式说明："同或"逻辑和"异或"逻辑是互补的，即 $F = A \odot B = \overline{A \oplus B}$ 。

2.3.3 逻辑代数的重要规则

逻辑代数有三条重要规则，即代入规则、反演规则和对偶规则。这些规则在逻辑运算中十分有用。

1. 代入规则

代入规则：任何一个含有变量 A 的等式，如果将所有出现 A 的地方都代之以同一个逻辑式 F，则等式仍然成立。

利用这条规则可以将逻辑代数的定理中的变量用任意逻辑式代替，从而可推广到更一般的形式。

【例 2.2】 已知 $\overline{A+B}=\overline{A}\cdot\overline{B}$，函数 F=A+C 等式中的 A 用逻辑式 F 取代可得 $\overline{A+C+B}$ $=\overline{A+C}\cdot\overline{B}=\overline{A}\cdot\overline{C}\cdot\overline{B}$

即 $$\overline{A+B+C}=\overline{A}\cdot\overline{B}\cdot\overline{C}$$

代入规则之所以正确是因为任何一个逻辑式也和任何一个逻辑变量一样，只有逻辑 0 和逻辑 1 两种取值，所以可以将逻辑式作为一个逻辑变量对待。

2. 反演规则

反演规则：对任意一个逻辑式 F，如果将 F 中所有的"·"变成"+"，"+"变成"·"；"0"变成"1"，"1"变成"0"；原变量变成反变量，反变量变成原变量，则得到的结果就是 $\overline{F}$。

反演规则为求取已知逻辑式的反逻辑式提供了方便。在使用时还应注意以下两点。

（1）不属于单个变量上的非号应保持不变。

（2）不改变原来运算的先后顺序。

【例 2.3】 若 $F=\overline{A}B+CD+0$，则 $\overline{F}=(A+\overline{B})\cdot(\overline{C}+\overline{D})\cdot1$。

【例 2.4】 若 $F=\overline{A}+\overline{B+C}\cdot D$，则 $F=A\cdot\overline{\overline{B}\cdot\overline{C}+\overline{D}}$。

【例 2.5】 若 $F=\overline{A}+\overline{B}\cdot(C+\overline{DE})$，则 $\overline{F}=A\cdot[B+\overline{C}\cdot(D+\overline{E})]$。

3. 对偶规则

对偶规则：对于任何一个逻辑式 F，如果把 F 中的"·"变成"+"，"+"变成"·"；"0"变成"1"，"1"变成"0"；而逻辑变量保持不变，则所得到的新的逻辑表达式称为逻辑式 F 的对偶式 F′。或者说 F 和 F′互为对偶式。

【例 2.6】 如 F=A(B+C)，则其对偶式为 F′=A+BC。

【例 2.7】 如 $F=\overline{\overline{A}+B+\overline{C}}$，则其对偶式为 $F'=\overline{\overline{A}\cdot B\cdot\overline{C}}$。

【例 2.8】 如 $F=\overline{\overline{A}\cdot B\cdot\overline{C}}$，则其对偶式为 $F'=\overline{\overline{A}+B+\overline{C}}$。

由［例 2.7］和［例 2.8］可以得到：对任一个逻辑式 F，一般情况下，F≠F′，在特殊情况下，也有 F=F′，如 F=A 时，且有 F′=A 就属于一种特例。若两个逻辑式 F 和 G 相等，则其对偶式 F′和 G′也相等——对偶规则。

根据对偶规则，可由上面的五个常用公式得到以下五个公式。

（1）$(A+B)\cdot(A+\overline{B})=A$

（2）$A\cdot(A+B)=A$

（3）$A(\overline{A}+B)=AB$

（4）$(A+B)(\overline{A}+C)(B+C)=(A+B)(\overline{A}+C)$

（5）$(A+\overline{B})(\overline{A}+B)=(\overline{A}+\overline{B})(A+B)$

运用对偶规则时，同样应注意不是一个变量上的非号应保持不变，同时要注意运算的先后顺序。

2.3.4 逻辑代数的相等

判断两个逻辑式是否相等，通常有四种方法。

（1）列真值表：若真值表全相同，则函数相等。

（2）用逻辑代数的定律、公式证明。

（3）分别画出等式两边逻辑式的卡诺图，若卡诺图相同，则逻辑式相等。

（4）用 Multisim（有关 Multisim 在知识将在第 2.6 节中介绍）的逻辑转换器将等式两边的逻辑式分别化简，若化简结果相同，则逻辑式相等。

2.4 逻辑函数及其表示方法

2.4.1 逻辑函数

在前面讲过的各种逻辑关系中，如果以逻辑变量 A、B、C⋯作为输入，以运算结果 F 作为输出，那么，当输入变量 A、B、C⋯的取值确定后，输出变量 F 的值便唯一地被确定，因此，输出与输入之间乃是一种函数关系。这种函数关系称为逻辑函数。写成

$$F=f(A, B, C, \cdots)$$

由于函数与变量的取值只有 0 和 1 两种状态，所以我们所讨论的都是二值逻辑函数。

任何一件具体的因果关系都可以用一个逻辑函数来描述。例如，图 2.12 是一个控制楼梯照明电路，A 表示楼下开关，B 表示楼上开关。两个开关 A、B 的上点 a、b（以"1"表示）及下点 c、d（以"0"表示）分别用导线连接起来。当 A、B 两个开关都扳上或者都扳下时，灯 F 才会亮（即 F 为 1）；当一个扳上，而另一个扳下时，灯就会灭（即 F 为 0），即 A、B 均为 1 或均为 0 时，F 为 1；其他情况下，F 为 0。则灯 F 是开关 A、B 的二值逻辑函数，即 F=f（A，B）。

2.4.2 逻辑函数的表示方法

任何一个逻辑函数均可以用逻辑函数表达式、真值表、逻辑图、波形图和卡诺图表示。

1. 逻辑表达式

把输出与输入之间的逻辑关系写成或、与、非等运算的组合式即逻辑代数式，就得到了所需的逻辑函数式。例如：在图 2.12 所示电路中，根据对电路功能的要求和异或的逻辑定义，当开关同时扳在上面或同时扳在下面时灯才会亮。因此得到输出的逻辑函数式为： $F = AB + \overline{AB}$ 。

2. 真值表

真值表是将输入逻辑变量的所有取值对应的输出值找出来，列成表格，即可得到逻辑函数的真值表。由于一个逻辑变量只有 0 和 1 两种可能的取值，故 n 个逻辑变量一共有 2^n 种可能的取值组合。真值表由两部分组成，左边一栏列出变量的所有取值组合，为避免遗漏，通常各变量取值组合按二进制数据顺序给出；右边一栏为逻辑函数值，例如：图 2.12 所示电路所描述的逻辑函数关系的真值表如表 2.4 所示。

真值表的特点如下。

（1）直观明了。输入变量取值一旦确定之后，即可在真值表中查出相应的函数值。所以在许多数字集成电路手册中，常常都以真值表的形式给出该器件的逻辑功能。

（2）把一个实际逻辑问题抽象成为数学问题时，使用真值表是最方便的。所以，在数字

电路的逻辑设计过程中，先是分析要求，然后列出真值表。

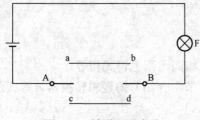

图 2.12　楼道照明电路

表 2.4	图 2.12 电路的真值表	
A	B	F
0	0	1
0	1	0
1	0	0
1	1	1

（3）主要缺点：当变量比较多时显得过于烦琐，而且也无法利用逻辑代数中的公式和定理进行运算。

3. 逻辑图

将逻辑函数中各个变量之间的或、与、非等逻辑关系用图形符号表示出来，就可以画出表示函数关系的逻辑图。在画逻辑图时，只要用实现相应逻辑运算的逻辑符号代替逻辑函数式中的逻辑运算符号便可得到逻辑图。如表示图 2.12 所示电路逻辑功能的逻辑图如图 2.13 所示。

4. 波形图

波形图是用变量随时间变化的波形来反映输入、输出间对应关系的一种图形表示方法。

例如：根据表 2.4 和给定的输入端 A、B 的波形对应地画出 F 的波形如图 2.14 所示。

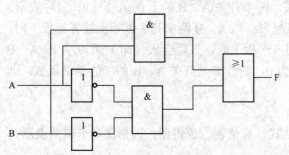

图 2.13　图 2.12 电路的逻辑图

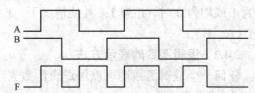

图 2.14　图 2.12 电路的波形图

波形图的优点是便于电路的调试、检测和修改，实用性较强，缺点是不能像逻辑表达式那样直观地描述逻辑关系。

5. 卡诺图

卡诺图也是一种用图形的方式表示逻辑函数的方法，主要用于逻辑函数的化简。有关卡诺图的知识将在第 2.5 节中详细介绍。

6. 各种表示方式之间的相互转换

既然同一个逻辑函数可以用多种不同的表示方式来描述，那么不同的表示方式之间必能相互转换。经常用到的转换方式有以下几种。

（1）由逻辑表达式列真值表。逻辑函数表达式和真值表是逻辑函数的两种不同表示方法，可以互相转换。如果已知逻辑表达式，只要将变量的各种可能取值组合代入表达式进行运算，求出相应的函数值，再把变量值和函数值一一对应列成表格，就可以得到真值表。

【例 2.9】 已知逻辑函数 $F = A\overline{B} + \overline{A}C$，求它对应的真值表。

解： 将 A、B、C 的各种取值逐一代入逻辑式 F 中计算，将计算结果列表，即得表 2.5 所示的真值表。

表 2.5   ［例 2.9］的真值表

A	B	C	F
0	0	0	0
0	0	1	1
0	1	0	0
0	1	1	1
1	0	0	1
1	0	1	1
1	1	0	1
1	1	1	0

表 2.6   ［例 2.10］的真值表

A	B	C	F
0	0	0	0
0	0	1	1
0	1	0	1
0	1	1	0
1	0	0	1
1	0	1	0
1	1	0	0
1	1	1	1

（2）由真值表写出逻辑函数式。由真值表也可以得到逻辑表达式。只要把真值表中使函数值等于 1 的变量组合写出来，变量组合时，变量值是 1 的写成原变量，是 0 的写成反变量，这样对应于函数值为 1 的每一个变量组合就可以写成一个乘积项，只要把这些乘积项相加，就得到相应的逻辑表达式了。

【例 2.10】 已知一个函数的真值表如表 2.6 所示，试写出它的逻辑函数式。

解： 由真值表 2.6 可知，在输入变量取值为以下四种情况时，F 将等于 1。

$$A=0，B=0，C=1$$
$$A=0，B=1，C=0$$
$$A=1，B=0，C=0$$
$$A=1，B=1，C=1$$

而当 A=0，B=0，C=1 时，必然使乘积项 $\overline{A}\,\overline{B}C=1$；当 A=0，B=1，C=0 时，必然使乘积项 $\overline{A}B\overline{C}=1$；当 A=1，B=0，C=0 时，必然使乘积项 $A\overline{B}\,\overline{C}=1$；当 A=1，B=1，C=1 时，必然使乘积项 ABC=1。因此，F 的逻辑函数应当等于这四个乘积项之和，即

$$F = \overline{A}\,\overline{B}C + \overline{A}B\overline{C} + A\overline{B}\,\overline{C} + ABC。$$

从［例 2.10］可以总结出由真值表写出逻辑函数式的一般方法如下。

1）找出真值表中使逻辑函数为 1 的那些输入变量取值的组合。

2）每组输入变量的取值组合对应一个乘积项，其中取值为 1 的写入原变量，取值为 0 的写入反变量。

3）将这些乘积项相加，即得函数的逻辑表达式。

（3）由逻辑函数式画逻辑图。由逻辑函数式画逻辑图时，只要用逻辑符号代替逻辑函数式中的运算符号，就可以画出逻辑图了。

【例 2.11】 画出 $Z = A\overline{AB} + B\overline{AB}$ 的逻辑图。

解： 变量为 A，B；$\overline{AB}$ 是与非，用一个与非门；然后又与 A 和 B 分别相与，再用两个与门；最后用一个或非门，于是得到电路如图 2.15（a）所示。也可用一个与非门和一个与或非门组成，如图 2.15（b）所示。由逻辑函数表达式得到的逻辑图，可以有多种形式。它们完全等效。

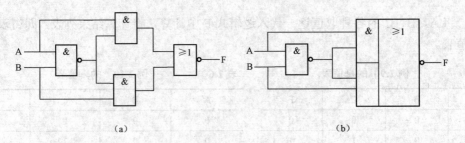

（a）　　　　　　　　　　　　　　　　（b）

图 2.15　［例 2.11］的逻辑图
（a）用与非门、与门或非门构成的电路；（b）用与非门和与或非门构成的电路

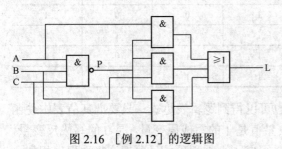

图 2.16　［例 2.12］的逻辑图

（4）由逻辑图写出逻辑函数表达式。从输入端到输出端逐级写出每个逻辑符号对应的逻辑式，就可以得到对应的逻辑函数式了。

【例 2.12】写出如图 2.16 所示电路的逻辑函数表达式。

解：由逻辑图逐级写出逻辑表达式。为了写表达式方便，借助中间变量 P

$$P = \overline{ABC}$$
$$L = AP + BP + CP$$
$$= A\overline{ABC} + B\overline{ABC} + C\overline{ABC}$$

将该式化简与变换后得到一般的表达式为

$$L = \overline{ABC}(A + B + C) = \overline{\overline{ABC} + \overline{A + B + C}} = \overline{\overline{ABC} + \overline{\overline{ABC}}}$$

2.5　逻辑函数表达式的表示形式

2.5.1　逻辑函数表达式的基本形式

用与、或、非运算表示函数中各个变量之间逻辑关系的代数式子可以有多种形式。

【例 2.13】

$$
\begin{aligned}
F &= AB + \overline{A}C & &\text{与-或式} \\
&= (A + C)(\overline{A} + B) & &\text{或-与式} \\
&= \overline{\overline{AB}\,\overline{\overline{A}C}} & &\text{与非-与非式} \\
&= \overline{\overline{A + C} + \overline{\overline{A} + B}} & &\text{或非-或非式} \\
&= \overline{A\overline{B} + \overline{A}\,\overline{C}} & &\text{与-或-非式}
\end{aligned}
$$

在上述多种表示形式中，与-或表达式和或-与表达式是逻辑函数的两种最基本形式。

与-或式是指一个函数表达式由若干个与项相或构成，每个与项是一个或者多个原变量或反变量的与。

或-与式是指函数表达式由若干个或项相与构成，每个或项是一个或者多个原变量或反变量的或。

利用逻辑代数的定律、公式和规则，可以将任何一种形式的函数化成这两种基本的形式。

2.5.2 逻辑函数表达式的标准形式

实际上，我们把一个逻辑函数写成某一类型的表达式时，其表达式也并不是唯一的。这给逻辑问题的研究带来了某些不便，例如

$$F = AB + \overline{A}C$$
$$= AB + \overline{A}C + BC$$
$$= ABC + AB\overline{C} + \overline{A}BC + \overline{A}\,\overline{B}C$$
$$= \cdots$$

为了逻辑运算的方便，人们规定了逻辑函数表达式的标准形式，逻辑函数的标准形式有两种：标准与–或表达式和标准或–与表达式。

1. 标准与–或表达式

（1）最小项的定义和性质。

1）最小项的定义：有 n 个变量的逻辑函数的最小项是 n 个变量的乘积项。每个变量以它的原变量或反变量形式在乘积项中有且仅有一次出现，则这个与项被称为最小项。以一个三变量的逻辑函数 F（A，B，C）为例，它可以有多种形式的乘积项 $\overline{A}\,\overline{B}\,\overline{C}$、$\overline{A}\,\overline{B}C$、$ABC$、$AB$、$BC$、$A$ 等。其中 $\overline{A}\,\overline{B}\,\overline{C}$、$\overline{A}\,\overline{B}C$、$ABC$ 就是最小项。

n 个变量有 2^n 个最小项，为书写方便，通常用 m_i 表示最小项。确定下标 i 的规则是：当变量按序（A，B，C，…）排列后，令与项中的所有原变量用 1 表示，反变量用 0 表示，由此得到一个 1，0 序列组成的二进制数，该二进制数对应的十进制数即为下标 i 的值。

【例 2.14】 F（A，B，C）有 8 个最小项：

$$\overline{A}\,\overline{B}\,\overline{C}，\ \overline{A}\,\overline{B}C，\ \overline{A}B\overline{C}，\ \overline{A}BC，\ A\overline{B}\,\overline{C}，\ A\overline{B}C，\ AB\overline{C}，\ ABC$$
$$000 \quad 001 \quad 010 \quad 011 \quad 100 \quad 101 \quad 110 \quad 111$$
$$m_0 \quad\ m_1 \quad\ m_2 \quad\ m_3 \quad\ m_4 \quad\ m_5 \quad\ m_6 \quad\ m_7$$

2）最小项的性质。

a）对于任何一个最小项，只有一组变量的取值使它的值为 1，并且变量不同，使其值为 1 的变量组合也不相同。

b）任意两个最小项之积恒为 0，即：$m_i \cdot m_j = 0 (i \neq j)$。

c）全部最小项之和恒为 1，记为 $\sum\limits_{i=0}^{2^n-1} m_i = 1$。

d）具有逻辑相邻性的两个最小项之和可以合并成一项并消去一个变量。

所谓逻辑相邻性是指当两个最小项中只有一个变量不同，且这个变量互为反变量，而其余变量均相同的两个最小项。

【例 2.15】 $\overline{A}B\overline{C}$ 其相邻最小项为：$AB\overline{C}$，$\overline{A}BC$，$\overline{A}\,\overline{B}\,\overline{C}$。

（2）标准与–或表达式：由最小项相或构成的逻辑表达式称为标准与–或表达式，也叫最小项之和的标准式。利用基本公式 $A + \overline{A} = 1$ 可以把任意一个逻辑函数化为最小项之和的标准式。

【例 2.16】 $F(A,B,C) = ABC + AB\overline{C} + \overline{A}BC + \overline{A}\,\overline{B}\,\overline{C}$
$$= m_7 + m_6 + m_3 + m_0$$
$$= \Sigma m(0,3,6,7)$$

在"最小项之和"表达式的简略形式中，必须在函数后边的括号内按顺序标出函数全部最小项，变量个数不同，m_i 的意义不同。

2. 标准或–与表达式

（1）最大项的定义与性质。

1）最大项的定义：有 n 个变量的函数的或项包含全部 n 个变量，每个变量都以原变量或反变量形式出现，且仅出现一次，则这个"或"项被称为最大项，以三变量的逻辑函数 F（A，B，C）为例，它可以有多种形式的或项：$\bar{A}+\bar{B}+\bar{C}$、$\bar{A}+B+\bar{C}$、A+B+C、A+B、B+C、A 等，其中 $\bar{A}+\bar{B}+\bar{C}$、$\bar{A}+B+\bar{C}$、A+B+C 就是最大项。

显然 n 个变量有 2^n 个最大项，为书写方便，通常用 M_i 表示最大项。最大项 M_i 中的下标 i 与最小项 m_i 中的下标 i 的确定正好相反，即将或项中的原变量用 0 表示，反变量用 1 表示，这样组成的二进制数对应的十进制数即为最大项的下标 i。

【例 2.17】　F(A，B)有 $2^2=4$ 个最大项：

A+B，　A+$\bar{B}$，　$\bar{A}$+B，　$\bar{A}$+$\bar{B}$

0　0　　0　1　　1　0　　1　1

　M_0　　　M_1　　　M_2　　　M_3

2）最大项的性质。

a）对于任何一个最大项，只有一组变量的取值使它的值为 0，并且最大项不同，使其值为 0 的变量取值组合也不相同。

b）任意两个最大项之和恒为 1，即　　　$M_i = M_j = 1(i \neq j)$

c）全部最大项之积恒为 0。记为　　　$\prod_{i=0}^{2^n-1} M_i = 0$

d）n 个变量的最大项有 n 个相邻最大项。

【例 2.18】　$\bar{A}+B+\bar{C}$ 其相邻最大项为 A+B+$\bar{C}$，$\bar{A}+\bar{B}+\bar{C}$，$\bar{A}$+B+C。

从上面的讨论可以发现：最小项 m_i 和最大项 M_i 之间存在互补关系，$m_i = \bar{M_i}$ 或 $M_i = \bar{m_i}$。

（2）标准或–与表达式：由最大项相与构成的逻辑表达式称为标准或–与表达式，又称"最大项之积"表达式。

【例 2.19】　$F(A,B,C) = (A+B+C) \cdot (A+B+\bar{C}) \cdot (\bar{A}+\bar{B}+\bar{C})$

$$= M_0 \cdot M_1 \cdot M_7 = \Pi M(0,1,7)$$

3. 逻辑函数化简

（1）化简的意义：一个逻辑函数有多种不同的表达式，表达式不同，用以实现它的逻辑门电路也不同。表达式越简单，它所表示的逻辑关系越明显，同时也可以用最少的逻辑门电路来实现这个逻辑函数，又能提高可靠性。所以，一个逻辑函数要通过逻辑代数中的公式和定理或卡诺图法化简成最简表达式，这一点在设计逻辑电路时是很重要的。

（2）最简的概念。

图 2.17 所示的三个逻辑电路的逻辑关系为

$$F = A\bar{B} + B + \bar{A}B = A\bar{B} + B = A + B$$

图 2.17（a）中用了五个门，图 2.17（b）中用了三个门，图 2.17（c）中只用一个门，可是图 2.17（a）、图 2.17（b）、图 2.17（c）完全等效。经化简后的逻辑表达式所对应的逻辑图

简单得多，只用一个或门，如图 2.17（c）所示，提高了电路可靠性。可见逻辑函数的化简具有一定的现实意义。

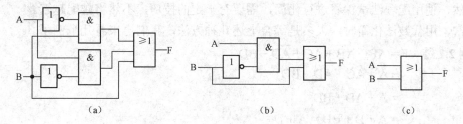

图 2.17　逻辑电路化简举例

（a）五个门；（b）三个门；（c）一个门

2.5.3　公式化简法

（1）与–或表达式的化简。

最简与–或表达式的含义如下。

- 表达式中的与项个数最少。
- 每个与项中的变量个数最少。

这样可以保证相应逻辑电路中所需门的数量以及每个门的输入端数为最少。

公式法化简通常有以下几种办法。

1）并项法。利用互补律 $A + \bar{A} = 1$ 并项。

【例 2.20】　$F = ABC + A(\bar{B} + \bar{C})$

解：$F = ABC + A\overline{BC} = A(BC + \overline{BC}) = A$

2）吸收法。利用公式 $A + AB = A$ 和 $AB + \bar{A}C + BC = AB + \bar{A}C$（多余项定理）吸收部分乘积项。

【例 2.21】　$F = AB + AB\bar{C} + ABD = AB + AB(\bar{C} + D) = AB$

$\quad\quad\quad F = AC + \bar{C}D + ADE + ADG$

$\quad\quad\quad\quad = AC + \bar{C}D + AD(E + G)$

$\quad\quad\quad\quad = AC + \bar{C}D$

3）消去法。利用公式 $A + \bar{A}B = A + B$ 消去部分因子。

【例 2.22】　$F = AB + \bar{A}C + \bar{B}C$

$\quad\quad\quad\quad = AB + (\bar{A} + \bar{B})C$

$\quad\quad\quad\quad = AB + \overline{AB} \cdot C = AB + C$

4）配项法。利用公式 $A \cdot 1 = A$、$A + \bar{A} = 1$、$A + A = A$、$A \cdot \bar{A} = 0$ 及多余项定理，配项后找相邻项，然后去掉某些因子。

【例 2.23】　$F = \bar{A}BC + A\bar{B}C + AB\bar{C} + ABC$

$\quad\quad\quad\quad = (\bar{A}BC + ABC) + (A\bar{B}C + ABC) + AB\bar{C} + ABC$

$\quad\quad\quad\quad = BC + AC + AB$

【例 2.24】　$F = A + \bar{B}C + B\bar{C} + \bar{B}D + B\bar{D}$

$\quad\quad\quad\quad = A + \bar{B}C + B\bar{C} + \bar{B}D + B\bar{D} + C\bar{D}$ 增加冗余项 $C\bar{D}$

$$= A + B\overline{C} + B\overline{C} + \overline{B}D + C\overline{D}$$

$$= A + B\overline{C} + \overline{B}D + C\overline{D}$$

显然，使用配项法试探着进行化简，需要有一定的技巧，不然将越配越繁。

通常，用代数法化简时，大多是综合上述几种方法，我们再来看几个例子。

【例 2.25】　$F = AB + A\overline{B} + AC + \overline{A}D + BD$

$$= A + AC + \overline{A}D + BD$$

$$= A + \overline{A}D + BD$$

$$= A + D + BD = A + D$$

【例 2.26】　$F = A\overline{B} + B\overline{C} + \overline{B}C + \overline{A}B$

$\quad\quad\quad = A\overline{B} + B\overline{C} + \overline{B}C + \overline{A}B + A\overline{C}$　　　　先增加冗余项$A\overline{C}$

$\quad\quad\quad = A\overline{B} + \overline{B}C + \overline{A}B + A\overline{C}$　　　　然后可消去1个冗余项

$\quad\quad\quad = \overline{B}C + \overline{A}B + A\overline{C}$　　　　再消去1个冗余项

或　　　　$F = A\overline{B} + B\overline{C} + \overline{B}C + \overline{A}B + A\overline{C}$　　　　先增加冗余项$A\overline{C}$

$\quad\quad\quad = A\overline{B} + B\overline{C} + \overline{A}B + A\overline{C}$　　　　然后分两步可消去2个冗余项

$\quad\quad\quad = A\overline{B} + B\overline{C} + A\overline{C}$

由上例可知，逻辑函数的化简结果也不是唯一的。

（2）或–与表达式的化简。

最简"或–与"表达式的条件如下。

a）表达式中的或项个数最少。

b）满足上述条件的前提下，每个或项中的变量个数最少。

1）直接运用基本定律及常用公式中的或–与形式。

【例 2.27】　$F = (A + B)(A + \overline{B})(B + C)(A + C + D)$

$\quad\quad\quad = (A + B)(A + \overline{B})(B + C)$

$\quad\quad\quad = A \cdot (B + C)$

2）若对公式中的或–与形式不熟悉，加之或与书写不方便，则可以采用两次对偶的方法。

第一步：先求 F 的对偶式 F'，对 F' 进行化简（用前面的方法）。

第二步：再对 F' 求对偶，即得原函数 F 的最简或–与表达式。

上例　　　　　　　　　$F' = AB + A\overline{B} + BC + ACD$

$\quad\quad\quad\quad\quad\quad = A(B + \overline{B}) + BC$

$\quad\quad\quad\quad\quad\quad = A + BC$

$\quad\quad\quad\quad F = (F')' = A \cdot (B + C)$

公式法的优点是不受变量数目的限制，但要求对公式比较熟练，需要一定的技巧性，并且很难判定化简结果是否最简。

2.5.4　卡诺图化简法

卡诺图是逻辑函数的最小项方块图表示法，它用几何位置上的相邻，形象地表示了组成逻辑函数的各个最小项之间在逻辑上的相邻性。卡诺图是化简逻辑函数的重要工具。

1．卡诺图的结构

（1）对于 n 个变量的逻辑函数，它有 2^n 最小项，可以有 2^n 个小方格，把这些小方格组合成正方形和矩形，即为 n 个变量的卡诺图。

（2）最小项方块的排列满足几何位置上的相邻与逻辑上的相邻一一对应原则。

图 2.18 所示为二变量卡诺图。由于两个变量可组成 4 个最小项，因此，卡诺图由 4 个方格构成，而每个方格代表一个最小项，如图 2.18（a）所示。图 2.18（b）、（c）所示也是常见的习惯画法。

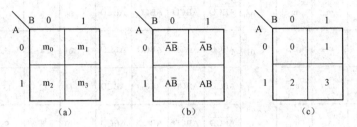

图 2.18　二变量卡诺图

（a）用最小项表示；（b）用变量表示；（c）常见的习惯画法之一

图 2.19 所示为三变量卡诺图。由于三个变量共可组成 8 个最小项，所以卡诺图由 8 个方格构成。在图 2.19（a）中，列出了 8 个最小项及相应的方格，各最小项的位置可通过卡诺图的每一列和每一行上写着的数字来说明。例如，代表 m_5 的方格对应于 2 列和 4 行。这两个数字连起来就成为二进制数 101，其对应的十进制数是 5，这个数字就是最小项的下标，图 2.19（b）中的卡诺图表明各个方格与三个变量之间的关系。图 2.19（c）也是常见的习惯画法。

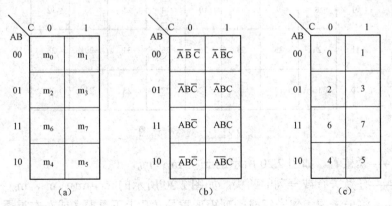

图 2.19　三变量卡诺图

（a）用最小项表示；（b）用变量表示；（c）常见的习惯画法之一

图 2.20 所示为四变量卡诺图。由于四变量共可组成 16 个最小项，所以四变量卡诺图由 16 个方格组成。图 2.20（a）列出了 16 个最小项及其相应的方格。图 2.20（b）表明卡诺图的各方格与四个变量的关系。图 2.20（c）也是常见的习惯画法。

当变量多于四个时，由于方格的数量变得很多，因此，卡诺图变得较复杂。五变量卡诺图由 32 个方格组成（如图 2.21 所示），六变量卡诺图共有 64 个方格（略）。为了表示上的方便，图 2.21 中的方格只标注最小项的下标，而省略了最小项的符号"m"。

图中任何几何位置相邻的最小项，在逻辑上都具有相邻性。例如，四变量卡诺图中，每个最小项应有 4 个相邻最小项，如 m_7 的 4 个相邻最小项分别为 m_3、m_5、m_6、m_{15}，而这 4 个最小项对应的小方格与 m_7 对应的方格分别相连，也就是说几何位置上是相邻的。这种相邻称为几何相邻。从卡诺图可知，几何相邻包括以下三种情况。

AB＼CD	00	01	11	10
00	m_0	m_1	m_3	m_2
01	m_4	m_5	m_7	m_6
11	m_{12}	m_{13}	m_{15}	m_{14}
10	m_8	m_9	m_{11}	m_{10}

(a)

AB＼CD	00	01	11	10
00	$\overline{A}\,\overline{B}\,\overline{C}\,\overline{D}$	$\overline{A}\,\overline{B}\,\overline{C}D$	$\overline{A}\,\overline{B}CD$	$\overline{A}\,\overline{B}C\overline{D}$
01	$\overline{A}B\overline{C}\,\overline{D}$	$\overline{A}B\overline{C}D$	$\overline{A}BCD$	$\overline{A}BC\overline{D}$
11	$AB\overline{C}\,\overline{D}$	$AB\overline{C}D$	$ABCD$	$ABC\overline{D}$
10	$A\overline{B}\,\overline{C}\,\overline{D}$	$A\overline{B}\,\overline{C}D$	$A\overline{B}CD$	$A\overline{B}C\overline{D}$

(b)

AB＼CD	00	01	11	10
00	0	1	3	2
01	4	5	7	6
11	12	13	15	14
10	8	9	11	10

(c)

图 2.20　四变量卡诺图

（a）用最小项表示；（b）用变量表示；（c）常见的习惯画法之一

AB＼CDE	000	001	011	010	110	111	101	100
00	0	1	3	2	6	7	5	4
01	8	9	11	10	14	15	13	12
11	24	25	27	26	30	31	29	28
10	16	17	19	18	22	23	21	20

图 2.21　五变量卡诺图

1）相接——紧接着。如图 2.20 所示的 m_5，m_7；m_6，m_7。

2）相对——任意一行或一列的两头。如图 2.20 所示的 m_0，m_2；m_0，m_8。

3）相重——将卡诺图相邻一行或一列矩形重叠，凡上下重叠（或左右重叠）的最小项相邻，这种相邻称为重叠相邻。如图 2.20 所示的 m_0，m_1，m_3，m_2 与 m_8，m_9，m_{10}，m_{11}；或如图 2.21 所示的 m_0，m_8，m_{24}，m_{16} 与 m_1，m_9，m_{25}，m_{17}。

2. 用卡诺图表示逻辑函数

（1）若逻辑函数的表达式为最小项之和的标准式，则只要在卡诺图上将最小项对应的小方格标以 1（简称 1 方格），把剩余的小方格标以 0（简称 0 方格）即可。有时 0 方格可不标出，如图 2.23 所示。

【例 2.28】　画出 $F(A,B,C) = \Sigma m(1,5,7)$ 的卡诺图。

解：$F(A,B,C)=\Sigma m(1,5,7)$ 的卡诺图如图 2.22 所示。

【例 2.29】 画出 $F(A,B,C,D)=\Sigma m(0,3,5,7,10,11,12,14)$ 的卡诺图。

解：图 2.23 所示为 $F(A,B,C,D)=\Sigma m(0,3,5,7,10,11,12,14)$ 的卡诺图，其中的 0 方格未标出。

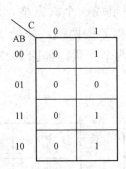

AB \ C	0	1
00	0	1
01	0	0
11	0	1
10	0	1

图 2.22 ［例 2.28］的卡诺图

AB \ CD	00	01	11	10
00	1		1	
01		1	1	
11	1			1
10			1	1

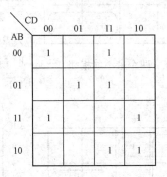

图 2.23 ［例 2.29］的卡诺图

（2）逻辑函数若由真值表给出，则直接根据真值表在卡诺图中填写，函数值为 1 的填 1，为 0 的填 0（可省略）。

（3）如给出的是一般逻辑函数表达式，首先将逻辑函数表达式转换成与或表达式（不必换成最小项之和形式），然后在卡诺图中把每一个乘积项所包含的那些最小项（该乘积项就是这些最小项的公因子）处填 1，然后叠加起来，而剩下的填 0（可省略）。

【例 2.30】 画出 $F(A,B,C)=\overline{A}C+\overline{A}B+A\overline{B}C+BC$ 的卡诺图。

解：图 2.24 所示为 $F(A,B,C)=\overline{A}C+\overline{A}B+A\overline{B}C+BC$ 的卡诺图。

【例 2.31】 画出函数 $F=\overline{(A\oplus B)(C+D)}$ 的卡诺图。

解：
$$
\begin{aligned}
F&=\overline{(A\oplus B)(C+D)}\\
&=\overline{A\oplus B}+\overline{C+D}\\
&=\overline{A}\,\overline{B}=AB+\overline{C}\,\overline{D}
\end{aligned}
$$

图 2.25 所示为其卡诺图。

3. 用卡诺图化简逻辑函数

利用卡诺图化简逻辑函数的基本原理就是具有相邻性的最小项可以合并，并消去不同的因子。由于在卡诺图上几何位置相邻与逻辑上的相邻性是一致的，因此从卡诺图上能直观地找出那些具有相邻的最小项并将其合并化简。

A \ BC	00	01	11	10
0		1	1	1
1	1	1	1	

图 2.24 ［例 2.30］的卡诺图

AB \ CD	00	01	11	10
00	1	1	1	1
01	1			
11	1	1	1	1
10	1			

图 2.25 ［例 2.31］的卡诺图

（1）卡诺图上合并最小项的规则。

1）2 个最小项相邻可以合并为一项并消去一个变量。在图 2.26 中，用来把能合并的小方

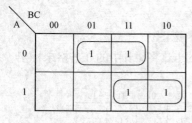

图 2.26　两个最小项相邻

格包围起来的圈，通常称为卡诺圈。合并时，保留相同的变量。如图 2.26 所示的 $m_1 + m_3 = \overline{A}\overline{B}C + \overline{A}BC = \overline{A}C$；$m_6 + m_7 = A B \overline{C} + ABC = AB$。

2）4 个最小项相邻并组成一个大方格，或组成一行（列），或处于相邻两行（列）的两端，或处于 4 个角，则可以合并为一项并消去两个变量，如图 2.27（a）、（b）所示。

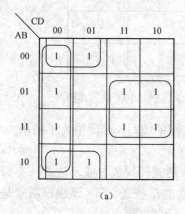

(a)

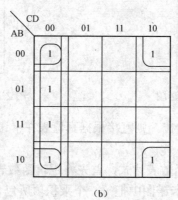

(b)

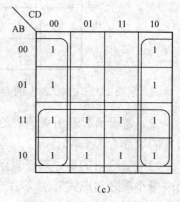

(c)

图 2.27　四个和八个最小项相邻

(a) 示意图（一）；(b) 示意图（二）；(c) 示意图（三）

在图 2.27（a）中，$\overline{A}\overline{B}\overline{C}\overline{D}(m_0)$、$\overline{A}\overline{B}\overline{C}D(m_1)$、$A\overline{B}\overline{C}\overline{D}(m_8)$ 和 $A\overline{B}\overline{C}D(m_9)$ 相邻，故可以合并；而 $\overline{A}BC\overline{D}(m_6)$、$\overline{A}BCD(m_7)$、和 $ABC\overline{D}(m_{14})$，$ABCD(m_{15})$ 也可以合并；$\overline{A}\overline{B}\overline{C}\overline{D}(m_0)$、$\overline{A}B\overline{C}\overline{D}(m_4)$、$AB\overline{C}\overline{D}(m_{12})$ 和 $A\overline{B}\overline{C}\overline{D}(m_8)$ 也可以合并，合并后分别得到

$$\overline{A}\overline{B}\overline{C}\overline{D} + \overline{A}\overline{B}\overline{C}D + A\overline{B}\overline{C}\overline{D} + A\overline{B}\overline{C}D$$

$$= \overline{A}\overline{B}\overline{C}(\overline{D} + D) + A\overline{B}\overline{C}(\overline{D} + D)$$

$$= \overline{B}\overline{C}(\overline{A} + A) = \overline{B}\overline{C}$$

$$\overline{A}BC\overline{D} + \overline{A}BCD + ABC\overline{D} + ABCD$$

$$= \overline{A}BC(\overline{D} + D) + ABC(\overline{D} + D)$$

$$= BC(\overline{A} + A) = BC$$

$$\overline{A}\overline{B}\overline{C}\overline{D} + \overline{A}B\overline{C}\overline{D} + AB\overline{C}\overline{D} + A\overline{B}\overline{C}\overline{D}$$

$$= \overline{A}\overline{C}\overline{D}(\overline{B} + B) + A\overline{C}\overline{D}(\overline{B} + B)$$

$$= \overline{C}\overline{D}(\overline{A} + A) = \overline{C}\overline{D}$$

在图 2.27（b）中，除了与图 2.27（a）相同的部分以外，还有卡诺图的四个角上的四个最小项 $\overline{A}\overline{B}\overline{C}\overline{D}(m_0)$、$\overline{A}\overline{B}C\overline{D}(m_2)$、$A\overline{B}\overline{C}\overline{D}(m_8)$ 和 $A\overline{B}C\overline{D}(m_{10})$ 也相邻，并消除两个变量，得到它们相同的因子 $\overline{B}\overline{D}$。

3）8 个最小项相邻并组成一个矩形组时，可以合并成一项，同时消去 3 个变量，合并后的结果中只包含公共因子。

在图 2.27（c）中，八个最小项的合并有 $\Sigma m(0,2,4,6,8,12,14) = \overline{D}$；$\Sigma m(8,9,10,11,12,13,14,15) = A$，其中都消去了三个不同的因子，而保留了相同的因子。

一般地说，2^n 个相邻的最小项合并时可以消去 n 个变量，因为 2^n 个最小项（可以合并成一项时）相加，提出公因子后，剩下的 2^n 个乘积项，恰好是要被消去的 n 个变量的全部最小项，由最小项的性质知道，它们的和恒等于 1。

例如：在图 2.27（a）中

$$\Sigma m(6,7,14,15) = \overline{A}BC\overline{D} + \overline{A}BCD + ABC\overline{D} + ABCD$$
$$= BC(\overline{AD} + \overline{A}D + A\overline{D} + AD)$$
$$= BC$$

（2）用卡诺图化简逻辑函数的步骤如下。首先将函数化为最小项之和的标准式；其次画出表示该逻辑函数的卡诺图；然后找出可以合并的最小项，并画卡诺圈，画圈的原则是：①圈的范围越大越好，圈的范围越大可使每个乘积项所包含的因子越少；②圈的个数越少越好，圈的个数越少可使化简后的函数式中所包含的乘积项越少；③每个圈必须包含一个新的 1 方格；④所有的 1 方格都得被圈圈住。

【例 2.32】 用卡诺图将函数 $F(A,B,C,D) = A\overline{B}C\overline{D} +$
$\overline{A}B + \overline{A}BD + B\overline{C} + BCD$ 化为最简与–或表达式。

解：给定函数的卡诺图如图 2.28 所示。

由图 2.28 所示卡诺图化简得

$$F = \overline{A}D + BD + C\overline{D}$$

有时需要比较检查才能写出最简与–或表达式，而有些情况下，最小项的圈法不止一种，因而与–或表达式也会各不相同。要看哪个最简，有时会出现几个表达式都是最简的情况。化简结果不是唯一的。

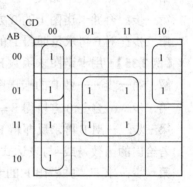

图 2.28 ［例 2.32］的卡诺图

【例 2.33】 写出图 2.29 所示各函数最简与–或表达式。

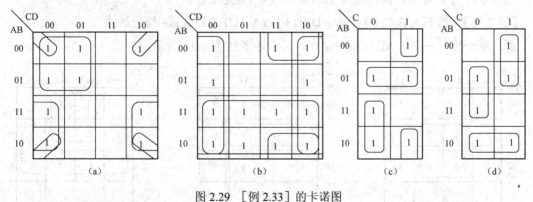

图 2.29 ［例 2.33］的卡诺图

(a) F_a 卡诺图；(b) F_b 卡诺图；(c) F_c 卡诺图；(d) F_d 卡诺图

解：由图 2.29（a）所示函数卡诺图可以化简得到：$F_a = \overline{A}C + \overline{B}D + A\overline{D}$，同一方格可以被圈多次，这是因为 $A+A=A$。

图 2.29（b）所示函数卡诺图化简得到：$F_b = A + \overline{D} + \overline{B}C$。这里圈尽可能大，结果最简。

图 2.29（c）所示函数卡诺图化简可以得：$F_c = A\overline{C} + \overline{A}B + \overline{B}C$。

由图 2.29（d）所示函数卡诺图化简得到：$F_d = B\overline{C} + A\overline{B} + \overline{A}C$。

比较卡诺图 2.29（c）、（d），它们实际上是同一个逻辑函数的卡诺图，而在这里化简结果不唯一，但都是最简表达式。

若给出的函数是或–与表达式，要求化简成最简与–或表达式，则不必先化成与–或表达式，可用下面的方法。

第一步：求 $\overline{F}$，并做出 $\overline{F}$ 的卡诺图。

第二步：合并卡诺图中的 0 方格，即得 $\overline{\overline{F}}$（F）的最简与–或表达式。

【例 2.34】　求函数 $F(A,B,C,D) = (A+D)(B+\overline{D})(A+B)$ 的最简与–或表达式。

解： $\overline{F} = A\overline{D} + \overline{B}D + \overline{A}\,\overline{B}$

做 $\overline{F}$ 的卡诺图如图 2.30 所示。对图 2.30 所标卡诺图的 0 方格化简得到

$$F = \overline{A}B + BD$$

若给出的函数是与–或表达式，要求将函数化成最简或–与表达式。则可用下面的方法。

第一步：做 F 的卡诺图。

第三步：合并卡诺图上的 0 方格，得到 $\overline{F}$ 的最简与–或表达式。

第三步：对 $\overline{F}$ 再求反即得 F 的最简或—与表达式。

【例 2.35】　用卡诺图求函数 $F(A,B,C,D) = A\overline{C} + AD + \overline{B}C + \overline{B}D$ 的最简或–与表达式。

解： 第一步——做 F 的卡诺图，如图 2.31 所示。

第二步——合并 0 方格得 $\overline{F} = \overline{A}B + C\overline{D}$。

第三步——对 $\overline{F}$ 再求反即得 F 的最简或–与表达式为 $F = (A+\overline{B})(\overline{C}+D)$。

若给出的函数是或–与表达式，则步骤如下。

第一步：求 F'，并做出 F' 的卡诺图。

第二步：合并卡诺图上的 1 方格，得 F' 的最简与–或表达式。

第三步：对 F' 再求对偶，即得 F 的最简或–与表达式。

【例 2.36】　求 $F(A,B,C,D) = (\overline{A}+D)(B+\overline{D})(A+B)$ 的最简或–与表达式。

解： 第一步——$F' = \overline{A}D + B\overline{D} + AB$，其卡诺图如图 2.32 所示。

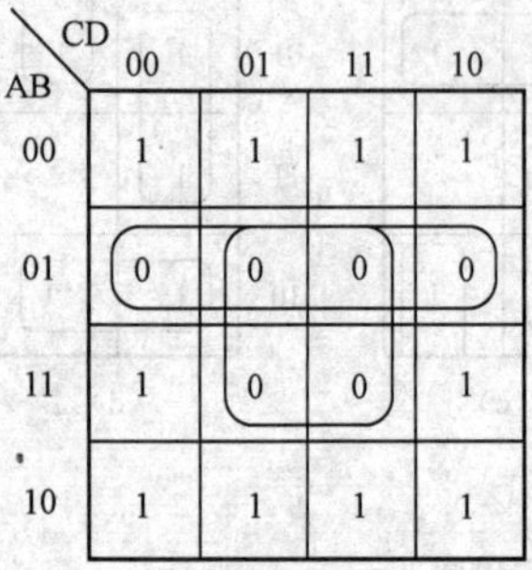

图 2.30　[例 2.34] 的卡诺图 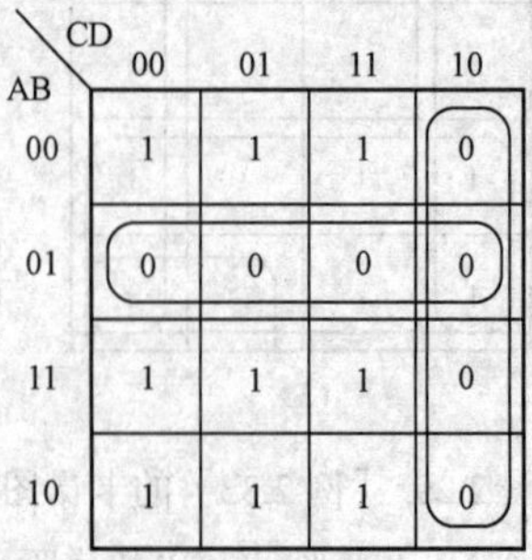　　图 2.31　[例 2.35] 的卡诺图 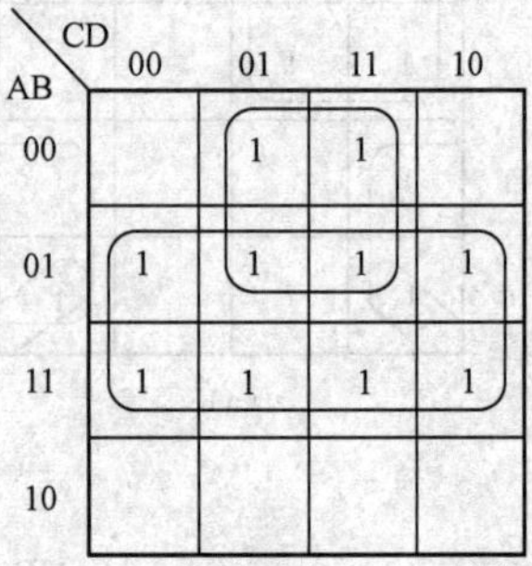　　图 2.32　[例 2.36] 卡诺图

第二步——合并 1 方格，$F' = \overline{A}D + B$。

第三步——$F = (F')' = B \cdot (\overline{A}+D)$。

上面介绍了卡诺图化简法，其主要优点是简单、直观、初学者容易掌握，而且在化简过程中，比较易于避免差错。然而，在逻辑变量多于五个以后，由于失去简单、直观的优点，也就没有多大实用意义了。

2.5.5 逻辑函数化简中的若干问题

1. 具有无关最小项的逻辑函数的化简问题

（1）约束、约束项和约束条件。在某些实际问题中，常常由于输入变量之间存在着某种相互制约或问题的某种特殊限制等，使得某种取值组合根本不会出现，如 8421BCD 码中，1010～1111 这六种取值组合不会出现，这时，一个 n 变量的逻辑函数就不再与 2^n 个最小项都有关。与函数值无关的这一部分最小项不能决定函数的取值，我们把这些最小项称为无关（Don't Care）最小项，也称约束项。把具有这种特点的逻辑函数称为包含无关最小项的逻辑函数，或称具有约束条件的逻辑函数。例如用 A、B、C 三变量分别表示加法、乘法、除法三种操作，因为机器是按顺序逐条执行指令的，每次只能执行一种操作。因此 A、B、C 这一组变量间就有一个重要的相互制约关系，即任何两个变量都不能同时为 1，也就是说，这三变量的取值只可能出现 000，001，010，100 四种情况，而不可能出现 011，101，110，111，变量 A、B、C 是一组有约束的变量。而 $\overline{A}BC$、$A\overline{B}C$、$AB\overline{C}$、ABC 称为约束项。在真值表或卡诺图中，用字母 d 或 x 表示约束项。约束项的值恒为 0。

由约束项加起来构成的逻辑表达式称为约束条件。显然约束条件是一个恒为 0 的条件等式。

上例的约束条件是：$\overline{A}BC + A\overline{B}C + AB\overline{C} + ABC = 0$。

（2）具有无关最小项的逻辑函数的表示方法有

$$\begin{cases} F = AC + \overline{A}BC \\ \overline{BC} = 0 \end{cases}$$

这里 $\overline{BC} = 0$ 为约束条件，即 $\overline{A}BC + A\overline{BC} = 0$。

又如：$F(A,B,C,D) = \Sigma m(1,2,4,12,14) + \Sigma d(5,6,7,8,9,10)$ 中 $\Sigma d(5,6,7,8,9,10)$ 为约束条件，即 $\overline{A}BC\overline{D} + \overline{A}BCD + \overline{A}BCD + A\overline{BCD} + A\overline{BC}D + A\overline{B}C\overline{D} = 0$。

（3）具有无关最小项的逻辑函数的化简。由于无关最小项的值恒为 0，我们就可将无关最小项随意地加到或不加到函数表达式中，并不会影响该函数原有的实际逻辑功能。正是由于这种随意性，在化简中可以充分利用无关最小项，使函数表达式得到进一步化简。这就是具有"约束"条件的逻辑函数化简的依据。化简的方法有公式法和卡诺图法。

1）公式法。在公式法中可以根据化简的需要加上或去掉约束条件，因为在逻辑表达式中，加上或去掉约束项，函数不受影响。

2）卡诺图法。在用卡诺图合并最小项时，可根据化简的需要包含或不包含约束项，因而，在合并最小项时，如果圈中包含了约束项，则相当于在相应的乘积项中加上了该约束项（其值恒为 0），显然函数不会受影响。

【例 2.37】 化简下列函数

$$\begin{cases} F = AB + \overline{A}BC \\ \overline{BC} = 0 \end{cases}$$

解 1：公式法。

$$F = AC + \overline{AB}C + \overline{BC}$$
$$= C(A + \overline{AB}) + \overline{BC}$$
$$= C(A + \overline{B}) + \overline{BC}$$
$$= AC + \overline{BC} + \overline{BC}$$
$$= AC + \overline{B}$$

解 2：卡诺图法。

画出卡诺图如图 2.33 所示。

由图 2.33 可以得到

$$F = \overline{B} + AC$$

可见卡诺图法更简单、直观、易掌握。

下面我们再来看几个用卡诺图化简的例子。

【例 2.38】 用卡诺图化简 F_1、F_2 两函数。

$$F_1(A,B,C,D) = \Sigma m(1,2,4,12,14) + \Sigma d(5,6,7,8,9,10)$$
$$F_2(A,B,C,D) = \Sigma m(2,4,6,7,8,12,15) + \Sigma d(0,1,3,9,11)$$

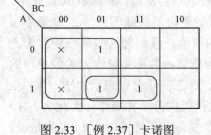

图 2.33 ［例 2.37］卡诺图

解：画 F_1 函数的卡诺图如图 2.34（a）所示，由图 2.34（a）可以得到

$$F_1 = B\overline{D} + C\overline{D} + \overline{A}CD \text{ 或 } F_1 = B\overline{D} + C\overline{D} + \overline{B}CD$$

画 F_2 函数的卡诺图如图 2.34（b）所示，由图 2.34（b）可以得到

$$F_2 = \overline{CD} + \overline{A}C + CD$$

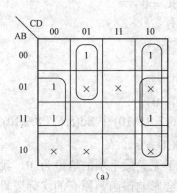 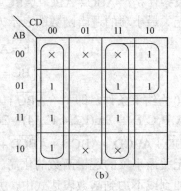

(a)   (b)

图 2.34 ［例 2.38］卡诺图

（a）函数 F_1 的卡诺图；（b）函数 F_2 的卡诺图

2. 具有多个输出逻辑函数的化简问题

一个具有相同输入变量而有多个输出的逻辑网络，如果只孤立地将单个输出函数简化，然后直接拼在一起，在多数情况下并不能保证这个多输出网络为最简。这是因为对于这种网络有时存在能够共享的部分。衡量多输出函数最简的标准如下。

（1）所有逻辑表达式中包含的不同与项总数最少。

（2）在满足上述条件的前提下，各不同与项中所含的变量总数最少。

【例 2.39】 化简下列多输出函数
$$\begin{cases} F_1 = \Sigma m(2,3,5,7,8,9,10,11,13,15) \\ F_2 = \Sigma m(2,3,5,6,7,10,11,14,15) \\ F_3 = \Sigma m(6,7,8,9,13,14,15) \end{cases}$$

解： 分别画出 F_1、F_2、F_3 的卡诺图如图 2.35（a）、（b）、（c）所示。

若按单个函数的卡诺图分别化简，可得

$$\begin{cases} F_1 = \overline{B}C + BD + A\overline{B} \\ F_2 = C + \overline{A}BD \\ F_3 = BC + ABD + A\overline{B}\overline{C} \end{cases}$$

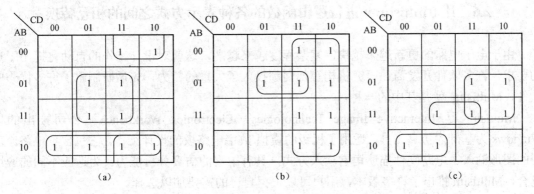

图 2.35　［例 2.39］卡诺图及化简之一

（a）F_1 卡诺图；（b）F_2 卡诺图；（c）F_3 卡诺图

由上式可知：三个函数表达式中共有 8 个不同的与项，各与项中所含的变量总输入端数为 18 个。

若将三个函数的卡诺图综合考虑，可以发现有很多公共项，即可以画出许多相同的圈。图 2.36（a）、（b）、（c）所示为在考虑公共项的情况重新画圈的卡诺图。

由图 2.36 可以得到它们的化简式子为

$$\begin{cases} F_1 = \overline{B}C + \overline{A}BD + ABD + A\overline{B}\overline{C} \\ F_2 = \overline{B}C + \overline{A}BD + BC \\ F_3 = BC + ABD + A\overline{B}\overline{C} \end{cases}$$

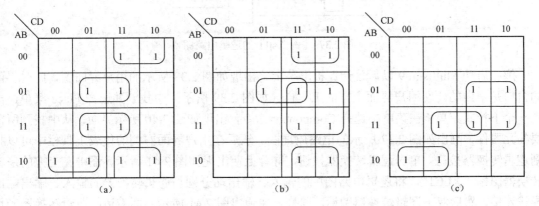

图 2.36　［例 2.39］卡诺图及化简之二

（a）F_1 卡诺图；（b）F_2 卡诺图；（c）F_3 卡诺图

该组表达式中共含有 5 个不同的与项，不同与项中所含的变量总输入端数是 13。尽管每一个输出不是最简化的，但从电路整体看，却是一个最简化网络。

应该指出：多输出逻辑函数的化简较为复杂，至今尚未总结出一套完整的理论。卡诺图的方法仅适用于较为简单的情况，简化的要点在于充分利用公共项。但是卡诺图主要依赖人们对图形的直观能力，有时也不能保证求得的逻辑网络是最简的，望读者充分注意。

2.6　用 Multisim 9 进行逻辑函数的各种表示方式之间的相互转换

由于电子电路的更新越来越快，复杂程度越来越高，这就对设计工作的自动化提出了迫切要求。许多软件开发商、研究机构等部门都投入了大量的精力，先后研制出了许多优秀的软件，Multisim 就是其中的一种。

Multisim 是 Interactive Image Technologies（Electronics Workbench）公司推出的以 Windows 为基础的仿真工具，适用于板级的模拟/数字电路板的设计工作。它包含了电路原理图的图形输入、电路硬件描述语言输入方式，具有丰富的仿真分析能力。为适应不同的应用场合，Multisim 推出了许多版本，用户可以根据自己的需要加以选择。

Multisim 9 的突出优点是软件以图形界面为主，采用菜单、工具栏和热键相结合的方式，具有一般 Windows 应用软件的界面风格，对于已经熟悉了 Windows 用法的读者，很容易掌握它的应用。

下面通过一个实例来简单地介绍一下如何使用 Multisim 9 中的逻辑转换器实现逻辑函数各种表示方式之间的相互转换。

【例 2.40】　已知逻辑函数的逻辑图如图 2.37 所示（Multisim 9 中所采用的器件符号为旧逻辑图形符号），试用 Multisim 9 求出它的真值表和函数式。

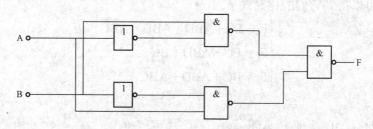

图 2.37　［例 2.40］的逻辑电路图

解：启动 Multisim 9 以后，计算机屏幕上将出现如图 2.38 所示的用户界面图，此时界面的窗口是空白的。在用户界面上方的工具栏（如图 2.39 所示）中找到并选择 Place 菜单，出现一个下拉式菜单，在菜单中选择 Component 命令，出现如图 2.40 所示界面，从中找到所需要的元器件，画出如图 2.37 所示的电路原理图。然后在用户界面右侧的仪表工具栏中可以找到逻辑转换器按钮，单击逻辑转换器按钮，屏幕上便出现如图 2.41 所示界面中左上方的逻辑转换器图标"XLC1"，将逻辑电路图中的输入、输出端分别与逻辑转换器的输入、输出端用导线连接，然后双击逻辑转换器图标，屏幕上便弹出图 2.41 所示界面右边的逻辑转换器操作界面"逻辑转换器-XLC1"。然后单击逻辑转换器操作窗口右半部分的上边第一个按钮，即可完成从逻辑图到真值表的转换。转换结果显示在逻辑转换器窗口左边的位置。

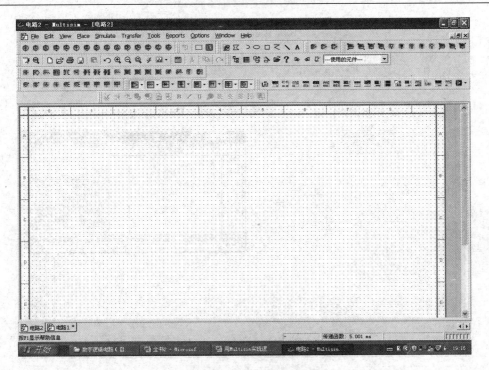

图 2.38　Multisim 9 用户界面图

File　Edit　View　Place　Simulate　Transfer　Tools　Reports　Options　Window　Help

图 2.39　Multisim 9 用户界面图主菜单

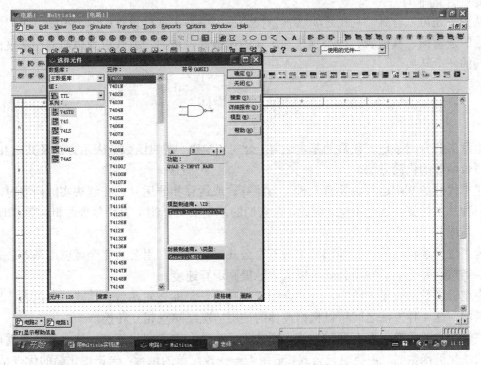

图 2.40　Multisim 9 用户界面 Component 的下拉式菜单

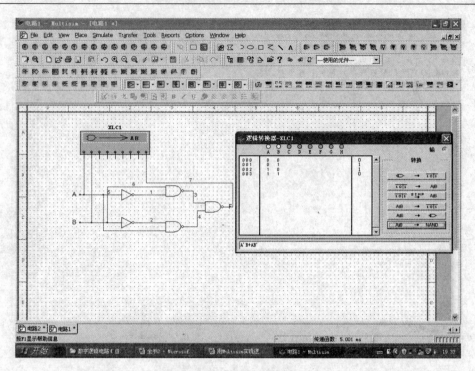

图 2.41　用 Multisim 9 的逻辑转换器实现逻辑图到真值表、函数式的转换

如果将真值表转换为表达式，则只需单击逻辑转换器操作窗口右半部分的上边第二个按钮，转换结果显示在逻辑转换器操作窗口底部一栏中，得到 $F = \overline{A}B + A\overline{B}$（说明：窗口中的 A' 表示变量 A 的非）。

从图中还可以看到，利用逻辑转换器操作窗口中右半部分设置的六个按钮，可以实现逻辑函数的逻辑图、真值表、最小项之和形式的函数式、最简与或式以及用与非门实现的逻辑图之间的任意转换。

小　　　结

本章主要介绍了逻辑代数的基本运算、公式和定理、逻辑函数的表示方法及其相互转换，以及逻辑函数的化简方法。

逻辑代数的基本运算主要有三种：与运算、或运算和非运算。在解决实际问题时，仅仅有这三种基本运算还远远不够，因此，在它们的基础上又介绍了五种复合逻辑运算，即与非、或非、与或非、同或和异或等。

为了进行逻辑运算，必须熟练掌握基本公式，而一些常用公式完全可以用基本公式推导出来。当然，熟记一些常用公式可以大大地提高运算速度。

在逻辑函数的表示方法中，一共介绍了 4 种方法，即逻辑函数表达式、真值表、逻辑图和卡诺图。这 4 种方法之间可以根据具体的使用情况而随意相互转换。

逻辑函数的化简主要有两种方法，即公式化简法和卡诺图化简法。这是本章的重点。利用公式法化简函数时，需要熟记公式，适用于一些较简单的函数；卡诺图化简的优点是简单、直观，但是当变量超过 5 个以上时，这些优点也体现不出来了。因此两种方法都要熟练掌握，在使用时具体采用哪种方法要视具体情况而定。

习　　　题

2.1　试用列真值表的方法证明下列运算公式。

（1）$A(B \oplus C) = AB \oplus AC$

（2）$A \oplus 1 = \overline{A}$

（3）$A \oplus 0 = A$

2.2　已知逻辑函数的真值表如表 2.7 和表 2.8 所示，试写出对应的逻辑函数式。

表 2.7　　　　　　　　　　　　　　题 2.2 表 1

A	B	C	F_1
0	0	0	0
0	0	1	0
0	1	0	0
0	1	1	1
1	0	0	0
1	0	1	1
1	1	0	1
1	1	1	1

表 2.8　　　　　　　　　　　　　　题 2.2 表 2

A	B	C	D	F_2
0	0	0	0	1
0	0	0	1	0
0	0	1	0	0
0	0	1	1	0
0	1	0	0	0
0	1	0	1	0
0	1	1	0	0
0	1	1	1	0
1	0	0	0	1
1	0	0	1	1
1	0	1	0	0
1	0	1	1	1
1	1	0	0	1
1	1	0	1	0
1	1	1	0	0
1	1	1	1	1

2.3　分别指出变量 A，B，C 在哪些取值组合时，下列函数的值为 1？

（1）$F(A, B, C) = AB + BC + \overline{A}C$

（2）$F(A, B, C) = \overline{\overline{A} + B\overline{C}} \cdot (A+B)$

2.4　列出下列各函数的真值表，并说明 F_1 和 F_2 有何关系。

（1）$F_1 = ABC + \overline{ABC}$　　　　　　　$F_2 = \overline{A\overline{B} + B\overline{C} + C\overline{A}}$

（2）$F_1 = \overline{BD} + \overline{AD} + \overline{CD} + AC\overline{D}$　　　　$F_2 = \overline{BD} + CD + \overline{ACD} + ABD$

2.5　用反演规则求下列函数的反函数。

（1）$F = (A + B) \cdot \overline{C} + \overline{D}$

（2）$F = A \cdot \overline{B + \overline{C}} + \overline{AD}$

2.6　写出下列函数表达式的对偶式。

（1）$F + \overline{A + B} + \overline{A} \cdot \overline{B}$

（2）$F = \overline{\overline{A + B} + \overline{\overline{C} + DE}}$

（3）$F = (A + B) \cdot (C + DE) + \overline{D}$

2.7　请用与非门实现下列逻辑函数（只提供原变量）。

（1）$L_1 = \overline{(A + B)(C + D)}$　　　　（2）$L_2 = \overline{AB + AC}$

（3）$L_3 = (A + B)\overline{AB}$　　　　（4）$L_4 = \overline{D(A + C)}$

2.8　用卡诺图判断逻辑函数 F 和 G 的关系。

（1）F=AB+BC+AC　　　　（2）$F = \overline{AB} + B\overline{C} + \overline{A}C + A\overline{B}C + D$

　　　$G = \overline{AB} + \overline{BC} + \overline{AC}$　　　　$G = \overline{ABCD} + ABC\overline{D} + \overline{A}BC\overline{D}$

2.9　回答下列问题。

（1）已知 X+Y=X+Z，则 Y=Z，正确吗？为什么？

（2）已知 X · Y=X · Z，则 Y=Z，正确吗？为什么？

（3）已知 X+Y=X+Z 且 X · Y=X · Z，则 Y=Z，正确吗？为什么？

（4）已知 X+Y=X · Y，则 Y=Z，正确吗？为什么？

2.10　写出图 2.42 所示逻辑图的逻辑表达式并化简。

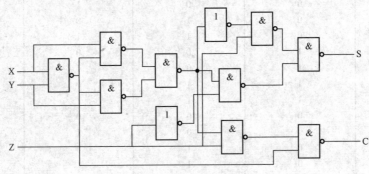

图 2.42　题 2.10 图

2.11　用代数法化简下列函数。

（1）$F = \overline{A} + \overline{B} + \overline{C} + \overline{D} + ABCD$

（2）$F = AB + AD + B\overline{D} + A\overline{CD}$

（3）$F = A\overline{B} + AC + BC + \overline{BCD} + \overline{BC}E + \overline{BC}F$

（4）$F = A\overline{B} + BD + CDE + \overline{AD}$

2.12　将下列函数表示成标准与–或表达式及标准或–与表达式。

（1）$F(A, B, C) = \overline{\overline{AB} + \overline{AC}}$

（2）$F(A, B, C, D) = (\overline{A} + BC) \cdot (\overline{B} + \overline{CD})$

2.13　利用公式证明下列等式。

（1）$\overline{\overline{ABC}AB + \overline{BC} + \overline{CA}} + ABC = \overline{(\overline{A} + \overline{B} + \overline{C})AB + \overline{BC} + \overline{CA}} + \overline{ABC}$

（2）$\overline{ABC} + A\overline{BC} + \overline{AB}\overline{C} + \overline{A}B\overline{C} = A \oplus B \oplus C$

（3）$A \oplus B \oplus C \oplus D = A \oplus \overline{B} \oplus C \oplus \overline{D}$

（4）$\overline{(C \oplus D)} + C = \overline{C} \cdot \overline{D}$

2.14　用公式法化简下列函数。

（1）$A(\overline{AC} + BD) + B(C + DE) + B\overline{C}$

（2）$(A \oplus B)C + ABC + A\overline{BC}$

（3）$\overline{ABC} + A + B + C$

2.15　用代数法化简下列函数。

（1）$F_1 = \overline{AB}C + \overline{A}B\overline{CD} + B\overline{CD} + \overline{ABCD} + \overline{A}CD + BC\overline{D}$

（2）$F_2 = \overline{(A + B)C + \overline{AC} + AB + ABC} + \overline{BC}$

（3）$F_3 = AD + A\overline{D} + AB + \overline{A}C + BD + ACEH + \overline{B}EH + DEHG$

2.16　将下列函数展开成最小项表达式。

（1）$F_1 = \overline{AB} + \overline{BC} + A\overline{C}$

（2）$F_2 = A\overline{D} + B\overline{C}$

（3）$F_3 = \overline{\overline{AB} + ABD(B + \overline{CD})}$

2.17　试将函数 $F = AB + \overline{A}C$ 展开成最小项表达式及最大项表达式。

2.18　用卡诺图法将下列函数化成最简与-或表达式。

（1）$F(A,B,C,D) = A\overline{B}CD + AB\overline{CD} + A\overline{B} + A\overline{D} + A\overline{B}C$

（2）$F(A,B,C,D) = \overline{AB} + \overline{ACD} + AC + B\overline{C}$

（3）$F(A,B,C,D) = \Sigma m(2,4,5,6,7,11,12,14,15)$

（4）$F(A,B,C,D) = \Sigma m(0,1,2,5,8,10,11,12,13,14,15)$

2.19　下列函数是最简与-或表达式吗？若不是，请化简。

（1）$F = \overline{AB} + \overline{BC} + B\overline{C} + A\overline{C}$

（2）$F = A\overline{B} + C\overline{D} + ABD + \overline{ABC}$

2.20　用卡诺图法将下列函数化成最简或-与表达式。

（1）$F(A,B,C,D) = A\overline{B} + AC\overline{D} + AC + B\overline{C}$

（2）$F(A,B,C,D) = \Pi M(2,4,6,10,11,12,13,14,15)$

（3）$F(A,B,C) = (A + B + C) \cdot (\overline{A} + B) \cdot (A + B + \overline{C})$

2.21　已知函数 F_1、F_2，求 $F = F_1 \oplus F_2$，并将 F 化简成为最简与-或表达式。

（1）$F_1 = \overline{AC} = \overline{AD} + \overline{BC}$

　　　$F_2 = \overline{A} + \overline{D}$

（2）$F_1 = BCD + \overline{A}BD + \overline{B}C\overline{D} + \overline{AB}\overline{D} + A\overline{C}$

　　　$F_1 = \overline{ABD + \overline{BCD} + A\overline{B}\overline{D} + B\overline{C}D + A\overline{C}}$

2.22　什么叫约束、约束项、约束条件？

2.23 用卡诺图化简下列有约束条件 $AB+AC=0$ 的函数。

（1）$F(A,B,C,D) = \Sigma m(0,1,3,5,8,9)$

（2）$F(A,B,C,D) = \Sigma m(0,2,4,5,7,8)$

2.24 化简下列具有约束项的函数。

（1）$F(A,B,C,D) = \Sigma m(0,2,7,13,15) + \Sigma d(1,3,4,5,6,8,10)$

（2）$F(A,B,C,D) = \Sigma m(2,4,6,7,12,15) + \Sigma d(0,1,3,8,9,11)$

（3）$F(A,B,C,D) = \Sigma m(1,2,4,12,14) + \Sigma d(5,6,7,8,9,10)$

（4）$F(A,B,C,D) = \Sigma m(0,2,3,4,5,6,11,12) + \Sigma d(8,9,10,13,14,15)$

2.25 化简下列多输出函数。

（1）$\begin{cases} F_1(A,B,C,D) = \Sigma m(0,2,4,7,8,10,13,15) \\ F_2(A,B,C,D) = \Sigma m(0,1,2,5,6,7,8,10) \\ F_3(A,B,C,D) = \Sigma m(2,3,4,7) \end{cases}$

（2）$\begin{cases} F_1(A,B,C,D) = \Sigma m(0,2,3,5,7,8,10,13,15) \\ F_2(A,B,C,D) = \Sigma m(0,2,7,8,10,15) \\ F_3(A,B,C,D) = \Sigma m(3,5,10,11,13) \end{cases}$

2.26 用卡诺图法化简下列函数。

$F_1 = \Sigma m(4,6,12,14,20,22,28,30)$

$F_2 = \Sigma m(0,1,2,4,5,6,10,16,17,18,20,21,22,24,26,27,28,30,31)$

2.27 写出图 2.43 所示逻辑图的输出函数表达式，如不是最简，则化简，并列出它们的真值表。

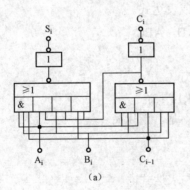 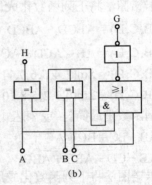

图 2.43   题 2.27 图

（a）逻辑图 1；（b）逻辑图 2

2.28 写出习题 2.11 中各函数的最简与非–与非表达式，并画出相应的逻辑图。

2.29 用 Multisim 9 将下列函数化为最简与或式。

（1）$Y(A、B、C、D) = \Sigma m(0,1,2,5,8,9,10,12,14)$

（2）$Y = A\overline{B} + BC + \overline{A}C + \overline{C}D$

（3）$Y = \overline{A}\overline{B} + B\overline{C} + \overline{A} + \overline{B} + ABC$

第 3 章 逻 辑 门 电 路

本章主要讨论由双极型器件与单极型器件构成的基本逻辑门及其组合成的各种门电路的结构、工作原理、性能与特点。

3.1 概　　述

用来实现基本逻辑运算和复合逻辑运算的单元电路统称为门电路。最基本的门电路有"与门"、"或门"、"非门"电路，由这三种基本门电路可以实现逻辑代数的与、或、非三种基本逻辑运算。由基本的逻辑门电路可以构成各种复杂的逻辑电路。

逻辑门电路的分类如下。

按集成逻辑门的开关元件不同，可分为单极型逻辑门电路和双极型逻辑门电路两大类。以双极型器件为开关元件构成的逻辑门电路称为双极型逻辑门电路。以单极型器件（场效应管）为开关元件，构成的逻辑门电路称为单极型门电路。其中双极型逻辑门电路又可分为 DTL、TTL、ECL、I^2L 等类型门电路；单极型逻辑门电路可分为 NMOS、PMOS、CMOS 等类型门电路。

双极型逻辑电路中最早制造的是由二极管和三极管组成的逻辑电路，简称 DTL。在 DTL 电路基础上加以改进，在提高速度、降低功耗、提高抗干扰能力等方面进行努力，研制出了由晶体三极管和三极管构成的逻辑电路 TTL 和发射极耦合逻辑电路 ECL、高阈值逻辑电路 HTL、高集成度逻辑电路 I^2L 等。

单极型 MOS 电路的优点是结构简单、制造方便、每个门所占硅片面积小、功耗低、便于大规模集成、抗干扰能力较强，缺点是速度比较慢。

3.2　分立元件的开关特性

3.2.1　常用的分立元件的开关特性

1. 理想开关特性

在图 3.1 所示的简单电路中，如果开关 S 是一个理想开关，则：

（1）开关 S 断开时，在开关两端 A、B 间的电压 $U_{AB} = E$，通过开关的电流 $I = 0$，开关等效电阻 $R_S = \infty$。

（2）开关 S 闭合时，开关两端电压 $U_{AB} = 0$，即开关闭合，其等效电阻 $R_S = 0$，通过开关的电流 $I = E/R$。

（3）开关 S 的开闭动作瞬时完成。

上述理想开关的特性不受其他因素（如温度等）的影响。

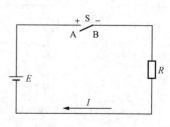

图 3.1　理想开关特性

2. 二极管的开关特性

二极管具有单向导电性，即二极管两端加上正向电压且超过死区电压时，二极管导通且钳位于 $U_D \approx 0.7V$（硅管）或 $U_D \approx 0.2V$（锗管），这相当于开关闭合，如图 3.2（a）所示，二极管两端加上正向电压小于死区电压时，二极管截止，这相当于开关断开，如图 3.2（b）所示。

（a）　　　　　　　　（b）

图 3.2　二极管开关等效电路

（a）二极管闭合等效电路；（b）二极管断开等效电路

在脉冲信号的作用下，二极管可在"开"态和"关"态两种工作状态间转换，当脉冲频率高时，其变化速率很快，可能会达到每秒 100 万次以上，在高速开关状态下，就必须考虑二极管状态转换过渡过程的时间。

3. 三极管的开关特性

（1）三极管的工作状态。三极管可工作在截止、放大、饱和三种状态。通常在数字电路中，三极管作为开关元件主要工作在饱和状态（"开"态）和截止状态（"关"态），并经常在饱和区和截止区之间，通过放大区快速转换，这就是"三极管的开关运用"特性。图 3.3（a）所示为三极管共发射极电路。

1）截止状态：当输入电压 U_1 较小时，发射结电压 $U_{BE}<0$，此时发射结处于反偏状态，发射极电流 i_E、基极电流 i_B、集电极电流 i_C 基本上为零，最多只有很小的反向漏电流。此时集电极电阻 R_C 上无压降，集电极如同断开一样，这种状态称为三极管的截止状态，也就是三极管的"关"态。输出电压 $U_{CE} \sim E_C$。在截止状态下，硅三极管的等效电路如图 3.3（b）所示。

2）放大状态：若 U_1 上升，且超过发射结死区电压 0.5V（硅管），发射结正偏，集电结处于反偏，处于放大状态，集电极电流 i_C 与基极电流 i_B 的关系为：$i_C=\beta i_B$，且：$i_E=i_C+i_B$；在放大状态下，输出电压 $U_{CE}=E_C-i_C R_C$，它的数值大于 U_{BE}，因此放大状态下的集电结始终处于反偏状态。

3）饱和状态：三极管导通后，随着输入电压 U_1 增大，i_E、i_C、i_B 均增长，$U_{CE}=E_{CE}-i_C \times R_C$ 不断下降，当降到 0.7V 以下时，三极管集电结由反偏转向正偏，即发射结和集电结都正偏，集电极电流不再服从放大状态下 $i_C=\beta i_B$ 这一规律，集电极电流 $i_C \approx E_C/R_C$。

在饱和状态下集电极和发射极之间的压降很小，硅管为 0.3V（锗管为 0.1V），三极管的饱和压降用 U_{CES} 来表示，此时，集电极与发射极之间如同短路接通一样，称为三极管的"开"态，其等效电路如图 3.3（c）所示。

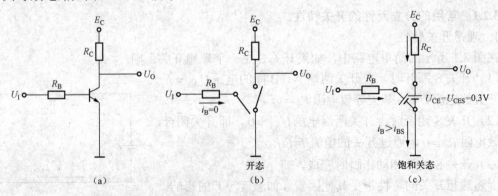

（a）　　　　　　　　　（b）　　　　　　　　　（c）

图 3.3　NPN 三极管开关等效电路

（a）三极管共发射极电路；（b）截止状态等效电路；（c）饱和状态等效电路

饱和与放大状态区别在于：放大时集电结反偏，饱和时集电结正偏；放大时电流 $i_C=\beta i_B$，它们之间具有线性关系，饱和时 i_C 不随 i_B 的增加而增加，$i_C=i_C=E_C/R_C$。一般集电结零偏，即 $U_C=U_B$ 时，称为临界饱和点，此时的基极电流 $i_B=i_{BS}=i_{BS}=i_{CS}/\beta\approx E_C/\beta R_C$，其中 i_{BS} 为临界饱和基极电流，i_{CS} 是临界饱和集电极电流。三极管三种工作状态的条件和特点如表 3.1 所示。

表 3.1　　　　　　　**NPN 硅三极管共射极电路三种状态条件和特点**

状态	条　件		特　　　点				
	U_{BE}（V）	i_B	i_B　i_E　i_C		U_{CE}（V）	发射结偏置	集电结偏置
截止	< 0.5	0	0　　0　　0		E_C	反偏或正偏小于 U_r	反偏
放大	≈0.7	$<i_{BS}$	$i_B:i_C:i_E=1:\beta:(1+\beta)$		>1	正偏	反偏
和	≈0.7	$>i_{BS}$	$>i_{BS}$　$<\beta i_B$　$<(1+\beta)i_B$		≈0.3	正偏	正偏

（2）三极管的动态特性。在图 3.3（a）所示电路中，若加入图 3.4 所示脉冲输入电压 u_i，可得到相应的集电极电流和集电极电压波形。由图 3.4 可见，输入的是理想矩形波，但集电极电流和集电极电位（即电路输出电压）却不是理想矩形波，对应于输入脉冲的上跳沿和下跳沿它们均有延迟，而且使波形的上下跳变沿变差。为描述其动态过程，引入如下参数。

延迟时间 t_d——从输入 u_i 上跳沿到集电极电流 i_C 上升 $0.1i_{CS}$ 所需时间。

上升时间 t_r——i_C 由 $0.1i_{CS}$ 上升到 $0.9i_{CS}$ 所需时间。

存储时间 t_s——从输入 u_i 下跳沿到 i_C 由 i_{CS} 下降到 $0.9i_{CS}$ 所需时间。

下降时间 t_f——i_C 从 $0.9i_{CS}$ 下降到 $0.1i_{CS}$ 所需时间。

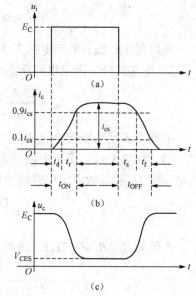

图 3.4 三极管工作波形图

（a）输入电压 u_i；（b）集电极电流 v_C；

（c）集电极电位 u_C

$t_d+t_r=t_{ON}$，称为开通时间，即三极管由截止转为饱和导通所需过渡过程时间。$t_s+t_f=t_{OFF}$，称为关断时间，即三极管由饱和导通转向截止所需过渡过程时间。存在这些过渡过程时间的原因是基区存储电荷效应。开通时间是建立基区存储电荷所需时间，关断时间是基区存储电荷消散所需的时间，一般为纳秒数量级。

要提高三极管的开关速度，通常有改进管子内部结构和外部电路两种措施，减小基极厚度和发射结、集电结面积等，从管子内部提高其开关性能，在外部电路，适当选择基极正、反向电流及集电极最大电流，也是可改善其动态性能的。

【例 3.1】 分析图 3.5 所示三种电路的工作状态。

解：在分析三极管的工作状态时，应根据三极管的三个工作区的不同特点进行分析（以 NPN 硅管为例）。

1）图 3.5（a）所示电路状态分析。因为该电路中 $U_{BE}>0.7V$，三极管 VT 导通，则

$$i_B=\frac{U_i-0.7}{R}=\frac{6-0.7}{50}\approx 0.1mA$$

$$I_{CS} = \frac{E_C - U_{CES}}{R_C} = \frac{12 - 0.3}{1 \times 10^3} = 11.7\text{mA}$$

$$\beta i_B = 50 \times 0.1 = 5\text{mA} < I_{CS}$$

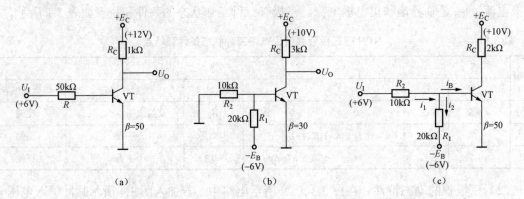

图 3.5　[例 3.1] 电路

（a）电路（一）；（b）电路（二）；（c）电路（三）

所以图 3.5（a）所示电路工作在放大区。

2）图 3.5（b）所示电路状态分析。因为

$$U_{BE} = \frac{U_i R_1 - E_B R_2}{R_1 + R_2} = -\frac{E_B R_2}{R_1 + R_2} = -\frac{6 \times 10}{30} = -2 < 0\text{V}$$

电路不满足三极管导通条件，所以图 3.5（b）所示电路工作在截止区。

（3）图 3.5（c）所示电路状态分析。利用戴维南定理，将发射结的外接电路化简成由等效电压源 U_B 和等效内阻串联的单回路。其中等效电压源 U_B 的电压为

$$U_B = \frac{U_i R_1 - E_B R_2}{R_1 + R_2} = \frac{6 \times 20 - 6 \times 10}{30} = 2\text{V}$$

内阻为 $R_1 // R_2 = 6.67\text{k}\Omega$，满足发射结正偏条件，所以图 3.5（c）所示电路导通。又因为

$$i_B = i_1 - i_2 = \frac{U_i - 0.7}{R_2} - \frac{0.7 + E_B}{R_1} = (0.53 - 0.33)\text{mA} = 0.2\text{mA}$$

$$I_{BS} = I_{CS} / \beta = \frac{E_C - U_{CES}}{\beta R_C} = \frac{10 - 0.3}{2 \times 50} = 0.12\text{mA}$$

满足 $i_B > I_{BS}$ 条件，所以图 3.5（c）所示电路工作在饱和区。

4. MOS 管特性

（1）MOS 管的开关工作状态。MOS 管作为开关元件，它工作在截止与导通状态。如图 3.6（a）所示的 NMOS 增强型管构成的开关电路中，若 U_{GS} 小于 NMOS 管的开启电压 U_T，则 MOS 管工作在截止区，i_{DS} 基本为零，输出电压 $U_{DS} \approx V_{DD}$，这是 NMOS 管的"关"态。其等效电路如图 3.6（b）所示；若 U_{GS} 大于开启电压 U_T，则 MOS 管工作在导通状态。此时漏源电流 $i_{DS} = V_{DD}/(R_D + r_{DS})$，其中 r_{DS} 为 MOS 管导通时的漏源电阻。输出电压 $U_{DS} = r_{DS} \cdot V_{DD}/(R_D + r_{DS})$，若 $r_{DS} << R_D$，则 $U_{DS} \approx 0\text{V}$，这是 NMOS 管的"开"态，其等效电路如图 3.6（c）所示。

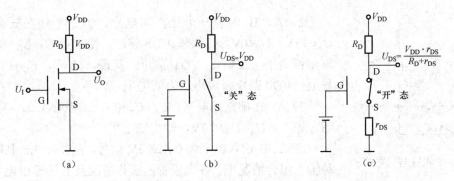

图 3.6　MOS 管开关等效电路

（a）MOS 管电路；（b）"关"态等效电路；（c）"开"态等效电路

（2）MOS 管的动态特性。如果在图 3.7（a）所示电路输入矩形脉冲信号，MOS 管在"开"、"关"状态间转换，其动态特性主要取决于杂散电容 C_L 充放电所需时间，而管子本身导通或截止，电荷的积累和消散时间却很小，这是因为 MOS 管的电流是多数载流子的漂移运动形成的。

MOS 管导通时的漏源电阻 r_{DS} 比晶体三极管饱和电阻 r_{CES} 要大得多，因此，当输入信号 U_I 由低向高跳变时，MOS 管由截止转向导通，杂散电容 C_L 将通过 MOS 管漏源电阻及外接电阻 R_D 放电，其放电时间常数 $\tau=(r_{DS}/\!/R_D)C_L$ 比晶体三极管要大得多；同样，U_i 由高到低跳变，MOS 管由导通转向截止时，杂散电容 C_L 有一个充电过程，其充电时间常数 $\tau=R_DC_L$ 也比晶体三极管大得多。可见 MOS 管的开关速度比二极管、三极管低。

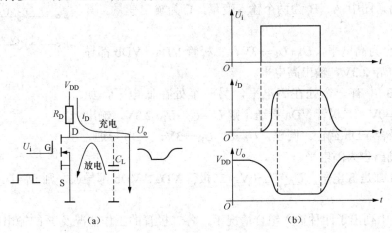

图 3.7　MOS 管的动态特性

（a）充放电回路；（b）波形图

3.2.2　分立元件门电路

1. 简单门电路

（1）二极管与门。最简单的与门可以由二极管和电阻组成。图 3.8 所示为有两个输入端的与门电路，图中 A、B 为两个输入变量，F 为输出变量。其工作原理如下。

1）$U_A=U_B=+3V$，都为高电平，二极管 VDa、VDb 都导通。设二极管的正向导通电压降 $U_D=0.7V$，则 $U_F=U_A+U_D=3.7V$，输出高电平。

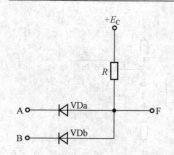

图 3.8　二极管与门电路

2）A、B 中有一个处在高电平，另一个处在低电平，设 U_A=+3V，U_B=0V，二极管 VDb 导通，使 F 点 U_F=U_B+U_D=0.7V，输出低电平，二极管 VDa 截止。同理，U_A=0，U_B=+3V，VDa 导通，VDb 截止，输出也为低电平。

3）A、B 都是低电平，U_A=U_B=0V，二极管 VDa、VDb 都导通，则 U_F=U_A=U_B=0.7V，输出低电平。

若 A、B 输入电平为 0V 或 3V 信号，则在表 3.2 中列出了四种输入组合情况下，各二极管的工作情况及 F 的输出电平（这里略去了二极管的正向导通压降，也就是把各二极管看成了理想二极管）。如果用逻辑"1"表示高电平，逻辑"0"表示低电平，则该电路输入和输出之间的逻辑取值关系如表 3.3 所示的真值表。显然 F 与 A、B 之间是与逻辑关系。

表 3.2　　　　与门输入输出电位关系

U_A（V）	U_B（V）	VDa	VDb	U_F（V）
0	0	导通	导通	0
0	+3	导通	截止	0
+3	0	截止	导通	0
+3	+3	导通	导通	+3

表 3.3　　　　与 门 的 真 值 表

A	B	F
0	0	0
0	1	0
1	0	0
1	1	1

（2）二极管或门。最简单的或门也可以由二极管和电阻组成。图 3.9 所示为有两个输入端的或门电路，图中 A、B 为两个输入变量，F 为输出变量。其工作原理如下。

1）输入全为高电平，U_A+U_B=+3V，二极管 VDa、VDb 都导通。U_F=U_A−U_D=2.3V，输出高电平。

2）A、B 中有一个处在高电平，另一个处在低电平，如 U_A=+3V，U_B=0V，二极管 VDa 导通，则 U_F=U_A−U_D=2.3V，输出高电平，二极管 VDb 截止。同理，U_A=0，U_B=+3V，VDb 导通，VDa 截止，输出也为高电平。

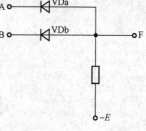

图 3.9　二极管或门电路

3）A、B 都是低电平，U_A=U_B=0V，二极管 VDa、VDb 都导通，则 U_F=U_A−U_D=−0.7V，输出低电平。

在表 3.4 中列出了四种输入组合情况下，各二极管的工作情况及 F 的输出电平（这里略去了二极管的正向导通压降，也就是把各二极管看成了理想二极管）。真值表如表 3.5 所示。

显然 F 与 A、B 之间是或逻辑关系。

表 3.4　　　或门输入/输出电位关系

U_A（V）	U_B（V）	VDa	VDb	U_F（V）
0	0	导通	导通	0
0	+3	截止	导通	+3
+3	0	导通	截止	+3
+3	+3	导通	导通	+3

表 3.5　　　　或 门 真 值 表

A	B	F
0	0	0
0	1	1
1	0	1
1	1	1

（3）非门（反相器）。图 3.10 所示为一个由三极管构成的非门电路，图中 A 为非门的输入端，F 为非门的输出端。

如 $U_I=U_{IL}\approx0.3V$，由电路可以知道

$$U_B=U_{IL}\frac{R_2}{R_1+R_2}+E_B\frac{R_1}{R_1+R_2}=0.3\times\frac{18}{19.5}-12\times\frac{1.5}{19.5}\approx-0.65<(V)$$

三极管基极电压 $U_B<0$。

因为三极管 VT 的发射结反偏，所以三极管截止。由于 VDQ、E_Q 的存在，二极管 VDQ 的钳位作用，$U_O=E_Q+U_{DQ}=3.2V$，这里 U_{DQ} 为二极管 VDQ 正向导通的正向压降。

如 $U_I=U_{IH}=3.2V$ 时，设三极管仍截止，则

$$U_B=U_{IH}\frac{R_2}{R_1+R_2}+E_B\frac{R_1}{R_1+R_2}=3.2\times\frac{18}{19.5}-12\times\frac{1.5}{19.5}\approx2.03(V)$$

一个 NPN 双极型三极管，当 $U_{BE}\geq0.5V$ 时就应导通。这里，当 $U_I=U_{IH}=3.2V$ 时，$U_B=U_{BE}=2.03V$，则三极管 VT 势必导通。下面进一步判断该三极管能否饱和，为此，做其发射结的简易等效电路如图 3.10（b）所示。设三极管导通时，$U_{BE}\approx0.7V$，由等效电路可以得到

$$I_B=I_1-I_2=\frac{U_{IH}-U_{BE}}{R_1}-\frac{U_{BE}-E_B}{R_2}=\frac{3.2-0.7}{1.5}-\frac{0.7+12}{18}=0.96(mA)$$

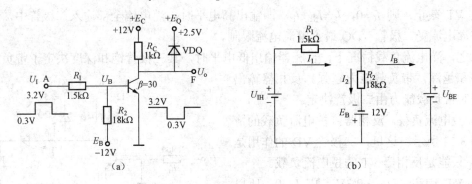

图 3.10 三极管"非门"电路

（a）电路；（b）等效电路

图 3.10（a）所示电路中，三极管临界饱和所需要的基极电流为

$$I_{BS}=\frac{E_C}{\beta R_C}=\frac{12}{30\times1}\approx0.4mA$$

这里 $I_B>I_{BS}$，故三极管工作于饱和状态，这样 $U_O\approx0.3V$。由此可见，该电路在输入低电平 $U_{IL}\approx0.3V$，输出高电平 $U_{OH}\approx3.2V$ 时，输入高电平 $U_{IH}\approx3.2V$ 输出低电平 $U_{IL}\approx0.3V$。该电路的逻辑关系是逻辑非，所以是非门，又称反相器或倒相器。非门电路的真值表如表 3.6 所示。

表 3.6 非 门 真 值 表

A	F
0	1
1	0

由于反相器是很多门电路的输出电路，所以下面简要分析反相器的带负载能力。所谓负载就是反相器输出端接的其他电路，接入负载的情况可以有两种：一是负载电流 I_L 流进反相器，二是负载电流由反相器流出。前者称为灌电流负载，后者称为拉电流负载。

1）灌电流负载。反相器接灌电流的情况如图 3.11 所示，负载等效电路如图 3.11 中虚线框所示。

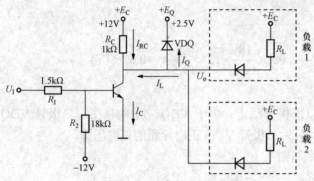

图 3.11　反相器接灌电流负载

设 VT 饱和，$U_O \approx 0.3V$，VDQ 截止。$I_Q=0$，则 $I_C=I_{RC}+I_L$，即维持饱和管的集电极电流是集电极负载电阻 R_C 上的电流与负载的灌电流 I_L 之和，当负载增加，亦即 I_L 增加，只要饱和，I_{Rc} 基本不变。因此随着 I_L 的增加，I_C 增加了，其所对应的临界饱和电流 I_{BS} 也增加，I_B 不变，这样 I_L 的增加使 VT 饱和深度下降。I_L 增加到某一数值 I_{LMAX}，VT 脱离饱和，使 U_O 上升。I_L 继续增加，U_O 进一步上升，这就破坏了反相器输入高电平，输出低电平的逻辑关系。这里的 I_{LMAX} 就定义为 VT 饱和时允许带动的最大灌电流值。在图 3.11 所示的电路中，若 $U_{IH}=3.2V$，已经求得 $I_B \approx 0.96mA$，因为 $\beta=30$，由 I_B 维持 VT 临界饱和所允许的集电极电流 I_{CS} 为 $I_{CS}=\beta \times I_B=28.8mA$，所以 $I_{LMAX}=I_{CS}-I_{Rc}=28.8-12=16.8mA$。

设 VT 截止，则 $I_C=0$，$I_Q=I_{Rc}+I_L$，即输出高电平时，灌电流全部注入二极管中，这时最大允许灌电流受二极管 VDQ 最大整流电流限制。

总之，灌电流负载情况下，反相器输出低电平时，其三极管饱和深度决定了带负载的能力，饱和越深，带负载能力越强。反相器输出高电平时带负载能力由二极管决定。

2）拉电流负载。反相器接拉电流负载的情况如图 3.12 所示。这里，二极管 VD 的作用是使得 R_L 只能是反相器 VT 的拉电流负载。

设 VT 饱和，$U_{CES}=0.3V$，则 $I_Q=0$，所以 $I_L=I_{RC}-I_C$。当 I_L 增加时，I_C 便减小。对于同一个 I_B，VT 更饱和，低电平输出得以保持，但是 I_L 不能大于 I_{Rc}，否则 $I_C=0$，VT 也就不饱和，因此 $I_{LMAX}=I_{Rc}$。

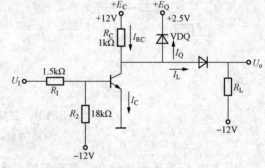

图 3.12　反相器接拉电流负载

若 VT 截止，$I_C=0$，$I_Q=I_{Rc}-I_L$，则 $I_L=I_{Rc}-I_Q$。当 $I_Q=0$，$I_{LAMX}=I_{Rc}$，一旦 $I_Q \approx 0$，钳位二极管就不起作用了，从而使输出电平变高。

总之，拉电流负载情况下，最大允许拉电流是集电极负载 R_C 中的电流值，只能小于它，而不能等于它。

【例 3.2】　某带负载的反相器如图 3.13 所示。当反相器输出低电平时，负载等效为 E_C 与 3kΩ电阻 R_L 串联电路，如图 3.13（a）所示；当反相器输出高电平时，负载等效为 10MΩ的电阻 R_L，如图 3.13（b）虚框内电路所示。试计算该反相器的带负载能力。反相器能同时带几个这样的负载？

解：反相器带负载的能力指反相器正常工作时能提供多大的负载电流。负载电流过大会破坏反相器输入、输出的逻辑关系。反相器所带负载的个数应以保证反相器正常工作为前提。

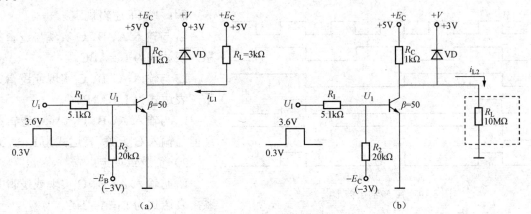

图 3.13 带负载的反相器

（a）反相器输出低电平；（b）反相器输出高电平

1）计算反相器允许的最大灌电流。

如图 3.13（a）所示，当 $U_i = U_{IH} = 3.6\text{V}$ 时，VT 导通并饱和，输出 $U_O = U_{OL} = 0.3\text{V}$，此时有

$$i_{L1MAX} = \beta i_B - i_{Rc}$$

$$= \beta \left(\frac{U_{IH} - U_{BE}}{R_1} - \frac{U_{BE} + E_B}{R_2} \right) - \frac{E_C - U_{CES}}{R_C}$$

$$= 50 \times \left(\frac{3.6 - 0.7}{5.1} - \frac{0.7 + 3}{20} \right) - \frac{5 - 0.3}{1} = 15.45(\text{mA})$$

2）计算反相器允许的最大拉电流。

如图 3.13（b）所示，当 $U_i = U_{IL} = 0.3\text{V}$ 时，VT 截止，钳位二极管 VD 导通，输出 $U_O = U_{OH} = 3.6\text{V}$，有

$$i_{L2MAX} = i_{RC} = \frac{E_C - U_{OH}}{R_C} = \frac{5 - 3.6}{1} = 1.4(\text{mA})$$

3）估算反相器带负载电路的个数。

因为每一个负载电路所反映的拉电流、灌电流分别为

$$i_{L2} = \frac{U_{OH}}{R_L} = \frac{3.6}{10 \times 10^6} = 0.36(\mu\text{A})$$

$$i_{L1} = \frac{E_C - U_{OL}}{R_L} = \frac{5 - 0.3}{3 \times 10^3} = 1.6(\text{mA})$$

负载所需拉电流极小，反相器带负载的个数由灌电流负载决定，即负载个数 N 为 $N \leqslant \frac{i_{L1MAX}}{i_{L1}} = \frac{15.45}{1.6} = 9.7$，该反相器最多带 9 个图示负载电路。这个数字也称门电路的扇出系数。

【例 3.3】 有一组信号波形如图 3.14 所示。

1）试按正逻辑规定分别写出 L_1、L_2、L_3 相对于输入 A、B、C 的逻辑表达式（所谓正逻辑是高电平为"1"，低电平为"0"）。

2）按负逻辑规定重做一遍（所谓负逻辑是高电平为"0"，低电平为"1"）。

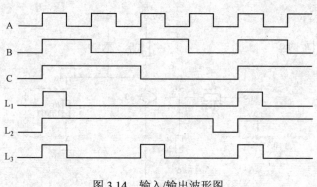

图 3.14　输入/输出波形图

解：1）正逻辑规定：

L_1 与输入 A、B、C 实现与逻辑关系，表达式为 $L_1 = ABC$。

L_2 与输入 A、B、C 实现或逻辑关系，表达式为 $L_2 = A + B + C$。

L_3 与输入 A、B、C 实现与逻辑关系但与输入 C 无关，表达式为 $L_3 = AB$。

2）负逻辑规定：

L_1 与输入 A、B、C 实现或逻辑关系，表达式为 $L_1 = A + B + C$。

L_2 与输入 A、B、C 实现与逻辑关系，表达式为 $L_2 = ABC$。

L_3 与输入 A、B、C 实现或逻辑关系但与输入 C 无关，表达式为 $L_3 = A + B$。

2. 复合门电路

与门、或门、非门是三种最基本的门电路。尽管由这三种门电路可以实现多种逻辑功能，但在实际应用中仍有一些问题（对二极管门电路）。

a）不适合多级级联。两级级联低电平为 1.4V，三级级联低电平为 2.1V。二极管本身的电平偏移而破坏了高、低电平的逻辑关系。

b）二极管带负载能力差，一般二极管门电路 R 取得较大。在容性负载时，使得输出波形上升时间增加。

因此，出现了一些其输入、输出关系可用专门的逻辑函数来表示的电路作为基本电路单元。常见的有与非门、或非门、与或非门、异或门等，这些门电路称为复合门电路。

（1）与非门。图 3.15 所示为一个二极管、三极管与非门电路。A、B 为输入，F 为输出。该电路实际上由二极管与门和三极管非门两部分组成。这里的电容 C 与 R_2 构成微分电路，它使 U_O 的跳变几乎不衰减地传给三极管的基极，从而提高三极管由截止转为饱和的速度。所以 C_1 称为加速电容，C_2 是等效输出电容与负载的输入电容之和。

在图 3.15 所示的电路中，当 A、B 输入中有低电平，P 就为低电平，F 为高电平。只有 A、B 全为高电平时，P 才为高电平，F 为低电平。因此 F 与 A、B 之间为与非关系，即 $F = \overline{A \cdot B}$。其真值表如表 3.7 所示。

（2）或非门。图 3.16 所示为或非门电路。用分析与非门电路的类似方法可以分析或非门电路的工作原理。A、B 为输入，F 为输出。当 A、B 输入中有高电平，P 就为高电平，F 为低电平。只有 A、B 全低，P 才为低电平，F 为高电平。或非门的逻辑表达式为：$F = \overline{A + B}$。或非门电路的真值表如表 3.8 所示。

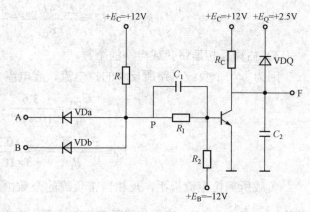

图 3.15　与非门电路

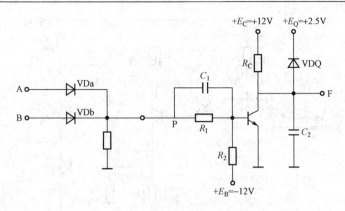

图 3.16　或非门电路

表3.7	与 非 门 真 值 表		
A	B	P	F
0	0	0	1
0	1	0	1
1	0	0	1
1	1	1	0

表3.8	或 非 门 真 值 表		
A	B	P	F
0	0	0	1
0	1	1	0
1	0	1	0
1	1	1	0

与非门和或非门电路的输出电路为三极管，它可以：

1）高，低电平匹配，串联也不存在电平偏移问题。

2）利用三极管的放大作用，对前级要求提供的电流可以小，其本身带负载能力又大。

3）在非门 R_1 电阻上并联加速电容及加钳位二极管 VDQ 可以提高开关速度。因此，与非门、或非门得到较广泛的应用。

3.3　TTL 集 成 与 非 门 电 路

TTL 集成电路是一种单片集成电路。在这种集成电路中，一个逻辑电路的所有元件和连线，都制作在同一块半导体芯片上。由于这种数字集成电路的输入端和输出端的结构形式都采用了半导体三极管，所以一般称它为晶体管——晶体管逻辑电路，简称 TTL 电路。目前 TTL 电路广泛应用于中、小规模集成电路中。这种形式的电路功耗比较大，用它做大规模集成电路尚有一定难度。

3.3.1　TTL 与非门的结构

图 3.17 所示电路为 TTL 与非门的基本电路。在该电路中，VT1 为多发射极三极管，从电平偏移的角度，VT1 的作用相当于多个二极管做在一个芯片上，几个二极管并联，构成了一个多发射极晶体管，这里 VT1、VT2 做成三极管可以加大 VT5 的饱和深度，同时减轻对二极管与门带负载能力的要求。VT1、R_1 为输入级，完成与的功能。VT2、R_2、R_3 为中间级，由集电极，发射极可得两个相位相反的信号。VT3、VT4、VT5、R_4、R_5 为输出级，其中 VT3、VT4 为 VT5 的有源负载，既可提高电路的带负载能力，又可改善开关特性。集成化的电路体积小了，为了降低功耗，TTL 电路采用了低电压电源，E_C=+5V。

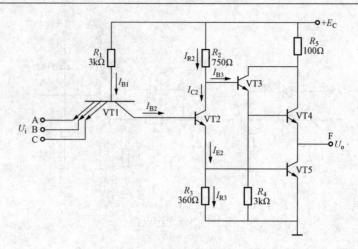

图 3.17　TTL 与非门电路

3.3.2　TTL 与非门的工作原理

图 3.17 所示的 TTL 与非门电路分析如下。

（1）输入全为高电平（3.6V）时的工作情况。

三极管 VT1：（$U_A=U_B=U_C=3.6V$），若不考虑 VT2 的存在，则应有 $U_{B1}=U_{IH}+U_{BE}=4.3V$，显然，在存在 VT2 和 VT5 的情况下，VT2、VT5 的发射结必然正向导通。$U_{B1}=U_{BC1}+U_{BE2}+U_{BE5}=2.1V$，$U_{C1}=1.4V$。A、B、C 三个发射结都反偏，集电结正偏，此时，VT1 工作于"倒置"的状态，即发射极用做集电极，集电极用做发射极用。工作于"倒置"状态的三极管电流放大倍数 β_R 都很小，约为 0.2。对于图中给定参数可得到三极管 VT1 的几个电流值

$$I_{B1} = I_{R1} = \frac{E_C - U_{B1}}{R_1} = \frac{5-2.1}{5} \approx 0.97(\text{mA})$$

$$I_{C1} = I_{B1} = I_{B1}(1+\beta_R) = 0.97 \times 1.2 = 1.16(\text{mA})$$

$$I_{E1} = I_{B1}\beta_R \approx 0.2(\text{mA})$$

三极管 VT2：因为 $I_{B2}=I_{C1}=1.16\text{mA}$，该电流很大，可使 VT2 饱和。因此，$U_{CE2}\approx 0.3V$，$U_{C2}=U_{CE2}+U_{BE5}=1V$。$I_{C2} \approx I_{R2} = \frac{E_C - U_{C2}}{R_2} = \frac{5-1}{0.75} \approx 5.3(\text{mA})$，由此可见，只要 $\beta_2>5$，VT2 就能饱和。$I_{E2}=I_{B2}+I_{C2}=1.16+5.3=6.46(\text{mA})$。

三极管 VT5：因为 $U_{B5}=U_{E2}=0.7V$，$I_{B5}=I_{E2}-I_{R3}=I_{E2}-\frac{U_{B5}}{R_3}=4.52\text{mA}$，电流很大，VT5 深度饱和，可允许很大的灌电流负载，$U_{OL}=U_{CE5}=0.3V$。

三极管 VT3、VT4：因为 $U_{BE3}+U_{BE4}=U_{C2}-U_{C5}=1-0.3=0.7(V)$，所以 VT3、VT4 不可能同时导通，由于 R_4 接地，VT3 导通。$U_{BE3}\approx 0.7V$，则 $U_{E3}\approx 0.3V$，$I_{R4}=0.3/3=0.1(\text{mA})$，$I_{R5}\approx I_{R4}\approx 0.1\text{mA}$，VT3 处于微微导通状态。因为 $U_{B4}=U_{E3}=0.3V$，$U_{E4}=U_{CE5}=0.3V$，所以 VT4 截止。在这里 VT3 起了电平偏移的作用，使 VT4 在 T_5 饱和的情况下可靠地截止，否则 VT4 可能导通。电源提供的电流 $I_{EL}=I_{R1}+I_{R2}+I_{R5}=0.97+5.3+0.1=6.37(\text{mA})$，电源消耗的功率 P_{ON} 为 $P_{ON}=I_{EL}E_C=6.37 \times 5=32(\text{mW})$。

（2）输入有低电平（0.3V）时的工作情况。

三极管 VT1：设 $U_A=0.3V$，$U_B=U_C=3.6V$，则 $U_{B1}=U_A+U_{BE1}=0.3+0.7=1(V)$。此电位不

足以使 VT1 的集电结、VT2 发射结和 VT5 发射结正偏。VT1 的集电极经 VT2 的集电结和 R_2 接至 E_C。因为 VT2 截止，VT1 的集电结负载电阻极大，I_{C1} 极小。$I_{B1} = I_{R1} = \dfrac{E_C - U_{B1}}{R_1} = \dfrac{5-1}{3}$ =1.3(mA)，VT1 深度饱和，$U_{CE1} \approx 0.1V$，则 $U_{C1} = 0.4V$。

三极管 VT2、VT5：因为 $U_{C1} = U_{B2} = 0.4V$，VT2、VT5 发射结不能正偏，同时截止。

三极管 VT3：E_C 通过 R_2 向 VT3 提供基极电流 $I_{R2} \approx I_{B3}$，因为 VT5 截止，$I_{E4} \approx 0$，所以：$I_{B3}R_2 + U_{BE3} + I_{E3}R_4 = E_C$，又因为 $I_{E3}R_4 >> I_{B3}R_2$（因为 $R_4 >> R_2$，$\beta > 20$），$U_{E3} = I_{E3}R_4 = E_C - U_{BE3} = 5-0.7$ $\approx 4.3V$，$I_{E3} = 4.3/3 = 1.4mA$。$\beta_3 > 20$，$I_{B3} = 1.4/20 = 70\mu A$，可以求得

$$U_{B3} = E_C - I_{B3}R_2 = 5 - 70 \times 10^{-6} \times 750 = 4.95(V)$$

$$U_{C3} = E_C - I_{E3}R_5 = 5 - 1.4 \times 10^{-3} \times 100 = 4.86(V)$$

由此可见：VT3 集电结正偏，VT3 处于微微饱和的状态。

三极管 VT4：$U_{B4} = U_{E3} = 4.3V$，$U_{C3} = U_{C4} = 4.86V$。空载时 $R_L = \infty$，VT5 又截止，I_{E4} 很小，VT4 工作于弱导通的状态，$U_{E4} = U_{E3} - U_{BE4} \approx 4.3 - 0.7 = 3.6(V)$。

电源提供的总电流 $I_{EH} = I_{R1} + I_{R3} = 1.3 + 1.4 = 2.7(mA)$

电源消耗的功率 $P_{OFF} = I_{EH}E_C = 2.7 \times 5 = 13.5(mW)$

（3）结论。

1）TTL 与非门电路各晶体管工作情况如表 3.9 所示。

表 3.9   **TTL 与非门各晶体管工作情况**

输入	输出	VT1	VT2	VT3	VT4	VT5
全高	低	倒置	饱和	微导通	截止	饱和
有低	高	深饱和	截止	微饱和	微导通	截止

表 3.9 综合了 TTL 与非门各晶体管在两类不同输入情况下的工作状态。

2）输出级的情况。

输出低电平时，与非门输出电阻是 VT5 饱和导通电阻 r_{ce} 很小，可以驱动大的灌电流负载。输出电压随负载电流变化的情况，可以用图 3.18 所示的特性曲线表示，随着灌电流的增大，VT5 饱和深度缓慢减弱，致使输出电压 U_{OL} 缓慢上升，输出电压与负载电流基本上呈线性关系。VT4 截止，给不出拉电流。

输出高电平时，与非门输出电阻是 VT3、VT4 复合管构成的射极输出器的输出电阻，也很小，可以驱动拉电流。但拉电流太大，VT3 饱和加深，VT4 电流加大，复合管的 β 下降，输出电阻上升，从而使输出电平下降，图 3.19 所示为它的输出特性。

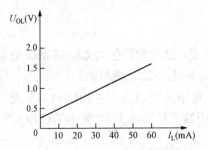

图 3.18 输出低电平时的输出特性

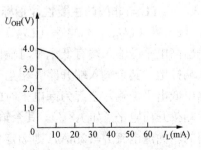

图 3.19 输出高电平时的输出特性

3）主要特点、逻辑关系：输入全高（"1"），输出低（"0"）；输入有低（"0"），输出为高（"1"）；与非关系。

输出无论是"0"或"1"，输出电阻都很小，带负载能力较强，输出脉冲的动态特性较好。

电源静态总消耗功率较小。在动态时可能存在 VT1、VT2、VT3、VT4、VT5 同时导通的瞬间，会出现所谓尖峰电流，使动态功耗增加。

3.3.3　TTL 与非门的传输特性

TTL 与非门的电压传输特性如图 3.20 所示。图中曲线大体可以分成四段：AB 段、BC 段、CD 段、DE 段。

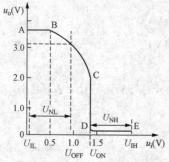

图 3.20　TTL 与非门的
电压传输特性

AB 段：$U_I<0.6V$。输入低电平 VT1 深饱和，VT2、VT5 截止，VT3 微饱和，VT4 导通，$U_O=U_{OH}=3.6V$，属于"关门"状态，亦即输入低电平、输出高电平的状态。

BC 段：$U_I=0.6\sim1.4V$。输入超过标准的低电平，这时 $U_{C1}=0.6\sim1.4V$。因为 $U_{B2}=U_{C1}$，当 $U_{B2}>0.6V$ 时，VT2 开始导通，U_{C2} 随 U_{C1} 的上升而下降，而经 VT3、VT4 使 U_O 随 U_{C2} 的下降而下降，出现了 BC 段 U_O 随 U_I 升高而下降的情况。这一段 $U_{B5}<0.7$，VT5 仍截止。当输出电平下降为 $0.9U_{OH}\approx3.2V$ 时，所对应的输入电平称为关门电平 U_{OFF}，U_{OFF} 约为 0.8V。

CD 段：$U_I\approx1.4V$。当 $U_I\approx1.4V$ 时，VT2 导通电流较大。以至 U_{B5} 达到 0.7V 左右，使 VT5 很快由导通转为饱和，使输出幅度明显下降，这一段为电压传输特性的转折区。

DE 段：$U_I\gg1.4V$，VT5 饱和导通，VT4 截止。输入增加对输出电压影响不大。$U_O=U_{OL}\approx0.35V$，属于与非门的开门状态，亦即输入高电平输出低电平的状态。对应于 $U_O\approx0.35V$ 时的最低输入电平称为开门电平 U_{ON}，约为 1.8V。

从电压传输特性可以看出，所谓输入低电平，输出就为高电平，此低电平可以有一定范围（如小于等于 0.6V）。输入高电平，输出就为低电平，这里的高电平也有一个范围（如大于 1.8V）。在给定高、低电平的条件下，就决定了抗干扰能力。在电压传输特性曲线上可以求出其抗干扰的容限（或称噪声容限）。

低电平噪声容限：在额定低电平（0.35V）输入时能叠加正向最大干扰电压，而输出高电平仍不低于额定值（3.6V）的 90%，即：$U_{NL}=U_{OFF}-U_{IL}=0.8-0.35=0.45V$。

高电平噪声容限：在额定高电平（3.6V）输入时能叠加负向最大干扰电压，而输出电平仍维持额定值，即：$U_{NH}=U_{IH}-U_{ON}=3.6-1.8=1.8V$。

3.3.4　TTL 与非门的主要性能指标

1. 输出高（U_{OH}）、低电平（U_{OL}）

输出高电平是输入端有低电平时输出端得到的电平，典型的数值为 $U_{OH}=3.6V$。它是在某一输入端接地，其余输入端开路（相当于接高电平），输出空载时测得的。

输出低电平是输入全部为高电平时的输出电平，典型的数值为 $U_{OL}\leqslant0.35V$。它是在某一个输入端接开门电平（如 1.8V），其余输入端开路（相当于接高电平），输出端接额定负载 R_L 时测得的。如灌电流 $I_L=12mA$，则额定负载 R_L 为

$$R_L=(E_C-U_{OL})/I_L=(5-0.35)/12\approx380(\Omega)$$

只要测得 $U_{OL} \leqslant 0.35V$ 就合格。

原则上，输出高、低电平的实际取值范围必须确保能正确地标识出逻辑值 "1" 和 "0"，以免造成错误的逻辑操作。一般来说，输出高电平与低电平之间的差值越大越好，因为两者相差越大，逻辑值 "1" 和 "0" 的区别便越明显，电路工作也就越可靠。

2. 输入短路电流 I_{IS}

当某一输入端接地，其余输入端悬空时，流入接地输入端的电流为输入短路电流 I_{IS}，典型的数值为 $I_{IS}=2.2 \text{ mA}$。

3. 输入漏电流 I_{IH}

当某一输入端接高电平，其余输入接地时，流入接高电平输入端的电流为输入漏电流 I_{IS}，典型的数值为 $I_{IH} \leqslant 70 \mu A$。

将输入电压与输入电流之间的关系做一曲线，就得到如图 3.21 所示的输入特性曲线，在该曲线上可以找到 I_{IS} 和 I_{IH}。

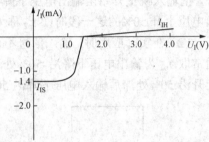

4. 开门电平 U_{ON}

在额定负载条件下，使输出达到规定的低电平 U_{OL}（如 0.35V）时输入高电平的最低值，典型的数值 $U_{ON} \leqslant 1.8V$。

图 3.21   TTL 与非门输入特性曲线

5. 关门电平 U_{OFF}

输出电压为额定高电平 U_{OH} 的 90% 时所对应的输入电平，它表示与非门关断时的最大允许输入电平，典型的数值为 $U_{OFF} \geqslant 0.8V$。

6. 扇入、扇出系数 N

扇入系数是指一个门电路所能允许的输入端个数。一般来说，它是在电路制造时预先安排好的，使用者只需注意对多余端的处理。为了避免干扰，一般不让多余端悬空，而是接到电源正端，或者和接有信号的输入端并联使用，如图 3.22 所示。

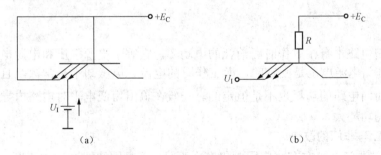

图 3.22   多余输入端的连接

（a）接电源的正端；（b）与有用输入端并联

接到电源正端的好处是可以不增加信号的驱动电流。并联使用的优点是可以提高逻辑上的可靠性，因为并联使用的输入端即使有一个断开，输入和输出之间的逻辑关系不变；缺点是要求信号提供的驱动电流要大一些。由于 TTL 电路输出级的驱动能力比较强，所以当输入信号来自其他 TTL 电路的输出时，经常采用并联的方法。

扇出系数表示与非门输出端最多能接几个同类与非门的个数，它表征了带负载的能力。

设额定灌电流为 I_L，输入短路电路为 I_{IS}，则

$$N=I_L/I_S$$

一般希望 N 越大越好，典型的数值为 $N>8$。

7．平均延迟时间 t_{pd}

信号经过任何门电路都会产生时间上的延迟，这是由器件本身的物理特性所决定的。平均延迟时间是反映电路工作速度的重要指标。

（1）当输入电压由低电平变为高电平以后，输出电压不能立即跟着跳变，而是要经过延迟时间 t_d 和一段下降时间 t_f 以后，U_O 才由高电平变为低电平。在输入电压 U_1 又从高电平跳变到低电平时，输出电压则要经过存储时间 t_s 和一段上升时间 t_r 以后，才由低电平变为高电平，把输入跳变开始至输出电压下降 50% 的这一段时间 t_{p1} 称为下降时延。把输入负跳变至输出电压上升 50% 的这一段时间 t_{p2} 称为上升时延，如图 3.23 所示。

（2）在实际应用时，输入信号不可能是理想的矩形波，总有一定的上升时间和下降时间，通常取 t_{p1} 为输出电压下降沿 50% 处滞后输入电压上升沿 50% 处的时间间隔，t_{p2} 取输出电压上升沿 50% 处滞后输入电压下降沿 50% 处的时间间隔，如图 3.24 所示，$t_{pd}=(t_{p1}+t_{p2})/2$。

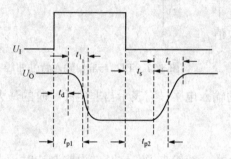 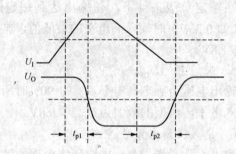

图 3.23　TTL 与非门的传输时间　　　　图 3.24　TTL 与非门的实际传输时间

显然，平均延迟时间越小，门电路的响应速度越快。一般 TTL 与非门的平均延迟时间为 10～40ns。

8．功耗 P

功耗是指门电路本身在工作时所消耗的电功率，它等于电源电压和电源电流的乘积，即 $P=E_C I_C$。与非门电源电压是固定的，而工作时的电流、电压却不是常数，且与电路的工作状态有关，因而门电路的功耗也不是恒定的。一般在输出为低电平时电路内导通的管子多，电流大，这时的功耗大。

3.3.5　TTL 与非门的改进

上述 TTL 与非门电路在有些应用中仍存在不足，于是围绕提高工作速度、加强抗干扰能力等方面出现了一些改进电路。

1．有源泄放电路

图 3.25（b）所示为一个有源泄放 TTL 与非门电路，它是图 3.25（a）所示的典型 TTL 电路的改进电路，图 3.25（b）中的 R_3、R_6、VT6 代替了图 3.25（a）中的 R_3，这里 R_3、R_6、VT6 称为有源泄放电路，又称分流抗饱和电路，其优点如下。

（1）提高了开关速度。对图 3.25（a）所示电路而言，在输入信号由高电平向低电平跳变时，VT2、VT5 都要由饱和转为截止，很显然 VT2 先截止，VT5 存储电荷只能从 R_3 泄放，

而对图 3.25（b）所示电路而言，只要 VT5 尚未脱离饱和，VT6 就工作在饱和状态，给 VT5 基极回路提供一个低阻泄放回路，加快了 VT5 由饱和转为截止的开关速度。

而当输入由低电平变为高电平时，与非门由关闭转为开通，这时 VT2、VT6、VT5 都由截止转为饱和，因为图 3.25（b）所示电路中，多加了一个电阻 R_6，所以 VT5 较 VT6 先导通，这时 I_{E2} 全部注入 I_{B5}，使 VT5 迅速饱和，而在图 3.25（a）所示电路中，I_{E2} 必须在 R_3 上分流，且当 R_3 上建立起足够的电压 VT5 才导通。图 3.25（b）所示电路中 VT2、VT5 几乎同时导通。因此在 VT5 由截止转饱和的过程中，VT2 的 I_{E2} 向 VT5 基极提供大的正向驱动电流，从而使图 3.25（b）所示电路比图 3.25（a）所示电路在开通时的开关时间短。

VT5 饱和之后，I_{E2} 又可分出一部分注入 VT6，使 VT5 的基极电流减小，这时 VT6 起了分流作用。它的分流可以减轻 VT5 的饱和深度，VT6 又给 VT5 基极电流提供小的泄放电阻，又可以加大 VT5 正向驱动电流，还降低了 VT5 的饱和度。这三者的总效果使开关速度有明显的提高。其平均传输时间 T_{P1} 可达到 10～20ns。

（2）提高了电路的抗干扰能力。由与非门电压传输特性的讨论得到：低电平噪声容限 U_{NL} $\approx$0.45V。这主要是由于当 U_I 上升到 0.6V 以上，VT2 开始导通，使 U_O 下降，在传输特性曲线上存在 BC 段。在接入 VT6 之后，U_I 上升到刚大于 0.6，VT2 不会导通。只有当 U_I 上升到 1.4V 左右，VT2 才会导通。由图 3.26 可知，传输特性分成了三段：AB'、B'D、DE，关门电平也变成了 U'_{OFF}。所以低电平噪声容限 U_{NL}=1.4-0.3=1.1(V)，提高了抗干扰能力。

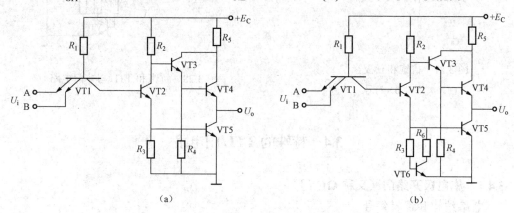

图 3.25　TTL 与非门电路的改进电路

（a）典型 TTL 电路；（b）改进电路

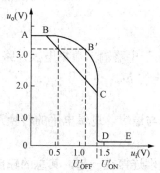

图 3.26　两种与非门电路传输特性的比

（3）改善了温度特性。如温度上升，对 VT5 管而言，U_{BE5} 下降，I_{b5} 上升，饱和加深。由于在同一芯片上制作了 VT6，温度升高，也使 VT6 饱和加深，VT6 的这一分流作用使 VT5 饱和加深的作用削弱，也即改善了温度特性。

2. 抗饱和电路

在影响 TTL 电路开关速度的诸因素中，VT2、VT5 管饱和深度起了较大作用。要进一步提高开关速度，降低 VT2、VT5 的饱和度是行之有效的办法。目前 TTL 电路中速度最高的形式，就是利用肖特基二极管使 TTL 电路中的三极管无法工作到深饱和区。

（1）抗饱和三极管——带有肖特基二极管钳位的三极管。在三极管的 b-c 结上并联一个肖特基二极管即可构成一个抗饱和三极管。图 3.27（a）所示为其电路，图 3.27（b）所示为符号。b-c 结上并了肖特基二极管，在 b-c 结反偏时，肖特基二极管不起作用。当三极管饱和时，b-c 结正偏电压被肖特基二极管的正向导通电压（0.3～0.4V）钳位，从而限制了三极管的饱和深度。同时肖特基二极管对三极管基极的过驱动电流也有分流的作用，减小了集电区过量的存储电荷，有利于提高开关速度。

（2）抗饱和 TTL 电路。在 TTL 与非门电路中，凡是可能饱和的三极管都做成抗饱和三极管，如图 3.28 所示。采取这一措施，可以使 T_{pd} 减小至 10ns 以下。该电路的缺点是：饱和深度下降，U_{OL} 增大，VT2 饱和深度下降，U_{OFF} 下降，从而降低了抗干扰电平。

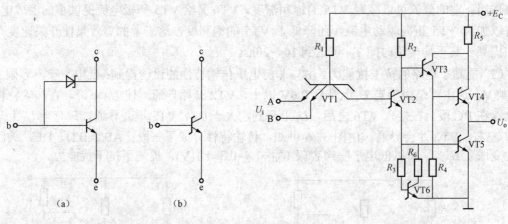

图 3.27　抗饱和三极管

（a）电路；（b）符号

图 3.28　抗饱和 TTL 与非门电路

3.4　特殊的 TTL 门电路

3.4.1　集电极开路门（又称 OC 门）

1. 电路结构和逻辑符号

如图 3.29（a）所示是一个 OC 门的电路图，在此电路中，输出管 VT5 的集电极开路，相当于去掉了图 3.17 所示 TTL 与非门中 VT3、VT4 三极管及电阻 R_4，而这儿的 VT5 则相当于图 3.17 电路中的 VT5。OC 门的逻辑符号如图 3.29（b）所示。

2. OC 门的正确使用

图 3.29（a）所示电路也具有与非逻辑功能，但在使用时，由于电路输出端集电极开路，故需要在它的输出端按如图 3.30 所示，外接一个电阻 R_P 及外接电源 E_P。

3. 典型应用

在实际应用中，OC 门在计算机中应用很广泛，它可实现线与逻辑，逻辑电平的转换及总线传输，下面分别加以说明。

（1）实现线与逻辑。用导线将两个或两个以上的 OC 门输出端连接在一起，其总的输出为各个 OC 门输出的逻辑与，这种用导线连接而实现的逻辑与就称为"线与"，如图 3.31（a）所示为两个 OC 门用导线连接，实现线与逻辑的电路图，实现的逻辑关系为：$L = L_1 \cdot L_2$。

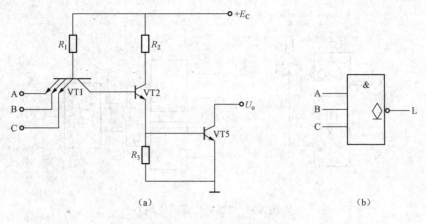

图 3.29　OC 门电路和符号

（a）电路形式；（b）新标准符号

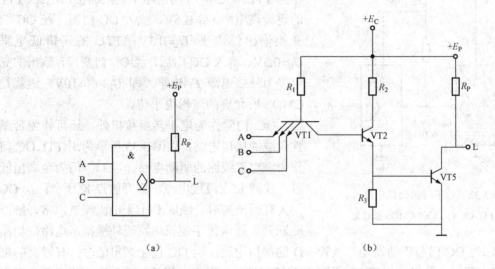

图 3.30　OC 门输出端外接电阻 R_P 及电源 E_P

（a）新标准等号；（b）电路形式

门 1 输出 L_1 和门 2 输出 L_2 的输出表达式为

$$L_1 = \overline{A_1 \cdot A_2} \qquad\qquad L_2 = \overline{A_3 \cdot A_4}$$

总输出 L 是两个 OC 门单独输出 L_1、L_2 的与，其输出表达式为

$$L = L_1 \cdot L_2 = \overline{A_1 A_2} \cdot \overline{A_3 A_4} = \overline{A_1 A_2 + A_3 A_4}$$

从总的输出逻辑关系式可见，OC 与非门的线与可用来实现与或非逻辑功能。

图 3.31（b）所示为 OC 门用导线连接图的等效逻辑电路图，导线的连接相当于一个将两个与非门输出 L_1 和 L_2 相与的与门。

（2）实现逻辑电平的转换，可作为接口电路。在数字逻辑系统中，可能会应用到不同逻辑电平的电路，如 TTL 逻辑电平（$U_H = 3.6V$，$U_L = 0.3V$）就和后面将要介绍到的 CMOS 逻辑电平（$U_H = 10V$，$U_L = 0V$）不同，如果信号在不同逻辑电平的电路之间传输就会不匹配，因此中间必须加上接口电路，OC 门就可以用来做这种接口电路。如图 3.32 所示，就是用 OC 门

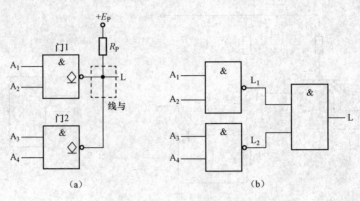

图 3.31　"线与"逻辑电路

（a）逻辑图；（b）等效图

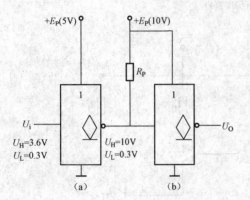

图 3.32　电平转换接口电路

（a）TTL OC 门；（b）CMOS 反相器

作为 TTL 和 CMOS 门的电平转换的接口电路，TTL 的逻辑高电平 U_H=3.6V，输入 OC 门后，经 OC 门变换输出低电平 U_L=0.3V；TTL 的逻辑低电平 U_L=0.3V，输入 OC 门后，经 OC 门变换，输出的高电平为外接电源 E_P 电平，即 U_H=E_P=10V，这就是 CMOS 所允许的逻辑电平值。

　　OC 门除作为电平转换接口外，还可作为带感性负载的接口电路，如图 3.33 所示为用 TTL OC 门作为继电器线圈的驱动电路。当 OC 门为全高出低时，线圈 L 上流过电流，常开触点 K 闭合；当 OC 门为有低出高时，线圈 L 上无电流流过，常开触点 K 断开。通常数字逻辑电路要外接指示电路，如图 3.34 所示，为 OC 门与驱动发光二极管 VD 的接口电路。当 OC 门全高出低时，有较大的电流从 E_C 经电阻 R、发光二极管 VD 到 OC 门输出端 L，发光二极管 VD 发亮；当 OC 门有低出高时，就没有足以使二极管 VD 发亮的电流流过，发光二极管就变暗。

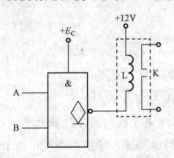

图 3.33　驱动感性负载的接口电路

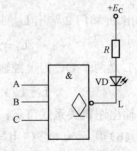

图 3.34　驱动发光二极管的接口电路

　　（3）实现"总线"传输。如果将多个 OC 门按图 3.35 所示形式连接，当某一个门的选通输入 E_i 为"1"，其他门的选通皆为"0"时，这个 OC 门就被选通，它的数据输入信号 D_i 就经过此选通门送上总线。为了保证数据传送的可靠性，任何时候只允许一个门被选通，也就是只允许一个门挂在数据总线上，因为若多个门被选通，这些 OC 门的输出会构成线与，就使数据传送出错。

3.4.2　三态门

1. 三态门的含义

三态门（简称 TS 门），它是一种计算机中广泛使用的特殊门电路。

三态门有三种输出状态：高电平 U_{OH}　　　　　　

低电平 U_{OL}｝为工作态

高阻抗状态……为禁止态

> 📖 **注意**：三态门不是具有三个逻辑值，在工作状态下，它的输出可为逻辑"1"和逻辑"0"；在禁止状态下，输出高阻表示输出端悬浮。此时该门电路与其他门电路无关，因此不是一个逻辑值。

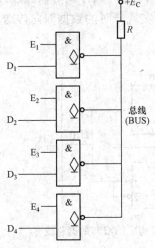

图 3.35　用 OC 门实现总线
传输电路

2. 三态门的电路结构和逻辑功能

最简单的三态门电路结构如图 3.36（a）所示，在此电路中，若控制端 EN="0"时，三极管 VT6 截止，VD2 二极管截止，$L = \overline{AB}$，实现与非功能。若控制端 EN="1"，三极管 VT6 导通，$U_{C6} \approx 0$，VD2 导通，$U_{C2} \approx 1V$，VT4 截止。又因为 $U_{C6} \approx 0$，相当于 VT1 有低电平输入，VT2 截止，VT3 也截止，所以输出 L 有三种状态：在 EN="0"时，三态门工作 $L = \overline{AB}$ 为高电平或低电平输出，在 EN="1"时输出高阻。称该三态门为低电平有效的三态门，其逻辑符号如图 3.36（b）所示。与此相对应的还有高电平有效的三态门，其逻辑符号如图 3.36（c）所示。

从以上对三态门的分析可知：三态门工作与否取决于控制端是否处于有效电平，该控制端是低电平有效还是高电平有效主要看三态门的逻辑符号。

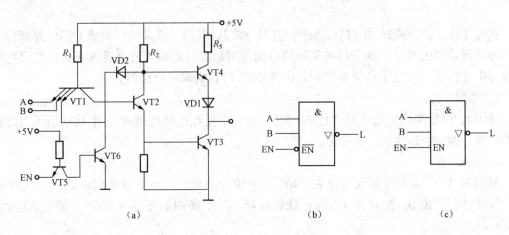

图 3.36　三态门电路与符号

（a）电路结构；（b）低电平有效的三态门；（c）高电平有效的三态门

3. 典型应用

三态门在数字系统中，主要应用于总线传送，它可进行单向数据传送，也可进行双向数据传送。

（1）用三态门构成单向总线。图 3.37 所示为用三态门构成的单向数据总线。在任何时刻，n 个三态门中仅允许其中一个控制输入端 EN_i 为 "0"，而其他门的控制输入端均为 "1"，也就是这个输入为 "0" 的三态门处于工作状态，其他门均处于高阻态，此门相应的数据 D_i 就被反相送上总线传送出去。若某一时刻同时有两个门的控制输入端 EN 为 "0"，也就是两个三态门处于工作态，那么总线传送信息就会出错。

（2）用三态门构成双向总线。图 3.38 所示为用不同控制输入的三态门构成的双向总线。当控制输入信号 E/D 为 "1" 电平时，G_1 三态门处于工作态，G_2 三态门处于禁止态，就将数据输入信号 D_1 的非送到数据总线；当控制输入信号 E/D 为 "0" 电平时，G_1 三态门处于禁止态，G_2 三态门处于工作态，这时就将数据总线上的信号 D_1 的非送到 D_2。这样就可以通过改变控制信号 E/D 状态，实现分时的数据双向传送。

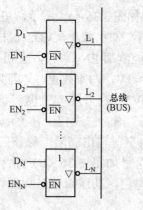

图 3.37   用三态门构成的单向数据总线

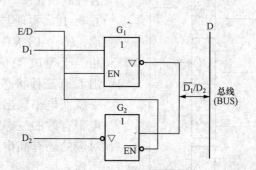

图 3.38   用三态门构成的双向数据总线

3.5   常用 TTL 门电路

集成 TTL 门电路除与非门外，还有与门、或门、非门、或非门、与或非门、异或门、同或门等不同功能的产品。这些门电路所进行的逻辑运算、逻辑符号及逻辑表达式均已在前面的内容中介绍了，在这里只简单介绍几个常用的 TTL 集成门电路器件。

1. 非门

常用的 TTL 非门集成电路 TTL7404，它由六个反相器器件组成。图 3.39 所示为此器件的引脚图。逻辑表达式为：$Y = \overline{A}$ 。

2. 或非门

常用的 TTL 或非门集成电路有 7402 四 2 输入或非门，每个或非门电路可实现或非运算，具有 "有 1 出 0，全 0 出 1" 的正逻辑功能，其引脚图如图 3.40 所示，逻辑表达式为：$Y = \overline{A + B}$ 。

3. 与或非门

常用的 TTL 与或非门集成器件中，7451 是一个双 2×2 与或非门，它的引脚图如图 3.41 所示。实现的运算为 $Y = \overline{A_1 A_2 + B_1 B_2}$ 。

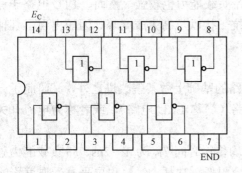

图 3.39　7404 六反相器引脚图

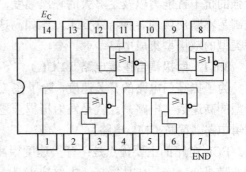

图 3.40　7402 四 2 输入或非门引脚图

4. 异或门

常用的 TTL 异或门器件 7486，每个异或门输入/输出逻辑关系如表 3.10 所示，它可完成异或运算：$Y = A\overline{B} + \overline{A}B = A \oplus B$。此功能为：输入 A 和 B 相同，输出 Y 为 0；输入 A 和 B 不同，则输出 Y 为 1。此器件有四个异或门，它的引脚图如图 3.42 所示。

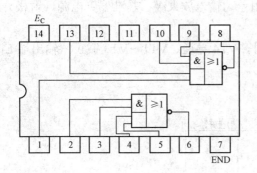

图 3.41　7451 双 2×2 与或非门引脚图

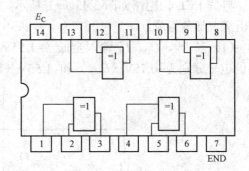

图 3.42　7486 四异或门引脚图

很明显，如果在异或门电路的基础上，再加一级非门，就可以构成同或门，它可完成同或运算：$Y = \overline{A \oplus B} = AB + \overline{A}\,\overline{B}$。其功能为：输入 A 和 B 相同，输出 Y 为 1；输入 A 和 B 不同，则输出 Y 为 0。其真值表如表 3.11 所示。

表 3.10　　　异 或 门 真 值 表

输入		输出
A	B	Y
0	0	0
0	1	1
1	0	1
1	1	0

表 3.11　　　同 或 门 真 值 表

输入		输出
A	B	Y
0	0	1
0	1	0
1	0	0
1	1	1

3.6　其他双极型门电路

在双极型数字集成电路中，TTL 电路应用最广泛。因为 TTL 电路具有较快的开关速度，较强的抗干扰能力以及足够大的输出幅度，并且带负载能力也较强。然而，TTL 电路毕竟不能满足不断出现的各种特殊要求，比如高速、高抗干扰以及高集成度等。因而出现了其他各种类型的双极型集成电路。

3.6.1 射极耦合逻辑电路（ECL）

为了提高门电路的开关速度，除了在 TTL 电路的基础上做某些改进之外，又研制了一种新型的高速数字电路，这就是发射极耦合逻辑电路（简称 ECL 电路），或者称为电流开关型逻辑电路（简称 CML 电路）。

ECL 电路的主要优点是：开关速度很高、平均传输时间 T_{PL} 为 1～2ns、带负载能力强、内部噪声低、产品成品率高；主要缺点是：噪声容限低、功耗大、输出电平易受温度影响。ECL 电路的缺点严重地妨碍了它的使用。目前，ECL 电路多用在超高速和高速的中、小规模集成电路中。

射极耦合逻辑电路是一种"非饱和型"的逻辑电路，电路中晶体管只工作在截止和放大状态。

1. 电路组成及功能说明

典型 ECL 门电路如图 3.43（a）所示。它由差动输入放大级、基准偏置电源、射极开路输出级三部分组成。

（1）当 U_A、U_B、U_C 输入全低（-1.55V）时，VT4 导通、VT1～VT3 截止，输出端 L_1、L_2 的电平分别为-0.75V（U_{OH}）和-1.55V（U_{OL}）。

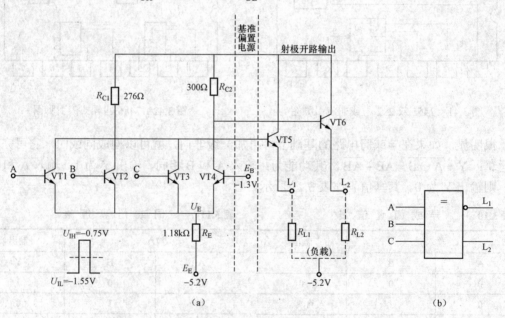

图 3.43 ECL 电路及符号

（a）电路；（b）符号

（2）当 U_A、U_B、U_C 输入有高（-0.75V）时，相应的输入管就比 VT4 和输入低电平的其他输入管抢先导通，VT4 及其他输入管截止。输出端 L_1、L_2 电平分别为-1.55V（U_{OL}）和-0.75V（U_{OH}）。从而看出：输出 L_1 与输入 A、B、C 的关系为："全低出高、有高出低"。输出 L_2 与输入 A、B、C 的关系为："全低出低、有高出高"。门电路符号如图 3.43（b）所示。逻辑表达式为：$L_1 = \overline{A+B+C}$，$L_2 = A+B+C$。可见输出 L_1 和 L_2 是互补的。

　　2. 主要特点

　　（1）电路速度快。ECL 中，每个管子集电极电位均不可能低于基极电位，集电结始终是反偏，因此在工作中不可能饱和，正因为它是"非饱和型"电路，所以速度快（无存储电荷效应）。

　　ECL 的逻辑摆幅 $U_m = U_{OH} - U_{OL} = -0.75V - (-1.55V) = 0.8V$，$U_m$ 小，这也是速度快的因素，一般 ECL 的 T_{pd}=1～5ns。

　　（2）负载能力强。ECL 为射极跟随器输出，射极跟随器输入阻抗高，输出阻抗低，因此有很强的负载能力，其扇出系数 N_o=25～100。

　　（3）可实现"线或"逻辑。由于输出级是射极开路，因此可以把多个 ECL 门的输出端直接相连（即射极连在一起），通过外接负载电阻 R_L，接负电源–5.2V。显然哪个门输出为高，都可使总的输出 L 为高，就具有或的功能，这种通过导线连接实现的或功能，称为"线或"。如图 3.44 所示为用 ECL 门实现"线或"，总的输出为：$L = L_1 + L_2' = \overline{A+B+C} + \overline{(D+E+F)}$。

　　双极型门电路输出级集电极开路可实现"线与"；输出级发射极开路可实现"线或"；对于推拉输出或含有源负载的门电路，则不允许将输出并联，不能构成"线"逻辑。

　　3. ECL 电路的缺点

　　（1）功耗大。由于 ECL 中每个三极管导通后均处于放大状态，在放大状态下每个三极管的管压降 U_{ce} 及集电极电流 i_c 均较大，每个管子的功耗 P 是 U_{ce} 和 i_c 的乘积，因此每个管子功耗大，ECL 门的总功耗就大。

　　（2）噪声容限低。因 ECL 门的逻辑摆幅 U_m=0.8V，因此它的噪声容限在输入高电平和低电平时均只有 0.3V 左右，其抗干扰能力就比较差。

　　ECL 电路由于速度快、负载能力强，在大型和高速计算机中得到较广泛的应用。

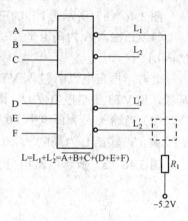

图 3.44　用 ECL 实现"线或"

3.6.2　I^2L 逻辑门电路

　　"集成注入逻辑"电路（简称 I^2L），或者称并合晶体管逻辑电路（简称 MTL）。该电路特别适于大规模数字集成电路的生产，其每个基本单元所占硅片面积很小，结构紧凑，不用电阻、工作电流不超过 1nA，工作电压低，功耗较小。它的集成度可达每平方毫米 500 个门以上，比 CMOS 集成度还要高。

　　1. I^2L 基本单元电路的结构

　　图 3.45（a）所示为 I^2L 基本单元电路，它由一个 NPN 多集电极三极管 VT1 和一个 PNP 三极管 VT2 构成的电流源负载所组成的反相器。多集电极 NPN 三极管的几个集电区相互隔离，在逻辑功能上都相当于输入信号的倒相。因此 I^2L 是具有多输出端的反相器，其等效电路及逻辑符号如图 3.45（b）、（c）所示。

　　由于 I^2L 电路驱动电流是由 PNP 管的发射极注入的，所以称为"集成注入逻辑"，PNP 管的发射极称为注入极。在结构上 PNP 管的集电极与 NPN 的基极相连，PNP 管的基极与 NPN

管的发射极相连，它们并合在一起成为一个特定的逻辑单元，称为"并合三极管"。

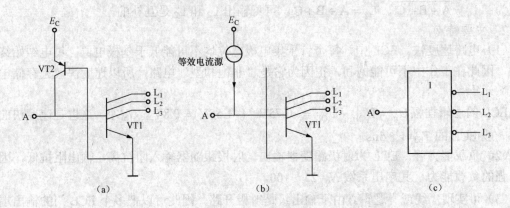

图 3.45　I^2L 电路和逻辑符号

（a）单元电路；（b）等效电路；（c）逻辑符号

2. I^2L 电路工作原理

图 3.46（a）所示为 I^2L 的三级反相器电路，各 PNP 管构成的恒流源用电流源表示。

（1）当输入 A 为高电平（0.7V）时，恒定电流 I_1 注入 VT1 基极，使 VT1 导通且深饱和，$U_{c1}=0.1V$。

此时，恒定电流 I_1 注入 VT1 集电极，使 VT3 截止。恒定电流 I_3 因 VT3 截止流入 VT5 基极，使 VT3 集电极电位 U_{C3} 钳位在 0.7V，且使 VT5 深饱和，输出 L 为低电平 0.1V。

（2）当输入 A 为低电平（0.1V）时，其工作状态恰好与上述相反，VT1 截止，VT3 饱和，VT5 截止，输出 L 为高电平（0.7V）。

图 3.46（a）所示电路相当于三级反相器串接，$L = \overline{A}$，逻辑图如图 3.46（b）所示。

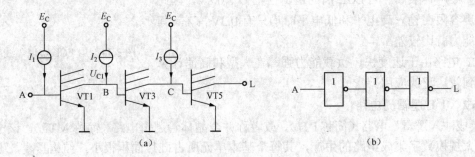

图 3.46　I^2L 三级反相器及逻辑图

（a）电路；（b）逻辑图

3. I^2L 电路的特点

（1）I^2L 的优点如下。

1）电路简单紧凑，又没有电阻元件，便于大规模集成。

2）能在低电压（0.8V）、微电流（1nA）下工作，功耗低，很有发展前途。

3）具有线与功能（因其集电极开路）。

（2）I^2L 的缺点如下。

1）多块 I²L 电路在一起使用时，由于各晶体管输入特性不一致，基极电流分配会出现不均匀现象，严重时可能使电路无法正常工作。

2）噪声容限比较低。

针对以上主要缺点，I²L 应在制造工艺上改进，目前国外已用 I²L 制成 16 位微处理器。

3.7 MOS 门 电 路

MOS 集成电路按照所用管子类型的不同分为三种。

（1）PMOS 电路——由 PMOS 管构成的集成电路。其制造工艺简单，问世较早，但是工作速度较低。

（2）NMOS 电路——由 NMOS 管构成的集成电路。其工作速度优于 PMOS，但制造工艺要复杂一些。

（3）CMOS 电路——由 PMOS 管和 NMOS 管构成的互补 MOS 集成电路，具有静态功耗低、抗干扰能力强、工作稳定性好、开关速度高等优点。这种电路的制造工艺较复杂，但随着生产工艺水平的提高，产品的数量和质量提高很快，目前得到了广泛的应用。

3.7.1 NMOS 反相器及逻辑门

1. NMOS 反相器

（1）电阻负载反相器。图 3.47 所示为 NMOS 增强型带电阻负载反相器电路，设 NMOS 管 VT 的开启 U_T=4V，导通时漏电阻 r_{DS}=10kΩ。当输入信号的 A 为低电平 0V 时，$U_{GS} < U_T$，VT 工作在截止区，输出高电平 10V；当输入信号 A 为高电平 10V 时，输出 L 的电平 U_L 为

$$U_L = \frac{E_D}{R_D + r_{DS}} \times r_{DS} = \frac{10}{200 + 10} \times 10 = 0.48(V) \approx 0(V)$$

（2）有源负载反相器。为了使电阻负载反相器的输出低电平接近 0V，负载电阻 R_D 的阻值必须很大，但在集成电路中制造大电阻将占用很大的芯片面积，这会使集成度大大下降，因此一般用另一个 MOS 管来替代大电阻 R_D，这个作为有源负载的 MOS 管称为负载管，如图 3.48 所示。

图 3.48 所示为一个增强型负载管 NMOS 反相器电路。VT1 为工作管，它是 NMOS 增强型管，它的跨导 g_{m1} 为（100～200）μA/V；VT2 也是 NMOS 增强型管，它的栅极和漏极短接，起着工作管 VT1 负载电阻的作用，因此它可称为负载管，一般负载管的跨导 g_{m2} 为（5～15）μA/V。

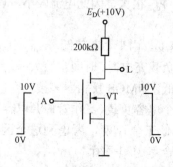

图 3.47 NMOS 管构成的非门电路

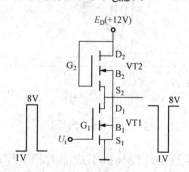

图 3.48 有源负载 NMOS 反相器

一般 NMOS 电源电压 $E_D \leqslant 15V$，典型数据为 $+12V$。NMOS 增强型管的开启电压 $U_{TN}=3\sim 5V$，U_{TN} 取 4V 值进行分析。

1）U_i 为低电平（1V）。由于 $U_i < U_{T1}$（4V），因此 VT1 截止；而 VT2 因 $U_{G2}=U_{D2}=E_D$(+12V)，因此 $U_{GS2}>U_{T2}$（4V），开启导通。输出电压 $U_O=E_D-U_{T2}=12-4=8$(V)，为输出高电平 U_{OH}。

2）U_i 为高电平（8V）。由于 $U_i > U_{T1}$（4V），因此 VT1 开启导通；而 VT2 U_{GS} 也可大于 U_{T2}(4V)，也开启导通。则输出电压 U_O 为

$$U_O = \frac{E_D}{r_{DS1}+r_{DS2}} \times r_{DS1}$$

由于 VT1、VT2 的跨导之间具有 $g_{m1}>>g_{m2}$ 关系，所示 VT1、VT2 导通后，漏源电阻 $r_{DS1}<<r_{DS2}$，输出电压 $U_O=U_{OL}\approx 1V$。

（3）传输特性及性能分析。

1）典型 NMOS 增强型负载管反相器的传输特性如图 3.49 所示。其输出高电平 $U_{OH}=E_D-U_{T2}=8V$，输出低电平 $U_{OL}=1V$。特性曲线 $U_i \geqslant 4V$ 后转折，由输出 8V 向 1V 逐渐过渡。

2）性能分析。

a）抗干扰能力。由电压传输特性曲线，可查得关门电平 U_{OFF}（如图 3.49 所示为 4.5V）及开门电平 U_{ON}（如图 3.49 所示为 5V），则可求得此 NMOS 反相器噪声容限。

输入低电平噪声容限为

$$U_{NL} = U_{OFF}-U_{IL} = 4.5-1 = 3.5(V)$$

输入高电平噪声容限为

$$U_{NH} = U_{IH}-U_{ON} = 8-5 = 3(V)$$

可见 MOS 电路抗干扰能力较强。

b）负载能力。MOS 反相器的负载是下级门的 MOS 管栅极，由于其输入阻抗很大，几乎不取负载电流，因此，MOS 电路负载能力很强。

c）功耗。在输入低电平时，工作管 VT1 截止，负载管 VT2 导通，电源提供电流几乎为零，因此静态功耗为零。在输入高电平时，VT1，VT2 都导通，但因 g_{m2} 很小，r_{ds2} 很大，因此电流较小，功耗也低（毫瓦级）。

d）工作速度。由于负载管跨导 g_{m2} 小，r_{ds2} 大，反相器对容性负载充电时，时间常数大，U_O 上升慢，使工作速度降低。NMOS 反相器多接一个门，就相当于多增加一个电容负载（工作管栅源电容），因此，增加负载会降低工作速度，考虑到这个因素，g_{m2} 取值不能过小，提高抗干扰能力和工作速度的矛盾应综合考虑和平衡。

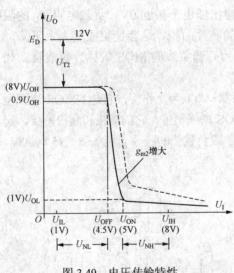

图 3.49　电压传输特性

2. NMOS 门电路

（1）与非门。

1）电路形式如图 3.50 所示，为一个 NMOS 与非门电路。图中 VT1，VT2 是两个串接的工作管，VT3 是负载管，它们均为 NMOS 增强型管，跨导 $g_{m1}=g_{m2}>>g_{m3}$（注意：VT1，VT2，VT3 的衬底 B 均接地）。

2）逻辑功能。

a）输入全高。A，B 输入若全为高电平（8V），则工作管 VT1，VT2 都因栅源电压大于它们的开启电压而导通；此时负载管 VT3 因栅极与漏极短接，而使栅极电位为 E_D（12V），它的栅源电压 $U_{GS3}>U_{T3}$ 因此也导通。

输出端 L 的输出电平为

$$U_{OL} = \frac{r_{DS1} + r_{DS2}}{r_{DS1} + r_{DS2} + r_{DS3}} E_D$$

由于工作管的跨导比负载管的跨导要大得多（$g_{m1}=g_{m2} \gg g_{m3}$），因此它们导通以后漏源电阻的关系为：$r_{DS1}=r_{DS2}>>r_{DS3}$，这就使输出端 L 的输出电平为低电平。

b）输入有低。当输入 A，B 中有低电平时，工作管 VT1，VT2 中必有管子因栅源电压小于它们的开启电压而截止，输出 L 与地之间就无通路，此时，负载管 VT3 因栅极电位为 E_D（12V），栅源电压 U_{GS3} 大于其开启电压 U_{T3}（4V）而导通。

输出端 L 的输出的电平为：$U_{OL} = E_D - U_{T2} = 12V - 4V = 8V$，即输出高电平。

输入、输出逻辑关系为：$L = \overline{A \cdot B}$。

由于这种与非门输出低电平取决于负载管与各工作管导通电阻和之比，工作管串联多了，会使输出低电平抬高，所以串联的工作管不宜超过三个，也就是说这种与非门输入变量不应超过三个。

（2）或非门。

1）电路形式如图 3.51 所示，为一个 NMOS 或非门电路。并联的 VT1，VT2 为工作管，VT3 为栅、漏短接的负载管，它们均为 NMOS 增强型管，工作管的跨导比负载管大得多（$g_{m1}=g_{m2} \gg g_{m3}$）（注意：VT1、VT2、VT3 的衬底均接地）。

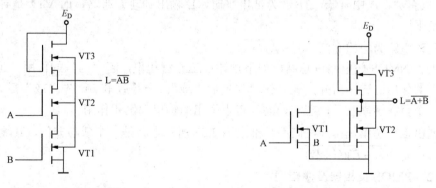

图 3.50　与非门电路　　　图 3.51　NMOS 或非门电路

2）逻辑功能。

a）输入有高。A，B 输入若有高电平（8V），则工作管 VT1、VT2 中就有管子因栅源电压大于它的开启电压而导通，输出 L 到地有通路；负载管 VT3 也因栅极电位为 E_D，U_{GS3} 可大于 U_{T3} 而导通。

因此，输出端 L 的输出电平 U_{OL} 为

$$U_{OL} = \frac{E_D}{r_{DS1,2} + r_{DS3}} r_{DS1,2}$$

$r_{DS1,2}$ 是 A、B 输入有高时，输出 L 到地的等效电阻。若 A，B 中一个为高电平，$r_{DS1,2}$ 就是一个管子导通的漏源电阻，若 A，B 均为高电平，$r_{DS1,2}$ 就是两个管子导通漏源电阻并联值，一般 $r_{DS1,2}$ 比 r_{DS3} 要小得多。因此在输入有高的条件下，输出端 L 的输出电平 $U_{OL}=1V$，为低电平。

b）输入全低。A、B 输入若全为低电平（1V），则工作管 VT1、VT2 均因栅源电压小于它们的开启电压而截止，输出 L 到地就无通路，负载管 VT3 则因栅极电位为 E_D，$U_{GS3}>U_{T3}$ 而导通。

输出端 L 的输出电平 U_{OH} 为：$U_{OH} = E_D - U_{T3} = 12 - 4 = 8V$，即输出高电平。

通过以上分析可知，图 3.51 所示电路为"有高出低；全低出高"，输出逻辑关系：$L = \overline{A+B}$。

或非门输出低电平取决于工作管导通的漏源电阻并联值与负载管漏源电阻之间的比例关系，工作管数量的增多只会使等效的工作管漏源电阻减小，不会如与非门那样使等效的工作管漏源电阻增大，因此就不会使输出低电平抬高。从原则上来说，或非门工作管的数量是不受限制的，就是说其输入端数量不受限制，这也就是说 NMOS 常用或非门为基本单元的原因。

（3）与或非门。

1）电路形式如图 3.52 所示，为一个 NMOS 与或非门电路。图中 VT1、VT2、VT3 均为工作管，VT4 为负载管，它们均为增强型 NMOS 管。

2）逻辑功能。

a）输入 A，B 全高或输入 C 为高电平，L 输出到地有通路（VT1、VT2 通，或 VT3 通），由于此时 VT4 是导通的，L 输出为低电平，且接近 1V。

b）只有 A，B 中有低，且 C 为低电平时，L 输出到地无通路，而 VT4 是导通的，L 输出为高电平。

因此该电路为与或非门：$L = \overline{AB+C}$。

由上述 NMOS 门电路可总结出如下规律：工作管相串，起"与"的作用；工作管相并，起"或"的作用。先串后并，就是先"与"后"或"；先并后串，则先"或"后"与"。工作管组和一个负载管串联后，在它们的连接点引出的输出起倒相作用。

根据以上的总结规律，我们不难推出图 3.53 所示电路是一个或与非门，其输入逻辑关系表达式为：$L = \overline{(A+B)(C+D)}$。

3.7.2　PMOS 反相器及逻辑门

在 PMOS 集成电路中，一般取负逻辑规定：高电平为"0"，低电平为"1"。

图 3.54 所示为 PMOS 反相器。

如图 3.55（a）～（c）所示，分别为 PMOS 的与非门、或非门、与或非门电路图。

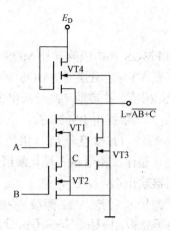

图 3.52　与或非门电路

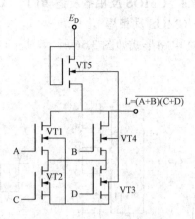

图 3.53　或与非门电路

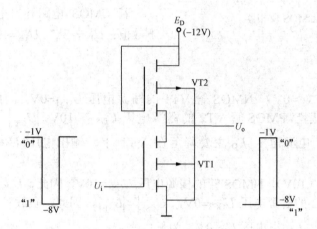

图 3.54　PMOS 反相器

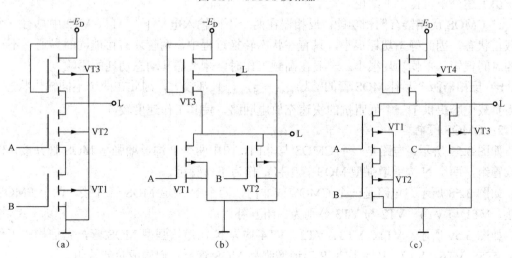

图 3.55　PMOS 门电路

（a）负与非门 $L = \overline{A \cdot B}$ ；（b）负或非门 $L = \overline{A + B}$ ；（c）负与或非门 $L = \overline{AB + C}$

3.7.3　CMOS 反相器及逻辑门

1. CMOS 反相器

（1）电路形式如图 3.56 所示，是一个由 NMOS 管和 PMOS 管构成的互补 MOS 反相器电路。工作管 VT1 是增强型 NMOS 管，它的衬底 B_1 与 S_1 相接，并接地（接最低电平）；负载管 VT2 是一个增强型 PMOS 管，它的衬底 B_2 与源极 S_2 相接，并接电源 E_D（接最高电平）。栅极连在一起作反相器输入端，漏极也连在一起作反相器输出端。

VT1 源极 S_1 接地，VT2 源极 S_2 接电源 E_D。电源电压 $E_D > |U_{TP}| + U_{TN}$（U_{TP}，U_{TN} 分别为 VT2 和 VT1 的开启电压）。

若 CMOS 电路开启电压的典型数据取如下数值：$U_{TP} = -3V$，$U_{TN} = +3V$，而电源电压 E_D 一般为 +10V。

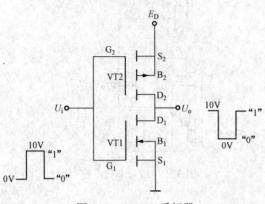

图 3.56　CMOS 反相器

（2）工作原理。

1）U_1 为低电平（$\approx 0V$），NMOS 管 VT1 的栅源电压 $U_{GS1} = 0V$，因此 U_{GS1}（0V）$< U_{TN}$（3V），VT1 工作管截止，PMOS 管 VT2 的栅源电压 $U_{GS2} = -10V$，$|U_{GS2}|$（10V）$> |U_{TP}|$（3V），负载管 VT2 导通，电源电压 E_D 主要降落在 VT1 上，输出电压 $U_0 \approx E_D$（10V），为高电平。

2）U_1 为高电平（10V），NMOS 管的栅源电压 $U_{GS1} = 10V$，因此，$U_{GS1} > U_{TN}$，工作管 VT1 导通；PMOS 管 VT2 的栅源电压 $U_{GS2} = 0V$，$|U_{GS2}| < |U_{TP}|$，因此，负载管截止，电源电压 E_D 主要降落在 VT2 管上，输出电压 $U_0 = 0V$，为低电平。

由上述分析可得以下结论。

a）CMOS 反相器有倒相功能。反相器在两个不同输入电平下，VT1、VT2 中总有一个处于截止状态，因此静态功耗很小，只有在状态转换过程中，两管才有可能同时导通，不过作用的时间很短，平均功耗很小。一般在高频工作时，才考虑其动态功耗的影响。

b）反相器两个互补 MOS 管的跨导 $g_{m1} = g_{m2}$，且都较大，因此在两个不同输出状态下，都为负载电容提供了一个低阻抗的快速充放电回路，使其工作速度较高。

2. CMOS 门电路

如图 3.57 所示，电路是一个 CMOS 与非门，图中两个 P 沟道增强型 MOS 管并接，作为负载管组，两个 N 沟道增强型 MOS 管串接，作为工作管组。

如图 3.58 所示，电路是一个 CMOS 或非门，两个 N 沟道 MOS 管并接，两个 PMOS 管串接，VT1 与 VT4、VT2 与 VT3 分别为一组互补管。

如图 3.59 所示，VT1、VT3、VT2、VT4 均为 N 沟道增强型 MOS 管，它们构成工作管组；VT5、VT6、VT7、VT8 均为 P 沟道增强型 MOS 管，它们构成负载管组。

CMOS 门电路逻辑功能有以下规律。

（1）工作管相串，相对应的负载管相并；工作管相并，相对应的负载管相串。

（2）工作管先串后并，则负载管先并后串；工作管先并后串，则负载管先串后并。

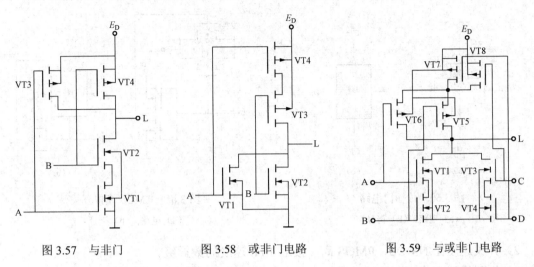

图 3.57　与非门　　　　　图 3.58　或非门电路　　　　图 3.59　与或非门电路

（3）工作管组相串为"与"，相并为"或"，先串后并为先"与"后"或"，先并后串为先"或"后"与"。工作管组与负载管组连接点引出输出则倒相一次。

3. CMOS 传输门及模拟开关

（1）传输门电路形式和符号如图 3.60 所示。图 3.60（a）所示为传输门电路，它由一个 PMOS 管和一个 NMOS 管并联而成，两管源极相接，作为输入端 U_I，两管漏极相接作为输出端 U_O，两管栅极作为控制端，如加一对 CP 和 $\overline{CP}$（互为反相）的控制电压。由于 MOS 管结构对称，源极和漏极可互换，电流可两个方向流动，所以 U_I 和 U_O 可以对换，因此传输门又称双向开关。它能在电路中起信号传输的开关作用，其符号如图 3.60（b）所示。

（2）工作原理。

1）若 CP= "1"（≈10V），$\overline{CP}$ = "0"（≈0V），输入在 0～10V 内连接变化，传输门 TG 可开通，为分析简化起见，设 VTP、VTN 的开路电压均为 3V，即 $|U_{TP}|=|U_{TN}|=3V$。

U_I 在 0～7V 内变化时，VTN 可开启（它的 U_{GS} 为 3～10V，因此 $U_{GS} \geqslant U_{TN}$；U_I 在 3～10V 变化时，VTP 可开启（它的 U_{GS} 为 -10～-3V，因此 $|U_{GS}| > U_{TP}$）。U_I 在 0～10V 变化时，VTN、VTP 中至少有一个管子接通，就相当于开关接通，$U_O = U_I$。

2）若 CP= "0"，$\overline{CP}$ = "1"，那么不管输入 0～10V 范围内的什么值，VTN 和 VTP 均不可能开启，这是因为 VTN 的 $U_{GS} \leqslant 0V$，而 VTP 的 $U_{GS} \geqslant 0V$。因此，U_I 不能通过此传输门送至 U_O，相当于开关断开。

（3）模拟开关。传输门和反相器可结合组成模拟开关，如图 3.61 所示，当控制端 A 输入电压为 +10V（"1" 电平）时，传输门导通 $U_O = U_I$；当控制端 A 输入电压为 0V（"0" 电平）时，传输门截止，它相当于一个理想开关，在数字电路中应用很广泛。

注意：传输门控制信号 CP 和 $\overline{CP}$ 如果反接，如图 3.62 所示，那么，就表示这个门在 CP=0 时，接通开启，而在 CP=1 时，断开关闭。

4. CMOS 电路的特点

（1）CMOS 电路优点。

1）静态功耗极微，功耗达纳瓦数量级。

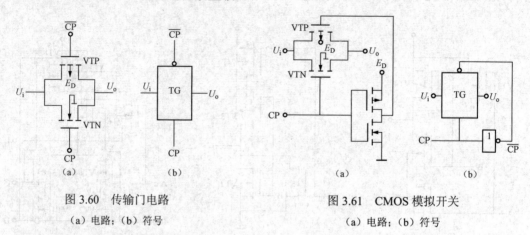

图 3.60　传输门电路

（a）电路；（b）符号

图 3.61　CMOS 模拟开关

（a）电路；（b）符号

2）开关速度比 NMOS、PMOS 高，接近 TTL 速度的数量级。

3）抗干扰能力强。

4）电源利用率高。U_M（逻辑摆幅）$=U_{ON}-U_{OL}\approx E_D$。

5）电源电压允许变化范围大。E_D 在 $+3\sim+15\text{V}$ 变化时，CMOS 仍能保持正常逻辑功能。

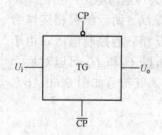

图 3.62　控制信号反接

的传输门符号

6）负载能力强。由于 CMOS 门电路输入阻抗很大，因此 CMOS 门电路扇出数大。

（2）CMOS 电路缺点。

1）工艺复杂，要求高。

2）占硅片面积大。

（3）在使用 MOS 集成电路时，要注意正确的使用方法，采取一些必要的保护措施。

1）在储存和运输 MOS 器件时，一般用铝箔将器件包起来，或者放在铝盒内进行静电屏蔽。

2）安装调试 MOS 器件时，电烙铁及示波器等工具和仪表均要可靠接地，焊接 MOS 器件最好在烙铁断电时用余热进行。

3）MOS 器件不用的输入端不能悬空，必须进行适当处理（接高电平或低电平，或与其他使用脚相连）。

4）当 MOS 电路接低内阻信号源时，钳位二极管可能会过流烧坏，在这种情况下，最好在信号源和 MOS 输入端间串接限流电阻。

5）已安装调试好的 MOS 器件插件板，最好不要频繁地从整机机架上拔下插上，尤其要注意不要在电源尚未切断的情况下，插拔 MOS 器件插件板，平时不通电时也要放在机架上较为妥当。

5. 各种集成逻辑门性能比较

表 3.12 所示为 TTL 和 CMOS 的性能，比较表中的 TTL 门电路和 CMOS 门电路的参数。

表 3.12　　　　　　　　　　　各种集成逻辑门性能比较

参　数　　　　分　类	双极型门电路			单极型门电路		
	TTL	ECL	I^2L	NMOS	PMOS	CMOS
每门功耗（mW）	12～22	50～100	0.05～0.01	1.0～10	0.2～10	0.001～0.01
每门传输延迟（ns）	10～40	1～5	15～20	300～400	300	40
抗干扰能力	中	弱	弱	较强	较强	强
扇出数（N_O）	5～12	2.5	3	20	20	>50
逻辑摆幅 ΔV（V）	3.3	0.8	0.6	3～10	3～11	$\approx V_{DD}$
电源电压（V）	5	−5.2	0.8	≤15	−20～−24	3～15
门电路基本形式	与非	或、或非	非	或非	或非	与非、或非

【例 3.4】　试写出图 3.63 所示电路的名称、逻辑表达式，并根据 A、B 波形画出电路的输出波形。

解：CMOS 与非门，表达式 $F = \overline{A \cdot B}$。输出对应输入的波形如图 3.64 所示。

【例 3.5】　写出图 3.65 所示电路的输出逻辑表达式。

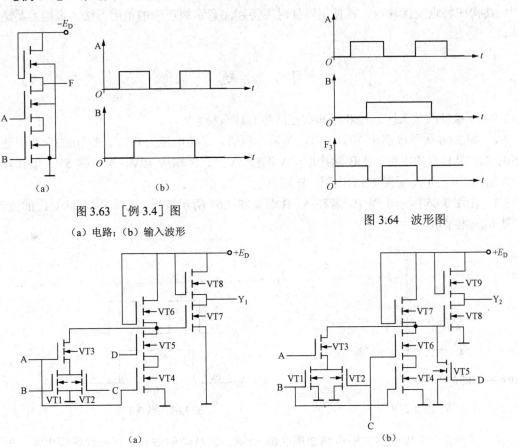

图 3.63　［例 3.4］图
（a）电路；（b）输入波形

图 3.64　波形图

图 3.65　［例 3.5］图
（a）电路一；（b）电路二

解： 由图可得

$$Y_1 = AB + AC + AD$$
$$Y_2 = AB + AC + BC + D$$

小　　结

本章重点介绍了目前广泛使用的 TTL 和 CMOS 两类集成门电路。在学习这些集成电路时应将重点放在它们的外部特性上。外部特性主要包括两方面的内容，一是指输出与输入之间的逻辑关系，即逻辑特性；二是指电路的外部电气特性，包括电压传输特性、输入特性和输出特性等，而对于电路内部的组成及工作原理的介绍只是为了加深读者对器件更进一步的了解以及对器件的外特性的理解，以便更好地运用这些外特性。

集成逻辑门的分类，重点介绍了 TTL 与非门、其他功能的 TTL 集成门电路（非门、或非门、与或非门、异或门、同或门、OC 门、三态门）及其改进电路，还说明了国际通用的 74 系列 TTL 的分类方法，对于其他双极型门电路中的 ECL、I^2L 则做一般介绍。MOS 集成电路中介绍了 NMOS、PMOS、CMOS 的反相器和各种门电路，尤其强调了 NMOS、CMOS 的门电路构成特点及优缺点。在使用器件时应特别注意掌握正确的使用方法，否则容易造成损坏。

习　　题

3.1　三极管的放大区、饱和区和截止区各有什么特点？

3.2　图 3.66 所示电路中 VD1，VD2 为硅二极管，导通电压为 0.7V，$R=10\text{k}\Omega$ 求在下述情形下的输出端 F 点的电位。①B 端接地，A 端接 5V；②B 端接 10V，A 端接 5V；③B 端悬空，A 端接 5V；④A 端接 10kΩ电阻，B 端悬空。

3.3　在图 3.66 所示电路中，若在 A，B 端加图 3.67 所示波形，试画出 U_O 端对应的波形，并标明相应电平值。

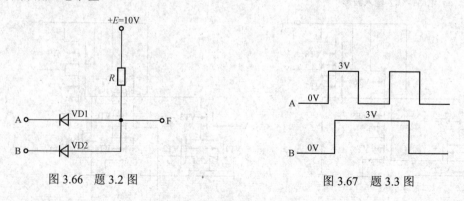

图 3.66　题 3.2 图　　　　　　　　　　　　　图 3.67　题 3.3 图

3.4　三极管 VT 接成的共射电路如图 3.68 所示。试从结的偏置、三极管各极电流，电压大小（或关系）来描述三极管 VT 放大、截止和饱和的三种状态。结果填入表 3.13 中。

3.5　反相器电路如图 3.69 所示。①试问 U_I 为何值时，VT 截止（$U_B<0.5V$）；②试问 U_I

为何值时，VT 饱和（$U_{CES} \approx 0.5V$）；③当 U_I 分别取值为 0V，1V，2.5V，3V，5V 时，分析三极管 VT 的状态并求出电流 I_B、I_C 和输出电压 U_O 的大小，结果填入表 3.14 中。

表 3.13　　　　　　　　　　　　　题 3.4 三极管的状态

VT 状态　　参量关系 描述量	放大区	截止区	饱和区
结偏置量			
电流			
电压			

表 3.14　　　　　　　　　　　　　题 3.5 三极管中电流、电压

U_I（V）	VT 状态	I_B（mA）	I_C（mA）	U_O（V）
0				
1				
2.5				
3				
5				

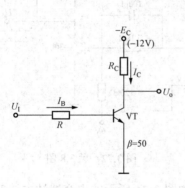

图 3.68　题 3.4 图

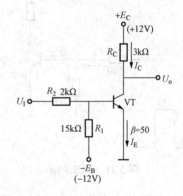

图 3.69　题 3.5 图

3.6　画出图 3.70（a）所示门电路的输出波形，输入波形如图 3.70（b）所示。

3.7　在图 3.71 所示反相器电路中，R_1=1.5kΩ，R_2=7.5kΩ，+E_C= +12V，β=30，−E_B= −6V，U_I 为低电平 0V，高电平 12V，已知硅三极管饱和时的 U_{CES}=0.3V，U_{BES}=0.7V，U_{BE}=−1V 时完全可靠截止。①试检查此电路能否正常工作；②如果 R_1 减小，则对电路有何影响？

3.8　图 3.72 所示为一反相器电路。设输入方波的低电平 U_{IL}=0V，高电平 U_{IH}=4V。

（1）验算该电路能否稳定饱和与截止。

（2）求该电路的带负载能力：①$I_{L灌 max}$ 为多少？②$I_{L拉 max}$ 为多少？

（3）画出 U_B，U_O 对应于 U_I 的波形。

3.9　图 3.73 所示的反相器电路中，已知 β=30。①在灌电流负载时，求管子达到临界饱

和所允许的最小负载电阻 R_{Lmin}；②在拉电流时，求允许的最小负载 R_{Lmin}；③若增大 R_C，对灌电流负载能力各有何影响？

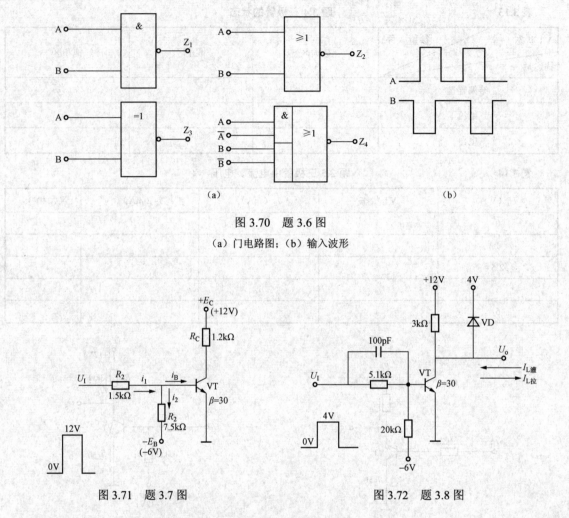

（a）　　　　　　　　　　　　　　　　　　　　　　　（b）

图 3.70　题 3.6 图

（a）门电路图；（b）输入波形

图 3.71　题 3.7 图　　　　　　　　　图 3.72　题 3.8 图

3.10　为了防止多余输入端引入干扰，可否采用如图 3.74 所示的电容滤波方法？假定输入信号是一个窄脉冲，而滤波电容的数值取得很大。

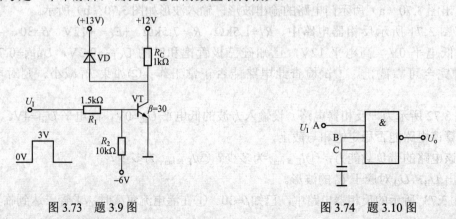

图 3.73　题 3.9 图　　　　　　　　　图 3.74　题 3.10 图

3.11　对应于图 3.75 所示各种情况，分别画出输出 F、L、G、H 的波形。

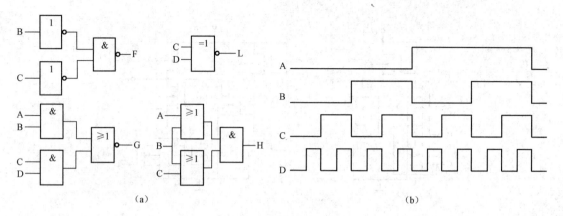

图 3.75　题 3.11 图

（a）电路图；（b）输入波形

3.12　已知输入信号 U_1、U_2、U_3 及 U_4 的波形如图 3.76（a）所示。试画出图 3.76（b）所示电路的输出波形。

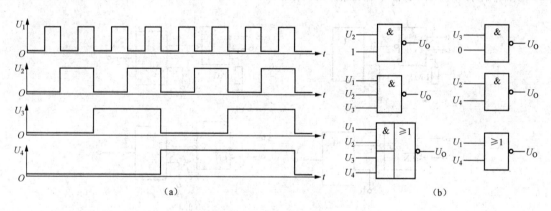

图 3.76　题 3.12 图

（a）输入波形；（b）电路图

3.13　已知图 3.77（a）所示电路两个输入信号的波形如图 3.77（b）所示，又知每个门的平均传输延迟时间是 20ns，信号重复频率为 1MHz，试画出：①不考虑传输延迟时间的情况下，输出信号 U_O 的波形；②考虑传输时间以后 U_O 的实际波形。

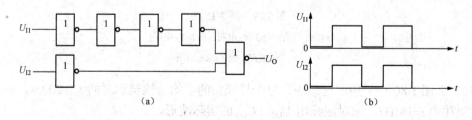

图 3.77　题 3.13 图

（a）电路图；（b）输入波形

3.14　写出图 3.78 所示电路的逻辑表达式。

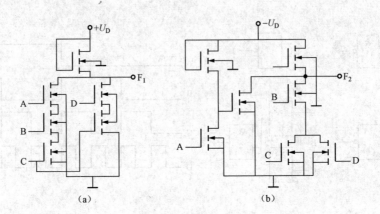

图 3.78　题 3.14 图

（a）电路图；（b）输入波形

3.15　图 3.79（a）～（d）所示均为 TTL 门电路，输入信号 A、B、C 的波形与图 3.79（e）所示相同，对应画出各个输出信号的波形图。

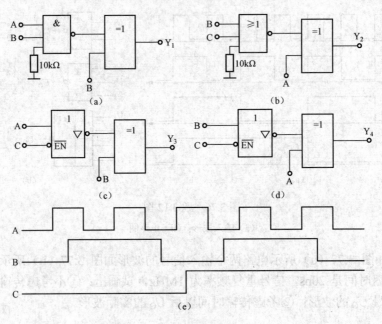

图 3.79　题 3.15 图

（a）Y_1 电路；（b）Y_2 电路；（c）Y_3 电路；

（d）Y_4 电路；（e）输入波形

3.16　在图 3.80（a）所示电路中，每个异或门的平均传输延迟时间 t_{pd}=200ns，输入信号 U_1 的重复频率 f=1MHz，试对应画出 U_{O1}、U_{O2} 的实际波形。

3.17　写出图 3.81 所示电路的逻辑表达式。

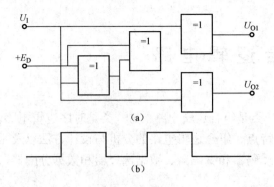

图 3.80 题 3.16 图

(a) 电路图；(b) 输入波形

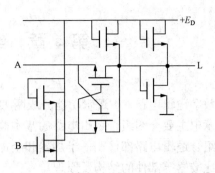

图 3.81 题 3.17 图

第4章 组合逻辑电路

数字逻辑电路，按逻辑功能分成两大类：一类是组合逻辑电路；另一类是时序逻辑电路。在本章中主要介绍组合逻辑电路的基本概念、特点、组合逻辑电路的分析与设计方法以及常用的组合逻辑电路部件——半加器和全加器、译码器和编码器、数据选择器和数据分配器、数据比较器等部件的结构及原理。

最后介绍用中规模集成电路设计组合逻辑电路以及使用中的竞争—冒险现象。

4.1 概　　述

组合逻辑电路的特点：在任一时刻，输出信号只决定于该时刻各输入信号的组合，而与该时刻前的电路输入信号无关，这种电路称为组合逻辑电路。

图 4.1　组合逻辑电路示意图

组合逻辑电路的组成：组合逻辑电路的示意图如图 4.1 所示。它有 n 个输入端，用 X_1、X_2、…、X_n 表示，m 个输出端，用 F_1、F_2、…、F_m 表示。该逻辑电路输出端的状态，仅决定于此刻 n 个输入端的状态，输出与输入之间的关系可以用 m 个逻辑函数式来描述

$$F_1 = f_1(X_1、X_2、…、X_n)$$
$$F_2 = f_2(X_1、X_2、…、X_n)$$
$$…$$
$$F_m = f_m(X_1、X_2、…、X_n)$$

若组合电路只有一个输出量，则此电路称为单输出组合逻辑电路；若组合电路有多个输出量，则称为多输出组合逻辑电路。

任何组合逻辑电路，不管是简单的还是复杂的，其电路结构均有如下特点：由各种类型逻辑门电路组成；电路的输出和输入之间没有反馈途径；电路中不含记忆单元。

可以看出，前几章所介绍的逻辑电路均属组合逻辑电路。在数字系统中，很多逻辑电路部件，如编码器、译码器、加法器、比较器、奇偶校验器等都属于组合逻辑电路。

4.2 组合逻辑电路的分析

4.2.1 组合逻辑电路分析的方法及步骤

所谓分析，就是对给定的组合逻辑电路，找出其输出与输入之间的逻辑关系，或者描述其逻辑功能、评价电路。描述逻辑功能的方法，则可以写出输出与输入之间的逻辑表达式，或列出真值表或者用简洁明了的语言说明等。其分析步骤如下。

（1）根据逻辑电路图，写出输出变量对应于输入变量的逻辑函数表达式。具体方法是：

由输入级向后递推，写出每个门输出对应于输入的逻辑关系，最后得出输出信号对应于输入的逻辑关系式，必要时可以化简。

（2）根据输出函数表达式列出真值表。

（3）根据真值表或输出函数表达式，确定逻辑功能，评价电路。

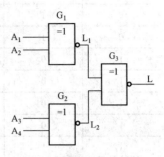

4.2.2 分析举例

根据以上的分析步骤，下面结合例子说明组合逻辑电路的分析方法。

1. 单输出组合逻辑电路的分析举例

【例 4.1】 试分析图 4.2 所示电路的逻辑功能。

如图 4.2 所示的组合逻辑电路，由三个异或非门构成。

分析步骤如下。

（1）写出输出 L 逻辑表达式。

图 4.2　[例 4.1] 逻辑电路

由 G_1 门可知

$$L_1 = \overline{A_1 \oplus A_2} = A_1 A_2 + \overline{A_1}\,\overline{A_2}$$

由 G_2 门可知

$$L_2 = \overline{A_3 \oplus A_4} = A_3 A_4 + \overline{A_3}\,\overline{A_4}$$

输出 L 的逻辑函数表达式

$$L = L_1 \oplus L_2 = L_1 L_2 + \overline{L_1}\,\overline{L_2}$$
$$= A_4 A_3 A_2 A_1 + A_4 A_3 \overline{A_2} \cdot \overline{A_1} + \overline{A_4} \cdot \overline{A_3} A_2 A_1 + \overline{A_4} \cdot \overline{A_3} \cdot \overline{A_2} \cdot \overline{A_1} + A_4 \overline{A_3} A_2 \overline{A_1}$$
$$+ A_4 \overline{A_3} \cdot \overline{A_2} A_1 + \overline{A_4} A_3 A_2 \overline{A_1} + \overline{A_4} A_3 \overline{A_2} A_1$$

（2）列出真值表。

将 A_4、A_3、A_2、A_1 各组取值代入 L_1、L_2 函数式，可得相应的中间输出，然后由 L_1、L_2 推得最终 L 输出，列出如表 4.1 所示真值表。

（3）说明电路的逻辑功能。

仔细分析电路真值表，可发现 A_4、A_3、A_2、A_1 四个输入中有偶数个 1（包括全 0）时，电路输出 L 为 1，而有奇数个 1 时，L 为 0。因此，这是一个四输入的偶校验器。如果将图中异或非门改为异或门，则可用同样的方法分析出是一个奇校验器。

表 4.1　　　　　　　　　　　**[例 4.1] 真值表**

输入				中间输出		输出
A_4	A_3	A_2	A_1	L_2	L_1	L
0	0	0	0	1	1	1
0	0	0	1	1	0	0
0	0	1	0	1	0	0
0	0	1	1	1	1	1
0	1	0	0	0	1	0
0	1	0	1	0	0	1

续表

输入				中间输出		输出
A_4	A_3	A_2	A_1	L_2	L_1	L
0	1	1	0	0	0	1
0	1	1	1	0	1	0
1	0	0	0	0	1	0
1	0	0	1	0	0	1
1	0	1	0	0	0	1
1	0	1	1	0	0	0
1	1	0	0	1	1	1
1	1	0	1	1	0	0
1	1	1	0	1	0	0
1	1	1	1	1	1	1

【例 4.2】 试分析图 4.3 所示逻辑电路的逻辑功能。

解：

（1）写出逻辑表达式：

$$F_1 = AB \quad F_2 = BC \quad F_3 = AC$$
$$F = F_1 + F_2 + F_3 = AB + BC + AC$$

（2）列出真值表，如表 4.2 所示。

（3）该电路为多数表决电路，A、B、C 三个输入中有两个及两个以上为 1 时，输出 F 为 1。

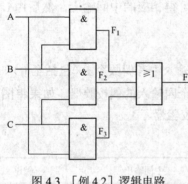

图 4.3 ［例 4.2］逻辑电路

表 4.2　　　　　　　　　　　［例 4.2］真值表

输　　入			输　　出
A	B	C	F
0	0	0	0
0	0	1	0
0	1	0	0
0	1	1	1
1	0	0	0
1	0	1	1
1	1	0	1
1	1	1	1

2. 多输出组合逻辑电路的分析举例

【例 4.3】 试分析图 4.4 所示电路的逻辑功能，图 4.4 所示为一个两输出电路，它由五个与非门构成，其分析过程如下。

解：

（1）由逐级递推法写出输出 S、C 的表达式：

由 G_1、G_2、G_3 可得 Z_1、Z_2、Z_3 表达式

$$Z_1 = \overline{AB}$$

$$Z_2 = \overline{Z_1 \cdot A} = \overline{\overline{AB}A} = \overline{(\overline{A} + \overline{B})A} = \overline{A\overline{B}}$$

$$Z_3 = \overline{Z_1 \cdot B} = \overline{\overline{AB}B} = \overline{(\overline{A} + \overline{B})B} = \overline{\overline{A}B}$$

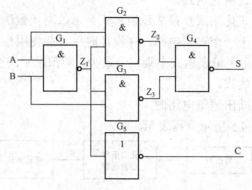

图 4.4 [例 4.3] 逻辑电路

由 G_4、G_5 可得 S、C 表达式

$$S = \overline{Z_2 \cdot Z_3} = \overline{\overline{A\overline{B}} \cdot \overline{\overline{A}B}} = A\overline{B} + \overline{A}B = A \oplus B$$

$$C = \overline{Z_1} = \overline{\overline{AB}} = AB$$

（2）列真值表。

将 A、B 各种输入组合代入 S、C 表达式可得对应的逻辑值，列出如表 4.3 所示的真值表。

表 4.3   [例 4.3] 真值表

输 入		输 出	
A	B	S	C
0	0	0	0
0	1	1	0
1	0	1	0
1	1	0	1

（3）说明电路的逻辑功能。

设 A 是一个被加数，B 是一个加数，则 S 就为 A、B 这两个一位二进制数相加的和，C 为 A、B 这两个一位二进制数相加的进位，因此这是一个"半加器"电路，可作为运算器的基本单元电路。

4.3 组合逻辑电路的设计

4.3.1 设计方法及设计步骤

组合逻辑电路设计是组合逻辑电路分析的逆过程，其目的是根据给出的实际逻辑问题，经过逻辑抽象，找出用最少的逻辑门实现给定逻辑功能的方案，并画出逻辑电路图。其设计步骤如下。

（1）根据给定的逻辑问题，作出输入、输出变量规定，建立真值表。逻辑要求的文字描述一般很难做到全面而确切，往往需要对题意反复分析，进行逻辑抽象，这是一个很重要的过程，是建立逻辑问题真值表的基础。根据设计问题的因果关系，确定输入变量和输出变量，同时规定变量状态的逻辑赋值，真值表是描述逻辑问题的一种重要工具。任何逻辑问题，能列出真值表才能完成整个设计。

（2）根据真值表写出逻辑表达式。

（3）把逻辑函数表达式化简或变换成适当形式。可以用代数法或卡诺图法将所得的函数化为最简与或表达式，对于一个逻辑电路，在设计时尽可能使用最少数量的逻辑门，逻辑门变量数也应尽可能少（即在逻辑表达式中乘积项最少，乘积项中的变量个数最少），还应根据题意变换成适当形式的表达式。

（4）根据逻辑表达式画出逻辑电路图。

上述设计步骤可用图 4.5 所示流程表示。

图 4.5 组合逻辑电路设计流程

4.3.2 设计举例

1. 单输出组合电路设计举例

【例 4.4】 设计一个逻辑电路：三个输入端，一个输出端，当有两个或两个以上输入为"1"时，输出为"1"，否则输出为"0"。

解：

（1）设输入变量为 A，B，C，输出变量为 F，根据题意列出真值表，如表 4.4 所示。

表 4.4   [例 4.4] 真值表

输 入			输 出
A	B	C	F
0	0	0	0
0	0	1	0
0	1	0	0
0	1	1	1
1	0	0	0
1	0	1	1
1	1	0	1
1	1	1	1

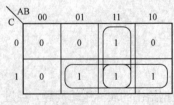

图 4.6 卡诺图

（2）根据真值表，用卡诺图（图 4.6 所示）化简，写出逻辑函数式为：F=AC+BC+AB。

因题中未规定采用何种逻辑门，所以可用与门和或门实现该逻辑功能，函数式形式无须转换。

（3）画逻辑图。

由化简后的表达式与真值表与［例 4.2］比较可以看出，图 4.6 即为本例设计逻辑图。

【例 4.5】用与非门设计一个一位十进制数的数值范围指示器，设这个一位十进制数为 X，电路输入为 A、B、C 和 D，X=8A+4B+2C+D，要求当 X≥5 时输出 F 为"1"，否则为"0"，该电路实现了四舍五入功能。

解：

（1）根据题意，列出如表 4.5 所示真值表。

当输入变量 A，B，C，D 取值为 0000～0100（即 X<4）时，函数 F 值为 0；当输入变量 A，B，C，D 取值为 0101～1001（即 X>5）时，函数 F 值为 1；1010～1111 六种输入是不允许出现的，可作任意状态处理（可当做 1，也可当作 0），用×表示。

（2）根据真值表，画出函数卡诺图，如图 4.7 所示。化简得到的函数最简与或表达式为 F=A+BD+BC，根据题意，要用与非门设计，则 $F = \overline{\overline{A} \cdot \overline{BD} \cdot \overline{BC}}$。

表 4.5　　　　　　　　　　　**[例 4.5] 真值表**

A	B	C	D	F	A	B	C	D	F
0	0	0	0	0	1	0	0	0	1
0	0	0	1	0	1	0	0	1	1
0	0	1	0	0	1	0	1	0	×
0	0	1	1	0	1	0	1	1	×
0	1	0	0	0	1	1	0	0	×
0	1	0	1	1	1	1	0	1	×
0	1	1	0	1	1	1	1	0	×
0	1	1	1	1	1	1	1	1	×

（3）画出逻辑图。根据逻辑表达式，可画出逻辑电路图，如图 4.8 所示。

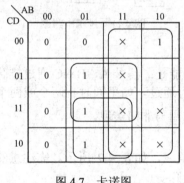

图 4.7　卡诺图

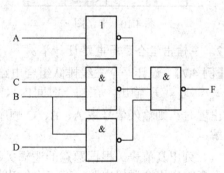

图 4.8　逻辑电路图

【例 4.6】 已知某组合逻辑电路输入信号 A、B、C，输出信号 F，其波形如图 4.9 所示，写出逻辑表达式，画出逻辑图。

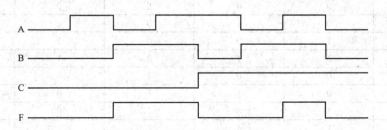

图 4.9　波形图

解:

（1）根据题意及波形，列出真值表，波形图是描述逻辑函数的方法之一，反映了输入与输出之间的逻辑关系，由图不难看出 A、B、C（000～111）与 F 的关系，列出真值表如表 4.6 所示。

表 4.6 　　　　　　　　　　　　　　　 ［例 4.6］真值表

A	B	C	F
0	0	0	0
0	0	1	0
0	1	0	1
0	1	1	0
1	0	0	0
1	0	1	0
1	1	0	1
1	1	1	1

（2）根据真值表用卡诺图化简，如图 4.10 所示，化简后为：$F = B\bar{C} + AB$。

（3）画出逻辑电路图如图 4.11 所示。

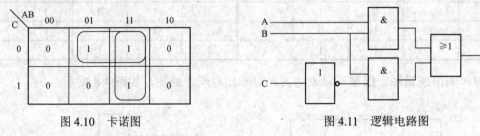

图 4.10　卡诺图　　　　　　　　　　图 4.11　逻辑电路图

2. 多输出组合逻辑电路设计举例

【例 4.7】 设计一个三线排队组合电路，其逻辑功能是：信号 A、B、C 通过排队电路分别由 F_A、F_B、F_C 输出，在同一时间内只能有一个信号通过，如果同时有两个或两个以上的信号出现时，则输入信号按 A、B、C 顺序通过。要求用与非门实现。

解:

（1）列出真值表。根据题意的逻辑关系，列出真值表，如表 4.7 所示。需注意的是：这是一个多输出组合逻辑电路，有三个输出量 F_A、F_B、F_C。

表 4.7 　　　　　　　　　　　　　　　 ［例 4.7］真值表

A	B	C	F_A	F_B	F_C
0	0	0	0	0	0
0	0	1	0	0	1
0	1	0	0	1	0
0	1	1	0	1	0
1	0	0	1	0	0
1	0	1	1	0	0
1	1	0	1	0	0
1	1	1	1	0	0

写出逻辑表达式。由真值表得到逻辑表达式如下

$$F_A = A\overline{B} \cdot \overline{C} + A\overline{B}C + AB\overline{C} + ABC = A\overline{B} + AB = A$$

$$F_B = \overline{\overline{A}B\overline{C}} + \overline{A}BC = \overline{A}B = \overline{\overline{A}B}$$

$$F_C = \overline{A} \cdot \overline{B}C = \overline{\overline{\overline{A} \cdot \overline{B}C}}$$

（2）画出逻辑电路如图 4.12 所示。

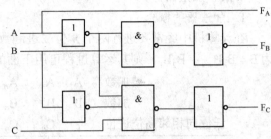

【例 4.8】 某组合电路有三个输出，它们分别是

$$F_1(A,B,C) = \Sigma m(3,4,5,7)$$

$$F_2(A,B,C) = \Sigma m(2,3,4,5,7)$$

$$F_3(A,B,C) = \Sigma m(0,1,3,6,7)$$

请化简逻辑表达式，并画出逻辑电路图。

图 4.12　逻辑电路图

解：

（1）根据最小项表达式，分别画出 F_1、F_2、F_3 的卡诺图如图 4.13（a）、（b）、（c）所示。

（2）求 F_1、F_2、F_3 逻辑表达式。由图 4.13（a）、（b）、（c）卡诺图化简得出逻辑表达式

$$F_1 = BC + A\overline{B}$$

$$F_2 = BC + A\overline{B} + \overline{A}B$$

$$F_3 = BC + AB + \overline{\overline{A}B}$$

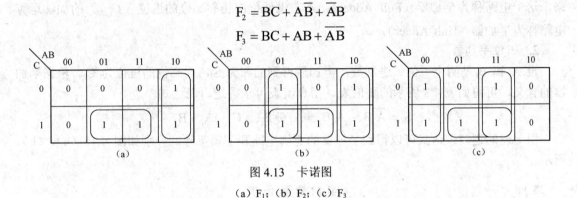

图 4.13　卡诺图

(a) F_1; (b) F_2; (c) F_3

必须注意，在画各输出卡诺圈时，应尽量兼顾公共部分，才能得到最简设计。

（3）画出逻辑电路图，如图 4.14 所示。

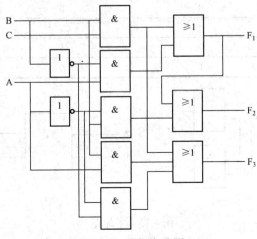

图 4.14　逻辑电路图

4.4　常用集成组合逻辑电路

4.4.1　加法器

1. 加法器的概念

在计算机中经常要进行两个 n 位二进制数相加，如果被加数为 $A = A_n A_{n-1} \cdots A_2 A_1$，加数为 $B = B_n B_{n-1} \cdots B_2 B_1$，则其运算过程可用下面的形式表示。

被加数	A	A_n	A_{n-1}	A_{n-2}	$\cdots$	A_2	A_1
加数	B	B_n	B_{n-1}	B_{n-2}	$\cdots$	B_2	B_1
低位向相邻高位进位	+	C_{n-1}	C_{n-2}	C_{n-3}	$\cdots$	C_1	
	Cn						
和数	S	S_n	S_{n-1}	S_{n-2}	$\cdots$	S_2	S_1

对其中第 i 位的相加过程可概括为：第 i 位的被加数 A_i 和加数 B_i 及相邻低位来的进位 C_{i-1} 三者相加，得到本位的和数及向相邻高位（$i+1$）的进位 C_i。所以要设计出能实现两个 N 位二进制数相加运算的运算器，就应先设计出能实现 A_i、B_i、C_{i-1} 三个一位二进制数相加的电路，这个电路称为全加器（Full Adder）；不考虑低位向相邻高位的进位（C_{i-1}）的加法运算电路称为半加器（Half-Adder）。

2. 一位半加器

设 A_i 和 B_i 是两个一位二进制数，半加后得到的和为 S_i，向高位的进位为 C_i。根据半加器的含义，可得如表 4.8 所示的真值表。由真值表可求得逻辑表达式

$$S_i = \overline{A_i}B_i + A_i\overline{B_i} = A_i \oplus B_i, \quad C_i = A_i \cdot B_i$$

由上述的逻辑表达式可以得到半加器的逻辑电路和逻辑符号，分别如图 4.15（a）、（b）所示。

表 4.8　　　　　　　　　　　　　　　　半 加 器 真 值 表

输　　　入		输　　　出	
A_i	B_i	S_i	C_i
0	0	0	0
0	1	1	0
1	0	1	0
1	1	0	1

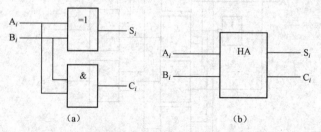

图 4.15　半加器

（a）半加器逻辑电路；（b）半加器逻辑符号

3. 一位全加器

设 A_i 和 B_i 是两个一位二进制数，考虑低位的进位（C_{i-1}），这三者相加则可得到如表 4.9 所示的真值表。

表 4.9   一 位 全 加 器 真 值 表

输 入			输 出	
A_i	B_i	C_{i-1}	S_i	C_i
0	0	0	0	0
0	0	1	1	0
0	1	0	1	0
0	1	1	0	1
1	0	0	1	0
1	0	1	0	1
1	1	0	0	1
1	1	1	1	1

由真值表可求得逻辑表达式

$$S_i = \overline{A_i} \cdot \overline{B_i}C_{i-1} + \overline{A_i}B_i\overline{C_{i-1}} + A_i\overline{B_i} \cdot \overline{C_{i-1}} + A_iB_iC_{i-1} = \Sigma(1,2,4,7)$$

$$C_i = \overline{A_i}B_iC_{i-1} + A_i\overline{B_i}C_{i-1} + A_iB_i\overline{C_{i-1}} + A_iB_iC_{i-1} = \Sigma(3,5,6,7)$$

对表达式进行化简、变换形式得

$$S_i = \overline{A_i} \cdot \overline{B_i}C_{i-1} + \overline{A_i}B_i\overline{C_{i-1}} + A_i\overline{B_i} \cdot \overline{C_{i-1}} + A_iB_iC_{i-1}$$

$$= \overline{A_i}(\overline{B_i}C_{i-1} + B_i\overline{C_{i-1}}) + A_i(\overline{B_i} \cdot \overline{C_{i-1}} + B_iC_{i-1})$$

$$= \overline{A_i}(B_i \oplus C_{i-1}) + A_i\overline{B_i \oplus C_{i-1}} = A_i \oplus B_i \oplus C_{i-1}$$

$$C_i = \overline{A_i}B_iC_{i-1} + A_i\overline{B_i}C_{i-1} + A_iB_i = (\overline{A_i}B_i + A_i\overline{B_i})C_{i-1} + A_iB_i$$

由上述逻辑表达式画出相应全加器的逻辑电路如图 4.16（a）所示，全加器逻辑符号如图 4.16（b）、（c）所示。

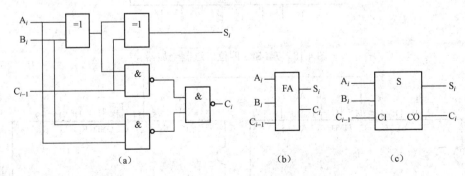

图 4.16   全加器逻辑图

（a）逻辑图；（b）符号；（c）新标准符号

4. 多位全加器

在实际应用中，加法器一般是多位加法器，若要实现两个 *n* 位二进制数的加法器，则要

用 n 个一位全加器做相应的连接，就可完成此任务，其方法是将最低位的进位输入端接"0"（最低位的全加器也可用半加器代替），向高位的进位 C_i 与相邻高位的进位输入端相连，依次类推，即可完成两个 n 位二进制数的加法器，如图 4.17 所示。

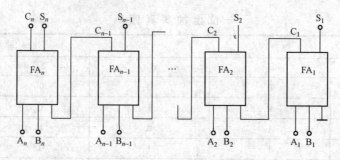

图 4.17 实现两个 n 位二进制加法运算的运算器

中规模集成电路 74LS83 是四位二进制全加器，其引脚图连接如图 4.18 所示，若在图中 A_4、B_4；A_3、B_3；A_2、B_2；A_1、B_1 分别接上四位二进制被加数和加数，并将向最低位全加器输入进位信号的引脚接地，接上电源 V_{CC} 和地 GND 以后，就可由 C_4、S_4、S_3、S_2、S_1 得到两个四位二进制数的相加和，C_4 是第四位向高位的进位。C_1、C_2、C_3 是内部连接的进位信号，为了保证两个四位数相加的正确，C_0 须接地。

如果要进行两个八位二进制数：$A=A_8A_7A_6A_5A_4A_3A_2A_1$；$B=B_8B_7B_6B_5B_4B_3B_2B_1$ 的相加运算，可以用两片 74LS83 做如图 4.19 所示的扩展连接，高位片的 C_0 接低位片的 C_4，低位片的 C_0 接地，接上电源 V_{CC} 及地 GND 后，我们可在 C_8、S_8、S_7、S_6、S_5、S_4、S_3、S_2、S_1；获得它们做相加运算后的最后结果。由此可见 C_0 端可作为扩展端。

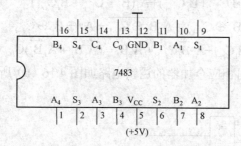

图 4.18 74LS83 四位二进制全加器

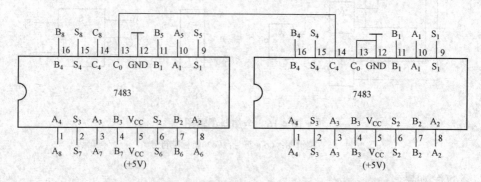

图 4.19 两片 74LS83 构成一个八位二进制数加法运算器

4.4.2 译码器

译码器是将每一组输入代码译为一个特定输出信号的组合逻辑电路。译码器种类很多，但可归纳为二进制译码器、二—十进制译码器、显示译码器。

1. 二进制译码器

二进制译码器的输入为二进制码，若输入有 n 位，数码组合有 2^n 种，可译出 2^n 个不同输出信号。

现以 74138 三线—八线译码器为例来说明二进制译码器的逻辑电路构成、特点及应用。

（1）逻辑电路。

1）逻辑电路组成：74138 的内部逻辑电路如图 4.20（a）所示，从电路内部结构看该电路由非门、与非门组成。其中 A_0，A_1，A_2 为输入信号，$\overline{Y_0} \sim \overline{Y_1}$ 为输出信号且译出的信号均是反码，G_1，$\overline{G_{2A}}$，$\overline{G_{2B}}$ 为控制端。

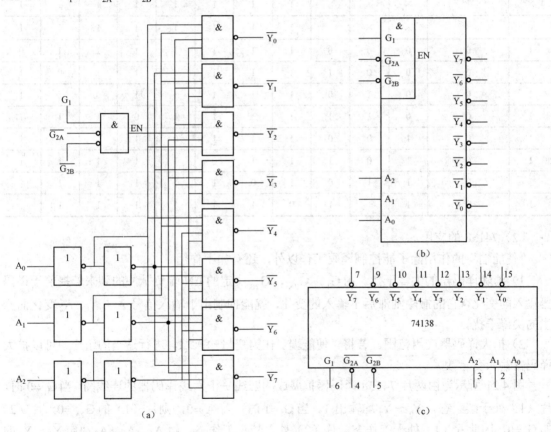

图 4.20　74138 三线—八线译码器

（a）逻辑电路图；（b）新标准符号；（c）常用符号

2）逻辑电路的工作原理。

a）输入缓冲级：由 6 个非门组成，用来形成 A_0、A_1、A_2 的互补信号，译码电路所需的原、反变量信号均由六个门提供，其目的为减轻输入信号源的负载。

b）使能控制端：由一个与门组成，由逻辑电路可知 EN=0 时，$\overline{Y_0} \sim \overline{Y_7}$ 均为 1，即封锁了译码器的输出，译码器处于"禁止"工作状态；EN=1 时，译码器被选通，电路处于"工作"状态，输出信号 $\overline{Y}_0 \sim \overline{Y}_7$ 的状态由输入变量 A_0、A_1、A_2 决定。

c）输出逻辑表达式：当 EN=1 时，译码器的输出逻辑表达式为

$$\overline{Y}_0 = \overline{\overline{A}_2 \cdot \overline{A}_1 \cdot \overline{A}_0} \quad \overline{Y}_1 = \overline{\overline{A}_2 \cdot \overline{A}_1 A_0} \quad \overline{Y}_2 = \overline{\overline{A}_2 A_1 \overline{A}_0} \quad \overline{Y}_3 = \overline{\overline{A}_2 A_1 A_0}$$

$$\overline{Y}_4 = \overline{A_2 \overline{A}_1 \cdot \overline{A}_0} \quad \overline{Y}_5 = \overline{A_2 \overline{A}_1 A_0} \quad \overline{Y}_6 = \overline{A_2 A_1 \overline{A}_0} \quad \overline{Y}_7 = \overline{A_2 A_1 A_0}$$

d）真值表：根据输出逻辑表达式列出表 4.10 所示真值表。

表 4.10   74138 功能真值表

输 入					输 出							
使 能		选 择 码										
G_1	$G_{2A}+G_{2B}$	A_2	A_1	A_0	$\overline{Y}_7$	$\overline{Y}_6$	$\overline{Y}_5$	$\overline{Y}_4$	$\overline{Y}_3$	$\overline{Y}_2$	$\overline{Y}_1$	$\overline{Y}_0$
×	1	×	×	×	1	1	1	1	1	1	1	1
0	×	×	×	×	1	1	1	1	1	1	1	1
1	0	0	0	0	1	1	1	1	1	1	1	0
1	0	0	0	1	1	1	1	1	1	1	0	1
1	0	0	1	0	1	1	1	1	1	0	1	1
1	0	0	1	1	1	1	1	1	0	1	1	1
1	0	1	0	0	1	1	1	0	1	1	1	1
1	0	1	0	1	1	1	0	1	1	1	1	1
1	0	1	1	0	1	0	1	1	1	1	1	1
1	0	1	1	1	0	1	1	1	1	1	1	1

（2）74138 的应用。

"使能端"的作用除了能控制译码工作以外，还有如下作用。

1）消除译码器的尖峰干扰。由 G_1，$\overline{G}_{2A}$，$\overline{G}_{2B}$ 决定的 EN 端负脉冲的到来若提前于译码器输入的变化，它的撤除则滞后于输入的变化，就能抑制由于输入信号 A_0、A_1、A_2 变化而产生的尖峰干扰。

2）扩大译码器应用范围。若将"使能端"作为变量输入端，进行适当的组合，可以扩大译码器输入变量数。

图 4.21 所示为由两片 74138 译码器扩展成的四线—十六线译码器的连线图。当 G_1=0 时，片（1）处于禁止态，$\overline{Y}_0 \sim \overline{Y}_7$ 均输出 1。当 G_1=1 时，若 A_3=0，则片（1）的 $\overline{G}_{2A}$=0，片（2）的 G_1=0，因此片（1）处于工作态，片（2）处于禁止工作态。由 A_2、A_1、A_0 决定 $\overline{Y}_0 \sim \overline{Y}_7$ 的状态，若 A_3=1，片（2）的 G_1=1，$\overline{G}_{2A}$=1，因此，片（1）不工作，片（2）工作，由 A_2、A_1、A_0 决定片（2）$\overline{Y}_0 \sim \overline{Y}_7$ 的输出状态。

74138 其他的应用将在后续章节中介绍，与 74138 引脚功能一致的集成芯片有：74LS138、74ALS138、74F138、74AS138、74HC138、74HCT138。根据应用需要，可选择适当参数的芯片。

2. 二—十进制译码器

8421BCD 码是最常用的二—十进制码，它用二进制码 0000～1001 来代表十进制数 0～9，

这种译码器应有 4 个输入端，10 个输出端。如果要设计一个将 8421 码转换为十进制数码的译码器，可按组合逻辑电路的设计步骤。

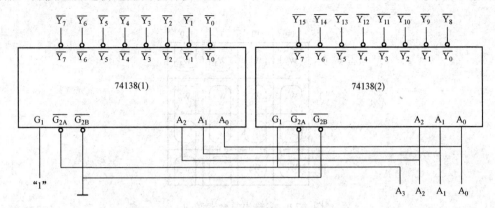

图 4.21　两片 74138 译码器扩展成的四线—十六线译码器的连线图

（1）列出十进制数码输出对应于 8421BCD 码输入的真值表，如表 4.11 所示，约束项表中未列出。

表 4.11　　　　　　　　　　　　　　　　8421BCD 码 真 值 表

十进制数	输 入				输 出									
	A_3	A_2	A_1	A_0	W_0	W_1	W_2	W_3	W_4	W_5	W_6	W_7	W_8	W_9
0	0	0	0	0	1	0	0	0	0	0	0	0	0	0
1	0	0	0	1	0	1	0	0	0	0	0	0	0	0
2	0	0	1	0	0	0	1	0	0	0	0	0	0	0
3	0	0	1	1	0	0	0	1	0	0	0	0	0	0
4	0	1	0	0	0	0	0	0	1	0	0	0	0	0
5	0	1	0	1	0	0	0	0	0	1	0	0	0	0
6	0	1	1	0	0	0	0	0	0	0	1	0	0	0
7	0	1	1	1	0	0	0	0	0	0	0	1	0	0
8	1	0	0	0	0	0	0	0	0	0	0	0	1	0
9	1	0	0	1	0	0	0	0	0	0	0	0	0	1

（2）由真值表写出逻辑函数表达式。

$$W_0 = \overline{A}_3\overline{A}_2\overline{A}_1\overline{A}_0 \qquad W_1 = \overline{A}_3\overline{A}_2\overline{A}_1 A_0$$

$$W_2 = \overline{A}_3\overline{A}_2 A_1\overline{A}_0 \qquad W_3 = \overline{A}_3\overline{A}_2 A_1 A_0$$

$$W_4 = \overline{A}_3 A_2\overline{A}_1\overline{A}_0 \qquad W_5 = \overline{A}_3 A_2\overline{A}_1 A_0$$

$$W_6 = \overline{A}_3 A_2 A_1\overline{A}_0 \qquad W_7 = \overline{A}_3 A_2 A_1 A_0$$

$$W_8 = A_3\overline{A}_2\overline{A}_1\overline{A}_0 \qquad W_9 = A_3\overline{A}_2\overline{A}_1 A_0$$

（3）用卡诺图化简逻辑函数。

图 4.22 所示为利用无关项化简的多输出复合卡诺图。若按照我们惯用的方法，每一个输

出 W 均应有一个对应于输入变量 A_3、A_2、A_1、A_0 的卡诺图，那么十个输出就有十个卡诺图。这里为了方便就形成如图 4.22 所示的复合卡诺图，化简后的输出函数表达式为

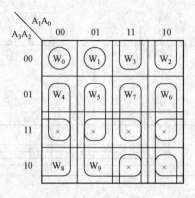

图 4.22　多输出复合卡诺图

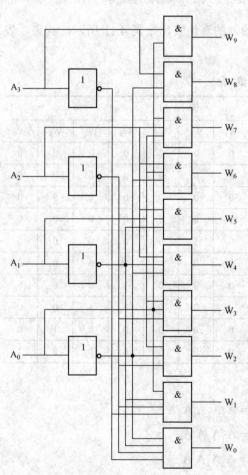

图 4.23　8421BCD 码转换为十进制
数译码器逻辑电路图

$$W_0 = \overline{A_3}\,\overline{A_2}\,\overline{A_1}\,\overline{A_0} \qquad W_1 = \overline{A_3}\,\overline{A_2}\,\overline{A_1}\,A_0$$

$$W_2 = \overline{A_2}\,A_1\,\overline{A_0} \qquad W_3 = \overline{A_2}\,A_1\,A_0$$

$$W_4 = A_2\,\overline{A_1}\,\overline{A_0} \qquad W_5 = A_2\,\overline{A_1}\,A_0$$

$$W_6 = A_2\,A_1\,\overline{A_0} \qquad W_7 = A_2\,A_1\,A_0$$

$$W_8 = A_3\,\overline{A_0} \qquad W_9 = A_3\,A_0$$

（4）由逻辑表达式画出逻辑图，如图 4.23 所示。实际常用的集成芯片 7442 输出的是反码（其实只要将图 4.23 中 $W_0 \sim W_9$ 的十个与门改为与非门就可以了），根据译码的原理，也可以构成码制变换器如余 3 码—十进制译码器 7443 等芯片。

3. 显示译码器

在数字系统中，要将数字量直观地显示出来，就必须有数字显示电路。因此，数字显示电路是数字系统中不可缺少的部分。数字显示电路通常由译码器、驱动器和显示器组成，如图 4.24 所示。

在数字系统中，经常需要用数字器件将数字、文字和符号直观地显示出来。能够用来直观显示数字、文字和符号的器件称为显示器。数字显示器件种类很多，按发光材料不同可分为荧光管显示器、半导体发光二极管显示器（LED）和液晶显示器（LCD）等；按显示方式不同，可分为字形重叠式、分段式、点阵式等。

荧光数码显示器是一种指形玻璃壳的电子管，由灯丝、栅极、阴极、阳极组成。显示段码表面涂有荧光粉，阳极吸引电子发出荧光。其特点是字形清晰，但灯丝电源消耗功率大，机械强度

差，主要用于早期的数字仪表、计算器等装置。

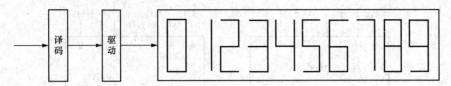

图 4.24　数字显示电路的组成

液晶显示器是一种能显示数字、图文的新器件，具有很大的应用前景。它具有体积小，耗电省，显示内容广等特点，得到了广泛应用，但其显示机理复杂。

目前使用较普遍的是分段式发光二极管显示器，发光二极管是一种特殊的二极管，加正电压（或负电压）时导通并发光，所发的光有红、黄、绿等多种颜色。它有一定的工作电压和电流，所以在实际使用中应注意按电流的额定值，串接适当限流电阻来实现。

图 4.25（a）所示为七段半导体发光二极管显示器示意图，它由七只半导体发光二极管组合而成，分共阳、共阴两种接法，共阴接法是指各段发光二极管阴极相连，如图 4.25（b）所示，当某段阳极电位高时，该段发亮。共阳接法相反，如图 4.25（c）所示为共阳极接法。根据七段发光二极管的显示原理，显然，采用前面介绍的二—十进制译码器已不能适合七段码的显示，必须采用专用的显示译码器。

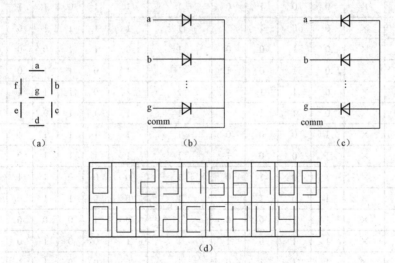

图 4.25　七段半导体发光二极管显示器示意图

（a）七段显示器组成示意图；（b）共阴极接法；（c）共阳极接法；（d）段显示组成示意图

4．译码/驱动器

显示器需译码/驱动器配合才能很好地完成其显示功能。7448 为能与显示器配合的七段译码/驱动器。该器件内部结构复杂，这里仅介绍其集成芯片引脚图及功能真值表。了解了这些内容，我们就可以用它来构成显示电路。

7448 译码/驱动器的引脚图如图 4.26（a）所示，它的常用符号如图 4.26（b）所示。

图中 A_3、A_2、A_1、A_0 是四位二进制数码输入信号；a、b、c、d、e、f、g 是七段译码输出信号；$\overline{LT}$、$\overline{RBI}$、$\overline{BI}/\overline{RBO}$ 是使能端，它们起辅助控制作用，从而增强了这个译码/驱动

器的功能。7448 的功能如表 4.12 所示。

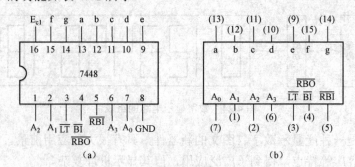

图 4.26　7448 引脚图及符号

（a）引脚图；（b）常用符号

表 4.12　　　　　　　　　　　　　7448 真 值 表

数字功能	输　　入							输　　出							显示字形
	$\overline{LT}$	$\overline{RBI}$	A_3	A_2	A_1	A_0	$\overline{BI}/RBO$	a	b	c	d	e	f	g	
0	1	1	0	0	0	0	1	1	1	1	1	1	1	0	
1	1	×	0	0	0	1	1	0	1	1	0	0	0	0	
2	1	×	0	0	1	0	1	1	1	0	1	1	0	1	
3	1	×	0	0	1	1	1	1	1	1	1	0	0	1	
4	1	×	0	1	0	0	1	0	1	1	0	0	1	1	
5	1	×	0	1	0	1	1	1	0	1	1	0	1	1	
6	1	×	0	1	1	0	1	1	0	1	1	1	1	1	
7	1	×	0	1	1	1	1	1	1	1	0	0	0	0	
8	1	×	1	0	0	0	1	1	1	1	1	1	1	1	
9	1	×	1	0	0	1	1	1	1	1	1	0	1	1	
10	1	×	1	0	1	0	1	0	0	0	1	1	0	1	
11	1	×	1	0	1	1	1	0	0	1	1	0	0	1	
12	1	×	1	1	0	0	1	0	1	0	0	0	1	1	
13	1	×	1	1	0	1	1	1	0	0	1	0	1	1	
14	1	×	1	1	1	0	1	0	0	0	1	1	1	1	
15	1	×	1	1	1	1	1	0	0	0	0	0	0	0	
$\overline{BI}$	×	×	×	×	×	×	0	0	0	0	0	0	0	0	
$\overline{RBI}$	1	0	0	0	0	0	0	0	0	0	0	0	0	0	
$\overline{LT}$	0	×	×	×	×	×	1	1	1	1	1	1	1	1	

（1）输入信号 A_3、A_2、A_1、A_0 对应的数字均可由输出 a、b、c、d、e、f、g 字段来构成，表中字段为 "1" 表示这字段亮，为 "0" 表示这字段灭。可见它完全符合图 4.25（d）所示的显示规律。

如将 7448 译码器和 TS547 显示器作如图 4.27 所示的连接，7448 译码器的段输出信号 a～

g 接到 TS547 七段显示器的相应段输入,并接上电源和地,TS547 就能按 7448 的 A_3、A_2、A_1、A_0 输入的数字,做正常的七段显示。

(2)使能端的作用。7448 芯片有三个辅助控制信号,它们增加了器件的功能,其功能如下。

1)试灯输入 $\overline{LT}$(Lamp Test Input),当 $\overline{LT}$ =0,$\overline{BI}/\overline{RBO}$ =1 时,不管其他输入状态,a~g 七段全为 1,即显示器各段笔划全亮,显示日。因此可作检验数码管和电路用。

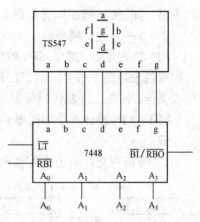

图 4.27 7448 译码器和 TS547 显示器连接图

2)输入 $\overline{BI}$(BLANKING INPUT),当 $\overline{BI}$ =0,不论其他输入状态如何,a~g 均为 0,显示管熄灭。因此,灭灯输入 $\overline{BI}$ 可用作显示与否的控制,例如闪字,与一同步信号联动显示等。

3)灭灯输入动态 $\overline{RBI}$(Ripple Blanking Input),在 $\overline{LT}$ =1,$\overline{RBI}$ =0 时,如果 A_3、A_2、A_1、A_0 为 0000 时,a~g 各段熄灭;而 A_3、A_2、A_1、A_0 为非 0000 信号时,则照常可显示。

因此动态灭灯输入用于输入数字为零,而又不显示零的场合。例如,用一个三位显示器显示"088",显然第一位的零不用显示,此时将第一位 $\overline{RBI}$ 接地,就可达到要求。

4)灭灯输出 $\overline{RBO}$(Ripple Blanking Output),它与输入 $\overline{BI}$ 连接在一起。当 $\overline{BI}$ =0 或 $\overline{RBI}$ =0 且 $\overline{LT}$ =1,A_3、A_2、A_1、A_0 为 0000 时,这个输出端才为 0。

如图 4.28 所示的小数点定位的五位显示器,各位显示译码器的 $\overline{RBI}$ 及 $\overline{RBO}$ 如图示形式连接,可以不显示除个位片(三)以前的无用前零和小数点以后的无用尾零。

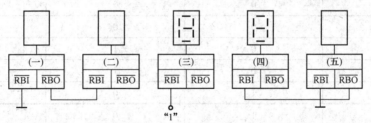

图 4.28 多位显示多余零熄灭连接图

如输入显示数 008.80 时,由于片(一)$\overline{RBI}$ =0,因此在输入百位数为零时,此数不显示,且使片(一)的 $\overline{RBO}$ =0,让片(二)也具备灭零的条件,此时输入十位数为零也就可熄灭。由于片(五)$\overline{RBI}$ =0,因此输入的尾零也可熄灭,且使片(四)也具备灭零条件,但片(四)输入数为 8,不是 0,因此仍可显示。这个五位显示器最后显示的是 8.8。

4.4.3 编码器

1. 编码器的概念

在数字设备中,数据和信息是用"0"和"1"组成的二进制代码来表示的,将若干个"0"和"1"按一定的规律编排在一起,编成不同的代码,并且赋予每个代码以固定的含意,这就叫编码。例如，可用 3 位二进制数组成的编码表示十进制数的 0～7，十进制数 0 编成二进制 "000"，十进制数 1 编成二进制数码 "001"，十进制数 2 编成二进制数 "010" 等。用来完成编码工作的电路统称为编码器。其实编码器是与译码器逻辑功能相反的数字器件，它是将有特定意义的输入数字信号或文字符号信号，编成相应的若干位二进制代码形式输出的组合逻辑电路。如 BCD 码编码器是将 0～9 十个数字转化为四位 BCD 码输出的组合电路。

2. 二—十进制编码器

（1）二进制编码器。将一般信号编为二进制代码的电路称为二进制编码器。一位二进制代码可以表示两个信号，两位二进制代码有 00、01、10、11 四种组合，可以代表四个信号。依次类推，n 位二进制代码可表示 2^n 个信号。

【例 4.9】 设计一个编码器，将 Y_0～Y_7 的 8 个信号编成二进制代码。

解:

1）分析题意，列出输入输出关系。

图 4.29　编码器框图

3 位二进制代码的组合关系是 $2^3=8$，因此 Y_0～Y_7 的 8 个信号可用 3 位二进制代码表示，设 A、B、C 为 3 位二进制代码，可列出设计框图，如图 4.29 所示。

2）列真值表。

对输入信号进行编码，任一输入信号分别对应一个编码。由于题中未规定编码要求，所以本题有多种解答方案。但是一旦选择了某一编码方案，就可列出编码表，如表 4.13 所示。在制定编码的时候，应该使编码顺序有一定的规律可循，这样不仅便于记忆，同时也有利于编码器的连接。

表 4.13　　　　　　　　　　　　［例 4.9］编码表

输　　入	C	B	A
Y_0	0	0	0
Y_1	0	0	1
Y_2	0	1	0
Y_3	0	1	1
Y_4	1	0	0
Y_5	1	0	1
Y_6	1	1	0
Y_7	1	1	1

3）写出逻辑表达式。由编码表 4.13 直接写出输出量 A、B、C 的函数表达式，并化成与非式。

$$A = Y_1 + Y_3 + Y_5 + Y_7 = \overline{\overline{Y_1} \cdot \overline{Y_3} \cdot \overline{Y_5} \cdot \overline{Y_7}}$$

$$B = Y_2 + Y_3 + Y_6 + Y_7 = \overline{\overline{Y_2} \cdot \overline{Y_3} \cdot \overline{Y_6} \cdot \overline{Y_7}}$$

$$C = Y_4 + Y_5 + Y_6 + Y_7 = \overline{\overline{Y_4} \cdot \overline{Y_5} \cdot \overline{Y_6} \cdot \overline{Y_7}}$$

必须指出，在真值（编码）表 4.13 中，Y_0 项实际上是 $Y_7Y_6\cdots Y_0=00000001$ 的情况，其

余情况类推。以输出 C 为例，C 应为

$$C = \overline{Y}_7\overline{Y}_6\overline{Y}_5Y_4\overline{Y}_3\overline{Y}_2\overline{Y}_1\overline{Y}_0 + \overline{Y}_7\overline{Y}_6Y_5\overline{Y}_4\overline{Y}_3\overline{Y}_2\overline{Y}_1\overline{Y}_0$$
$$+ \overline{Y}_7Y_6\overline{Y}_5\overline{Y}_4\overline{Y}_3\overline{Y}_2\overline{Y}_1\overline{Y}_0 + Y_7\overline{Y}_6\overline{Y}_5\overline{Y}_4\overline{Y}_3\overline{Y}_2\overline{Y}_1\overline{Y}_0$$

将上式经整理、化简后得　　　　$C = Y_4 + Y_5 + Y_6 + Y_7$

由于编码器的特殊性，在分析设计时，可以从真值表中直接写出 A、B、C 的最简函数表达式。

4）画出逻辑电路图，如图 4.30 所示。在 [例 4.9] 中，编码方案不同，其逻辑电路图也不同。很明显，输出 A、B、C 只与当前输入 $Y_0 \sim Y_7$ 有关，所以是组合逻辑电路、在图 4.30 中 Y_0 输入没使用，但表示 $Y_1 \sim Y_7$ 全为 0（无输入）时，即 Y_0 表示等于 1（有输入）的情况隐含在其中。

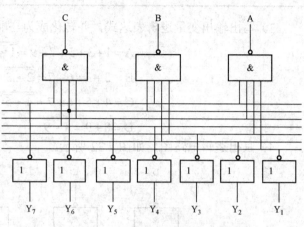

图 4.30　[例 4.9] 逻辑电路图

（2）二—十进制编码器。

二—十进制编码器执行的逻辑功能是将十进制数的 0～9 十个数编为二—十进制代码。二—十进制代码（简称 BCD）是用 4 位二进制代码来表示一位十进制数。4 位二进制代码有 16 种不同的组合，可以从中取 10 种来表示 0～9 十个数字。二—十进制编码方案很多，例如，常用的 8421BCD 码、2421BCD 码、余 3 码等。对于每一种编码都可设计出相应的编码器。下面以常用的 8421BCD 码为例来说明二—十进制编码器的设计过程。

【例 4.10】　设计一个 8421BCD 码编码器。

图 4.31　框图

解：

1）分析题意，确定输入输出变量。设输入信号为 0～9，输出信号为 A、B、C、D，列出设计框图，如图 4.31 所示。

2）列出真值表，采用 8421BCD 码编码，可得到真值表如表 4.14 所示。

表 4.14　　　　　　　　　　　　[例 4.10] 真值表

十进制数	D	C	B	A
0	0	0	0	0
1	0	0	0	1
2	0	0	1	0
3	0	0	1	1
4	0	1	0	0
5	0	1	0	1
6	0	1	1	0

续表

十进制数	D	C	B	A
7	0	1	1	1
8	1	0	0	0
9	1	0	0	1

3）写出输出变量逻辑表达式，并转化成为与非式如下

$$A = 1+3+5+7+9 = \overline{\overline{1} \cdot \overline{3} \cdot \overline{5} \cdot \overline{7} \cdot \overline{9}}$$

$$B = 2+3+6+7 = \overline{\overline{2} \cdot \overline{3} \cdot \overline{6} \cdot \overline{7}}$$

$$C = 4+5+6+7 = \overline{\overline{4} \cdot \overline{5} \cdot \overline{6} \cdot \overline{7}}$$

$$D = 8+9 = \overline{\overline{8} \cdot \overline{9}}$$

4）画出逻辑电路图，如图 4.32 所示。

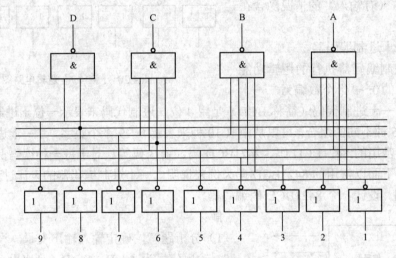

图 4.32　逻辑电路图

这里，输入信号 0 没有用上，表明当 1～9 全 "0"（无输入）时，输入信号 0 有输入、输出 A、B、C、D 为 "0000"。结合本例，下面再举一个实际例子。

【例 4.11】　设计一个按键式 8421BCD 码的逻辑电路。I_0～I_9 代表十个键，D、C、B、A 为输出代码，并且同时输出数据有效标志 S。

解：

1）根据题意列出真值表，如表 4.15 所示。

表 4.15　　　　　　　　　　　　　真　值　表

键	D	C	B	A	S
I_0	0	0	0	0	1
I_1	0	0	0	1	1
I_2	0	0	1	0	1
I_3	0	0	1	1	1

续表

键	D	C	B	A	S
I_4	0	1	0	0	1
I_5	0	1	0	1	1
I_6	0	1	1	0	1
I_7	0	1	1	1	1
I_8	1	0	0	0	1
I_9	1	0	0	1	1

2）列出逻辑表达式，并转化为与非式如下

$$A = I_1 + I_3 + I_5 + I_7 + I_9 = \overline{\overline{I_1} \cdot \overline{I_3} \cdot \overline{I_5} \cdot \overline{I_7} \cdot \overline{I_9}}$$

$$B = I_2 + I_3 + I_6 + I_7 = \overline{\overline{I_2} \cdot \overline{I_3} \cdot \overline{I_6} \cdot \overline{I_7}}$$

$$C = I_4 + I_5 + I_6 + I_7 = \overline{\overline{I_4} \cdot \overline{I_5} \cdot \overline{I_6} \cdot \overline{I_7}}$$

$$D = I_8 + I_9 = \overline{\overline{I_8} \cdot \overline{I_9}}$$

$$S = I_0 + I_1 + I_2 + I_3 + I_4 + I_5 + I_6 + I_7 + I_8 + I_9$$

$$= I_0 + (I_1 + I_3 + I_5 + I_7 + I_9) + (I_2 + I_3 + I_6 + I_7)$$

$$+ (I_4 + I_5 + I_6 + I_7) + (I_8 + I_9)$$

$$= I_0 + A + B + C + D = \overline{\overline{I_0} + \overline{A + B + C + D}}$$

3）画出逻辑电路图，如图 4.33 所示。

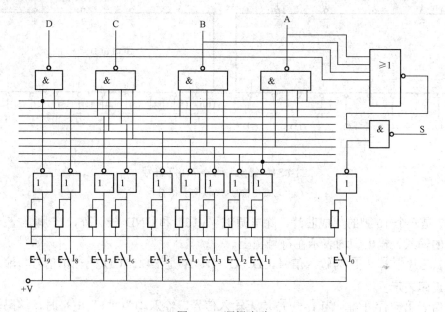

图 4.33 逻辑电路

3. 优先编码器

在 ［例 4.11］中讨论的按键式编码器，是在任一时刻只允许一个键按下，否则输出编码混乱。换句话说，它只允许有一个键处于按下状态。但是，在数字系统中，往往有几个键或几个信号同时出现，这就要求编码器能识别输入信号的优先级别，对其中高优先级的信号进行编码，完成这一功能的编码器称为优先编码器。也就是说，在同时存在两个或两个以上输入信号时，优先编码器只按优先级高的输入信号编码，优先级低的信号则不起作用。

　　74147 是一个优先编码的 8421BCD 码编码器，其功能真值表如表 4.16 所示，习惯用符号如图 4.34（a）所示，新标准符号如图 4.34（b）所示。

表 4.16　　　　　　　　　　**74147 真 值 表**

输　　入									输　　出			
1	2	3	4	5	6	7	8	9	D	C	B	A
1	1	1	1	1	1	1	1	1	1	1	1	1
×	×	×	×	×	×	×	×	0	0	1	1	0
×	×	×	×	×	×	×	0	1	0	1	1	1
×	×	×	×	×	×	0	1	1	1	0	0	0
×	×	×	×	×	0	1	1	1	1	0	0	1
×	×	×	×	0	1	1	1	1	1	0	1	0
×	×	×	0	1	1	1	1	1	1	0	1	1
×	×	0	1	1	1	1	1	1	1	1	0	0
×	0	1	1	1	1	1	1	1	1	1	0	1
0	1	1	1	1	1	1	1	1	1	1	1	0

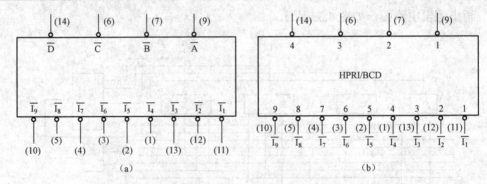

图 4.34　优先编码器 74147 符号

（a）习惯用符号；（b）新标准符号

　　74147 是一个 16 脚的集成芯片，除电源 V_{CC}（16）和 GND（8）外，15 脚是空脚（NC），其余芯片的输入、输出脚均表示在符号图上。

　　74147 芯片中 $\overline{I}_1 \sim \overline{I}_9$ 为输入信号，D、C、B、A 是 8421BCD 码输出信号，输入、输出信号均以反码表示。

　　由真值表第一行可知，当 $\overline{I}_1 \sim \overline{I}_9$ 均无输入信号，输入均为"1"电平时，编码输出也无信号，均为"1"电平（零为有效电平）。

　　由真值表第二行可知，当 $\overline{I}_9$ 为 0（有输入），则不管其余 $\overline{I}_1 \sim \overline{I}_8$ 有无输入信号（$\overline{I}_1 \sim \overline{I}_8$ 输入以随意×表示），均按 $\overline{I}_9$ 输入编码，编码输出为 9 的 8421BCD 码反码 0110。

　　由真值表第三行可知，当 $\overline{I}_9$ 无输入为 1；$\overline{I}_8$ 有输入为 0，则不管 $\overline{I}_1 \sim \overline{I}_7$ 有无输入，编码

器均按 $\overline{I}_8$ 输入编码，输出为 8 的 8421BCD 码的反码 0111。

其余依次类推。

由此可见，在 74147 优先编码器中，$\overline{I}_9$ 为最高优先级，其余输入的优先级依次为 $\overline{I}_8$、$\overline{I}_7$、…、$\overline{I}_1$，若 $\overline{I}_1 \sim \overline{I}_9$ 均无输入，则表示输入数 $\overline{I}_0$ 为 0，编码输出 $\overline{DCBA}$ 也就为 1111，表示无输出。

图 4.35 所示为一个八线—三线优先编码器 74LS348。74LS348 优先编码器为 16 脚的集成芯片，除电源脚 V_{CC}（16）和 GND（8）外，其余输入、输出脚的作用和脚号如图 4.35 所示。其中 $\overline{I}_1 \sim \overline{I}_7$ 为输入信号，$\overline{I}_7$ 为最高优先级，$\overline{I}_0$ 为最低优先级，$\overline{Y}_2 \overline{Y}_1 \overline{Y}_0$ 为输出信号。

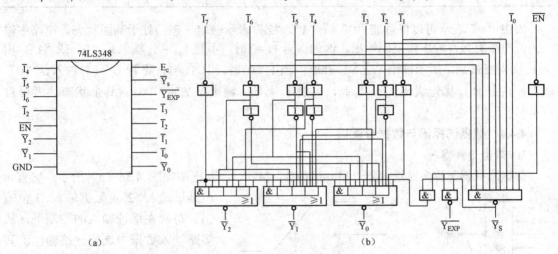

图 4.35 3 位二进制优先编码器

(a) 引脚图；(b) 逻辑电路图

$\overline{EN}$ 为输入使能端，当 $\overline{EN}=0$ 时，编码器工作；当 $\overline{EN}=1$ 时，所有输出端均为高阻（禁止输出）状态。

$\overline{Y}_s$ 为输出使能端。$\overline{Y}_s = \overline{\overline{I}_7 \overline{I}_6 \overline{I}_5 \overline{I}_4 \overline{I}_3 \overline{I}_2 \overline{I}_1 \overline{I}_0} \cdot EN$，当所有编码输入端 $\overline{I}_1 \sim \overline{I}_7$ 都为高电平，且 $\overline{EN}=0$ 时，$\overline{Y}_s=0$，表示无信号输入。

$\overline{Y}_{EXP}$ 为优先编码输出端。$\overline{Y}_{EXP} = \overline{Y}_s \cdot EN$，只要有任一编码输入，且 $\overline{EN}=0$ 时，$\overline{Y}_{EXP}=0$，表示有编码信号输出。

74LS348 编码器的功能表，即真值表如表 4.17 所示。

表 4.17　　　　　　　　　74LS348 功 能 表

输 入								输 出				
$\overline{EN}$	$\overline{I}_0$	$\overline{I}_1$	$\overline{I}_2$	$\overline{I}_3$	$\overline{I}_4$	$\overline{I}_5$	$\overline{I}_6$	$\overline{I}_7$	$\overline{Y}_2$	$\overline{Y}_1$	$\overline{Y}_0$	$\overline{Y}_{EXP}$	$\overline{Y}_s$
1	×	×	×	×	×	×	×	×	Z	Z	Z	1	1
0	1	1	1	1	1	1	1	1	Z	Z	Z	1	0
0	×	×	×	×	×	×	×	0	0	0	0	0	1
0	×	×	×	×	×	×	0	1	0	0	1	0	1
0	×	×	×	×	×	0	1	1	0	1	0	0	1
0	×	×	×	×	0	1	1	1	0	1	1	0	1

续表

输 入									输 出				
$\overline{EN}$	$\overline{I}_0$	$\overline{I}_1$	$\overline{I}_2$	$\overline{I}_3$	$\overline{I}_4$	$\overline{I}_5$	$\overline{I}_6$	$\overline{I}_7$	$\overline{Y}_2$	$\overline{Y}_1$	$\overline{Y}_0$	$\overline{Y}_{EXP}$	$\overline{Y}_s$
0	×	×	×	0	1	1	1	1	1	0	0	0	1
0	×	×	0	1	1	1	1	1	1	0	1	0	1
0	×	0	1	1	1	1	1	1	1	1	0	0	1
0	0	1	1	1	1	1	1	1	1	1	1	0	1

表中"×"表示可以任意取"0"或"1"，"Z"表示输出三态门处于高阻状态。电路中输入为低电平有效，输出为反码输出。例如：当 $\overline{I}_7 = 0$ 时，不管 $\overline{I}_0 \sim \overline{I}_6$ 输入是"0"或"1"，由于 $\overline{I}_7$ 优先级最高，所示输出 $\overline{Y}_2\overline{Y}_1\overline{Y}_0 = 000$；当 $\overline{I}_6 = 0$ 时，且 $\overline{I}_7 = 1$，不管 $\overline{I}_0 \sim \overline{I}_5$ 输入是"0"或"1"，由于 $\overline{I}_6$ 优先级比 $\overline{I}_0 \sim \overline{I}_5$ 高，只要 $\overline{I}_7$ 无效，输出 $\overline{Y}_2\overline{Y}_1\overline{Y}_0 = 001$；其余状态读者可自行分析。

4.4.4 数据选择器与数据分配器

1. 数据选择器

数据选择器又称多路选择器（Multiplexer，MUX），其框图如图 4.36（a）所示，它有 n 位地址输入、2^n 位数据输入、1 位输出。每次在地址输入的控制下，从多路输入数据中选择一路输出，其功能类似于一个单刀多掷开关，如图 4.36（b）所示；完成这种功能的逻辑电路称为数据选择器。可见数据选择器的功能是将多路数据输入信号，在地址输入的控制下选择某一路数据到输出端的电路。

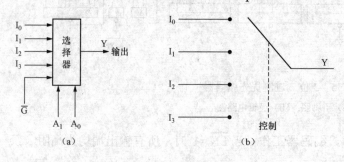

图 4.36 数据选择器框图及等效开关

（a）框图；（b）等效开关模型

图 4.36（a）所示为四选一数据选择器，有 4 个通道 I_0，I_1，I_2，I_3，有两控制信号 A_1A_0。即

$$Y = I_0(\overline{A}_1\overline{A}_0) + I_1(\overline{A}_1A_0) + I_2(A_1\overline{A}_0) + I_3(A_1A_0)$$

在图 4.36(a)中，当 $A_1A_0 = 00$ 时，$Y = I_0$；当 $A_1A_0 = 0$ 时，$Y = I_1$；当 $A_1A_0 = 10$ 时，$Y = I_2$；当 $A_1A_0 = 11$ 时，$Y = I_3$。

【例 4.12】 设计一个四选一数据选择器。

解：（1）根据题意画出框图，如图 4.36（a）所示，列出真值表，如表 4.18 所示，$\overline{G}$ 为使能信号。当 $\overline{G} = 1$ 时，$Y = 0$，电路处于阻塞状态；当 $\overline{G} = 0$ 时，电路处于工作状态。

表 4.18　　　　　　　　　　　　　　［例 4.12］真值表

输 入			输 出
$\overline{G}$	A_1	A_0	Y
0	0	0	I_0
0	0	1	I_1

续表

输　　　入			输　　出
$\overline{G}$	A_1	A_0	Y
0	1	0	I_2
0	1	1	I_3
1	×	×	0

（2）写出输出信号逻辑表达式为

$$Y = I_0(\overline{A}_1\overline{A}_0) + I_1(\overline{A}_1 A_0) + I_2(A_1\overline{A}_0) + I_3(A_1 A_0)$$

（3）画逻辑电路图，如图 4.37 所示。

常用的中规模集成电路数据选择器
有：74LS157 四选一、74LS151 八选一、
74LS153 双四选一、CD114539 双四选一
等。注：双四选一是指在同一集成块内有
两个四选一。

图 4.38（a）、（b）所示为 74LS151 八
选一数据选择器的内部引脚图和逻辑图，
表 4.19 所示为 74LS151 的功能表。A_2、
A_1、A_0 为控制信号，用以选择不同的通道；
$\overline{I}_0 \sim \overline{I}_7$ 为数据输入信号；$\overline{E}$ 为使能信号，
当 $\overline{E}=1$ 时，输出 $Y=0$；当 $\overline{E}=0$ 时，选择

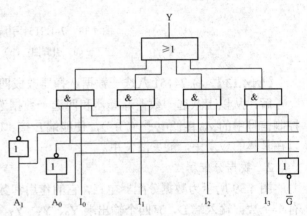

图 4.37　四选一电路

器处于工作状态。按表 4.19 可写出数据选择器的逻辑表达式为

$$Y = I_0\overline{A}_2\overline{A}_1\overline{A}_0 + I_1\overline{A}_2\overline{A}_1 A_0 + I_2\overline{A}_2 A_1\overline{A}_0 + I_3\overline{A}_2 A_1 A_0$$
$$+ I_4 A_2\overline{A}_1\overline{A}_0 + I_5 A_2\overline{A}_1 A_0 + I_6 A_2 A_1\overline{A}_0 + I_7 A_2 A_1 A_0$$

表 4.19　　　　　　　　　　　　　**74LS151 功 能 表**

输　　　入				输　　出
$\overline{E}$	A_2	A_1	A_0	Y
0	0	0	0	I_0
0	0	0	1	I_1
0	0	1	0	I_2
0	0	1	1	I_3
0	1	0	0	I_4
0	1	0	1	I_5
0	1	1	0	I_6
0	1	1	1	I_7
1	×	×	×	0

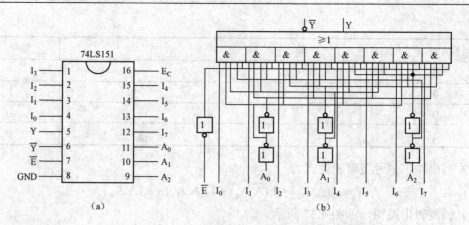

图 4.38　74LS151 引脚图与逻辑图

（a）引脚图；（b）逻辑图

【例 4.13】　将 74151 八选一数据选择器改成四选一数据选择器。

解：从以上八选一数据选择器和四选一数据选择器基本原理可知，只要将 A_2、A_1、A_0 控制信号中的 A_2 接低电平（"0"），使能端 $\overline{E}$ 接 "0" 即可完成四选一数据选择器的功能。所以在具体的应用中，能灵活使用。

2. 数据分配器

图 4.39 所示为数据分配器电路，它的作用和数据选择器恰好相反，由图 4.40 可见，它只有一个数据输入端 D，有四个输出端 Y_0、Y_1、Y_2、Y_3，由选择输入的不同取值组合来控制输入数据 D 从相应的某一输出端 Y_i（i 取 0、1、2、3）输出。根据图 4.39 可写出各输出端的逻辑表达式。

$$Y_0 = \overline{A}_1\overline{A}_0 D \qquad Y_1 = \overline{A}_1 A_0 D \qquad Y_2 = A_1\overline{A}_0 D \qquad Y_3 = A_1 A_0 D$$

图 4.40 所示为用 74LS138 译码器作为数据分配器的电路，以 Y_2 为例：

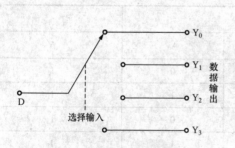

图 4.39　数据分配器电路

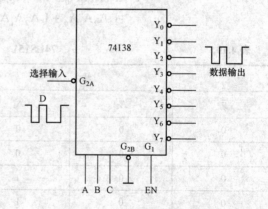

图 4.40　用 74LS138 作为数据分配器

$Y_2 = \overline{(G_1\overline{G}_{2A}\overline{G}_{2B})\overline{C}B\overline{A}} = G_{2A}$，这里 A、B、C 作为选择数据输出的地址，它可以选择八个地址，即可以在八个数据输出端分别让数据通过，如果数据选择器和数据分配器配合使用，在数据通信过程中是非常有用的一种电路，能实现多位并行输入的数据转换成串行数据输出，可以具有如图 4.41（a）所示的双刀多掷开关的功能，图 4.41（b）所示为十六选一的数据选择器 74150 与十六路数据分配器（用四线-十六线译码器 74154）通过总线相联，构成一个典型的总线串行数据传送系统。当多路开关的选择输入与译码器的变量输入一致时，其输入通道的数据 D_i 被多路开关选通，送上总线传送到译码器的使能端 $\overline{S}_1$，然后被译码器分配到相应的输出通道上。究竟哪路数据通过总线传送并经过分配器送至对应的输出端，完全由地址输入变量决定。只要地址输入同步控制，则相当于选择器与分配器对应的开关在相应位置上同时接通和断开。

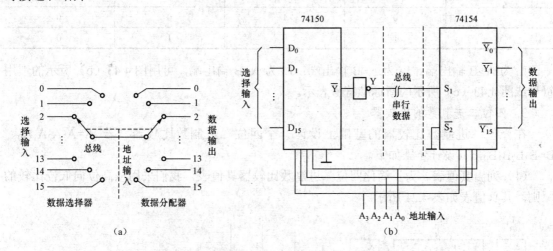

图 4.41 数据选择器和数据分配器配合使用

（a）构成双刀多掷开关；（b）构成总线串行数据传输系统

4.4.5 数据比较器

1. 数据比较器的概念

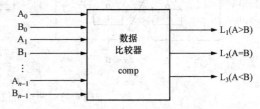

图 4.42 数据比较器的示意图

数据比较器是一种将两个 n 位二进制数 A、B 进行比较，以判别其大小的逻辑电路。两个 n 位二进制数比较的结果可能有三种情况：A>B；A=B；A<B。可见数据比较器的示意图如图 4.42 所示。为了讨论两个 n 位二进制数 $A=A_{n-1}A_{n-2}\cdots A_1A_0$ 与 $B=B_{n-1}B_{n-2}\cdots B_1B_0$ 的比较结果，首先讨论两个一位二进制数的比较器，然后讨论 n 位二进制数比较器。

2. 两个一位二进制数的比较器

两个一位二进制数 A 和 B 的比较器如图 4.43 所示，其中 A、B 为输入端，L_1、L_2、L_3 为输出端，其逻辑功能分析如下。

（1）根据两个一位二进制数比较，可以得到真值表，如表 4.20 所示。

（2）由真值表 4.20 可以写出 L_1、L_2、L_3 的逻辑表达式

$$L_1 = A\overline{B}$$

$$L_2 = \overline{A} \cdot \overline{B} + AB = \overline{A \oplus B} = \overline{A\overline{B} + \overline{A}B}$$

$$L_3 = \overline{A}B$$

（3）由 $L_1L_2L_3$ 的逻辑表达式可以得到其逻辑电路如图 4.43（a）所示。

表 4.20　　　　　　　　　　　　　　　　**真　值　表**

输　　入		输　　出		
A	B	L_1	L_2	L_3
0	0	0	1	0
0	1	0	0	1
1	0	1	0	0
1	1	0	1	0

L_1 为 A>B 输出端；L_2 为 A=B 输出端；L_3 为 A<B 输出端，可用图 4.43（b）所示的惯用符号或图 4.43（c）所示的新标准符号表示。

3. 四位二进制数的比较器

在一位二进制数比较器的基础上设计一个四位二进制数比较器，若 $A=A_3A_2A_1A_0$、$B=B_3B_2B_1B_0$，其设计步骤如下。

（1）列出真值表。为了简化四位二进制数比较器真值表，我们采用从高位向低位比较的原则。其真值表如表 4.21 所示。

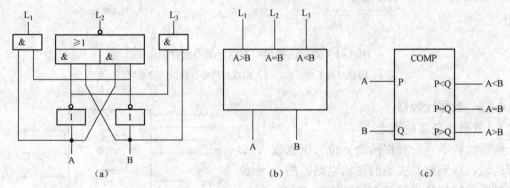

图 4.43　两个一位二进制数 A 和 B 的比较器

（a）逻辑电路；（b）逻辑符号；（c）新标准符号

表 4.21　　　　　　　　　　　　　　　**四位二进制比较器简化真值表**

比 较 输 入				输　　出		
A_3　B_3	A_2　B_2	A_1　B_1	A_0　B_0	A > B	A < B	A = B
$A_3 > B_3$	×	×	×	1	0	0
$A_3 < B_3$	×	×	×	0	1	0
$A_3 = B_3$	$A_2 > B_2$	×	×	1	0	0
$A_3 = B_3$	$A_2 < B_2$	×	×	0	1	0
$A_3 = B_3$	$A_2 = B_2$	$A_1 > B_1$	×	1	0	0
$A_3 = B_3$	$A_2 = B_2$	$A_1 < B_1$	×	0	1	0
$A_3 = B_3$	$A_2 = B_2$	$A_1 = B_1$	$A_0 > B_0$	1	0	0
$A_3 = B_3$	$A_2 = B_2$	$A_1 = B_1$	$A_0 < B_0$	0	1	0
$A_3 = B_3$	$A_2 = B_2$	$A_1 = B_1$	$A_0 = B_0$	0	0	1

（2）由真值表可写出输出函数表达式。

$$(A > B) = (A_3 > B_3) + (A_3 = B_3)(A_2 > B_2) + (A_3 = B_3)(A_2 = B_2)(A_1 > B_1)$$
$$+ (A_3 = B_3)(A_2 = B_2)(A_1 = B_1)(A_0 > B_0)$$

$$(A < B) = (A_3 < B_3) + (A_3 = B_3)(A_2 < B_2) + (A_3 = B_3)(A_2 = B_2)(A_1 < B_1)$$
$$+ (A_3 = B_3)(A_2 = B_2)(A_1 = B_1)(A_0 < B_0)$$

$$(A = B) = (A_3 = B_3)(A_2 = B_2)(A_1 = B_1)(A_0 = B_0)$$

（3）画出总逻辑图。

总逻辑图可在四个一位二进制数比较器基础上加上若干与或控制门来实现，图 4.44 所示为一个实现此逻辑关系的集成四位二进制数比较器 HC85。

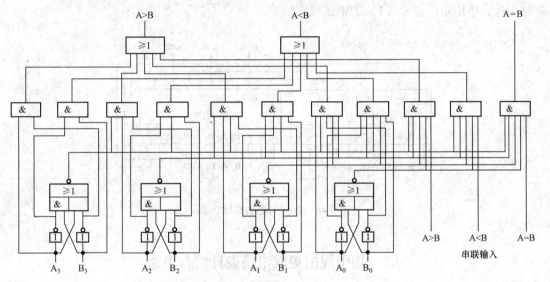

图 4.44　集成四位二进制数比较器 HC85

HC85 芯片介绍

（1）HC85 是一个 16 脚的集成芯片，它的电源 V_{CC}（16）和地 GND（8）以外的输入、输出脚号如图 4.45（a）惯用符号和图 4.45（b）新标准符号所示。

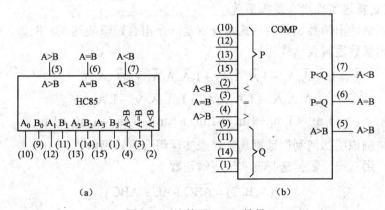

图 4.45　比较器 HC85 符号

（a）惯用符号；（b）新标准符号

（2）HC85 中除了两个四位二进制数输入端，三个输出端 A>B、A=B、A<B，还有三个串联输入端（A>B）、（A=B）、（A<B），其逻辑功能相当于在四位二进制比较器中扩充了一个比 A_0、B_0 还低的低位进行比较。如当 $A_3=B_3$、$A_2=B_2$、$A_1=B_1$、$A_0=B_0$ 时，输出状态由串联输入端决定，而在其他情况下，高四位就可决定是 A>B，还是 A<B，其最后输出与串联输入无关。故一片 HC85 比较器在正常使用时，串联输入端（A>B）= "0"，（A=B）= "1"，（A<B）= "0" 应接相应电平。加串联输入端的作用是为了比较器能"扩展"。

4. 主要应用

如图 4.46 所示，用两片 HC85 构成八位二进制数比较器电路图。比较器的总输出由片（2）的输出状态决定，片（1）的输出连到片（2）的串联输入端，当片（2）上高四位比较结果相同时，总的输出由低位片（1）的输出状态决定。

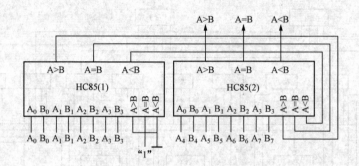

图 4.46 八位二进制数比较器

4.5 用中规模集成电路设计组合电路

中规模集成电路逻辑组件（MSI）的出现，使逻辑设计的工作量大为减少，同时还避免了设计中错误的发生。用 MSI 组件设计的电路可以大大缩小电路的体积，减少连线，提高电路的可靠性。本节将通过实例来讨论用数据选择器、译码器和全加器等 MSI 来实现组合逻辑函数的方法。

1. 用数据选择器实现组合逻辑函数

数据选择器的输出函数逻辑表达式本身就是一个组合逻辑表达式。例如，一个八选一数据选择器的输出函数逻辑表达式为

$$Y = I_0\overline{A}_2\overline{A}_1\overline{A}_0 + I_1\overline{A}_2\overline{A}_1A_0 + I_2\overline{A}_2A_1\overline{A}_0 + I_3\overline{A}_2A_1A_0$$
$$+ I_4A_2\overline{A}_1\overline{A}_0 + I_5A_2\overline{A}_1A_0 + I_6A_2A_1\overline{A}_0 + I_7A_2A_1A_0$$
$$= I_0m_0 + I_1m_1 + I_2m_2 + I_3m_3 + I_4m_4 + I_5m_5 + I_6m_6 + I_7m_7$$

下面通过举例说明如何利用数据选择器来实现组合逻辑函数。

【例 4.14】 用八选一数据选择器实现逻辑函数

$$F(A,B,C) = \overline{A}\,\overline{B}C + A\overline{C} + ABC$$

解：

（1）将函数表达式展开成最小项式。

$$F(A,B,C) = \overline{ABC} + A\overline{C}(B + \overline{B}) + ABC = m_0 + m_4 + m_6 + m_7$$

（2）写出八选一选择器输出函数表达式，并与上述函数进行比较，求出对应关系。

$$Y = I_0 m_0 + I_1 m_1 + I_2 m_2 + I_3 m_3 + I_4 m_4 + I_5 m_5 + I_6 m_6 + I_7 m_7$$

令

$$I_0 = I_4 = I_6 = I_7 = 1$$

$$I_1 = I_2 = I_3 = I_5 = 0$$

则

$$Y = F = m_0 + m_4 + m_6 + m_7$$

因此可以画出用八选一数据选择器实现函数 F 的外部接线图如图 4.47 所示，图中的八选一数据选择器可用集成电路 74LS151。

【例 4.15】 用四选一数据选择器实现逻辑函数

$$F(A,B,C) = A\overline{B} + \overline{B}C + AB\overline{C}$$

解：

（1）将逻辑函数化成最小项式。

$$F = \overline{A}\overline{B}C + A\overline{B}\overline{C} + A\overline{B}C + AB\overline{C}$$

（2）写出四选一数据选择器输出函数逻辑表达式。

$$Y = I_0\overline{A_1}\overline{A_0} + I_1\overline{A_1}A_0 + I_2 A_1\overline{A_0} + I_3 A_1 A_0$$

比较两表达式，将函数 F 输入变量 A、B 接四选一数据选择器的地址端 A_1、A_0，C 接选择器相关的数据输入端 I_i，比较函数 F 及 Y 可以得到

$$I_0 = C \quad I_1 = 0 \quad I_2 = 1 \quad I_3 = \overline{C}$$

（3）可画出实现函数 F 的连线图，如图 4.48 所示。

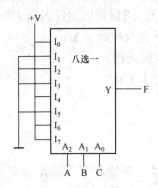

图 4.47 用八选一数据选择器实现
逻辑函数接线图

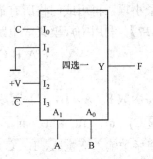

图 4.48 用四选一的数据选择器
实现逻辑函数接线图

【例 4.16】 用八选一数据选择器实现 4 变量函数

$$F(A,B,C,D) = \Sigma m(1,3,5,7,10,14,15)$$

解：

（1）设函数 F（A，B，C，D）中的输入变量 A、B、C 分别接八选一选择器的 A_2、A_1、A_0，D 接选择器相关的数据输入 I_i，做法与 [例 4.15] 类似。

$$F(A,B,C,D) = \overline{A}\overline{B}\overline{C}D + \overline{A}\overline{B}CD + \overline{A}B\overline{C}D$$
$$+ \overline{A}BCD + A\overline{B}C\overline{D} + ABC\overline{D} + ABCD$$

（2）八选一数据选择器输出函数表达式为

$$Y = I_0\overline{A}\overline{B}\overline{C} + I_1\overline{A}\overline{B}C + I_2\overline{A}B\overline{C} + I_3\overline{A}BC$$
$$+ I_4A\overline{B}\overline{C} + I_5A\overline{B}C + I_6AB\overline{C} + I_7ABC$$

比较 F 与 Y，令

$$I_0 = I_1 = I_2 = I_3 = D$$
$$I_4 = 0 \quad I_5 = \overline{D} \quad I_6 = 0 \quad I_7 = 1$$

（3）由上述分析，可画出线路图如图 4.49 所示。

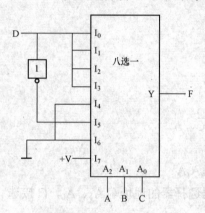

图 4.49　用八选一数据选择器实现
四变量函数连接图

由上述几例可以看出，用中规模集成电路实现逻辑函数比用小规模集成逻辑门要简单得多。还可以推论出：用 2^n 选 1 数据选择器可以实现 $n+1$ 个变量进行任何组合的逻辑函数。

2. 用译码器实现组合逻辑函数

由译码器的工作原理可知，译码器可产生输入地址变量的全部最小项的非。例如一个 3-8 译码器，若输入为 A、B、C，则可产生 8 个输出信号，即

$$\overline{Y}_0 = \overline{\overline{A}\overline{B}\overline{C}} \quad \overline{Y}_1 = \overline{\overline{A}\overline{B}C} \quad \overline{Y}_2 = \overline{\overline{A}B\overline{C}} \quad \overline{Y}_3 = \overline{\overline{A}BC}$$
$$\overline{Y}_4 = \overline{A\overline{B}\overline{C}} \quad \overline{Y}_5 = \overline{A\overline{B}C} \quad \overline{Y}_6 = \overline{AB\overline{C}} \quad \overline{Y}_7 = \overline{ABC}$$
$$\overline{Y}_0 = \overline{m_0} \quad \overline{Y}_1 = \overline{m_1} \quad \overline{Y}_2 = \overline{m_2} \quad \overline{Y}_3 = \overline{m_3}$$
$$\overline{Y}_4 = \overline{m_4} \quad \overline{Y}_5 = \overline{m_5} \quad \overline{Y}_6 = \overline{m_6} \quad \overline{Y}_7 = \overline{m_7}$$

而任何一个组合逻辑函数都可以用最小项之和来表示，所以可以用译码器来产生逻辑函数的全部最小项，再用或门将所有最小项相加，即可实现组合逻辑函数。

【例 4.17】　利用中规模集成电路 3-8 译码器，实现逻辑函数

$$F(A,B,C) = \overline{A}\overline{B}\overline{C} + A\overline{B}\overline{C} + A\overline{B}C + ABC$$

解：

（1）将函数 F（A，B，C）写成最小项表达式为

$$F(A,B,C) = m_0 + m_4 + m_5 + m_7 = \overline{\overline{m_0} \cdot \overline{m_4} \cdot \overline{m_5} \cdot \overline{m_7}}$$

（2）将函数输入变量 A、B、C 对应接到 3-8 译码器的 3 个输入端，即 A=A_2，B=A_1，C=A_0，画出符合题意的接线图，如图 4.50 所示。图中 3-8 译码器可用前面介绍的集成电路 74LS138 实现。

【例 4.18】　用一片译码器和一片数据选择器实现两个 3 位二进制码的比较。

解：

（1）根据题意所要求的功能，可用一片 3-8 译码器和一片八选一数据选择器来实现。设两个 3 位二进制数为 A=$A_2A_1A_0$、B=$B_2B_1B_0$，将 $A_2A_1A_0$ 接到译码器输入端，则

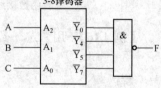

图 4.50　3-8 译码器实现 3
变量逻辑函数连线图

$$\overline{Y}_0 = \overline{\overline{A}_2\overline{A}_1\overline{A}_0} \quad\quad \overline{Y}_1 = \overline{\overline{A}_2\overline{A}_1A_0}$$
$$\overline{Y}_2 = \overline{\overline{A}_2A_1\overline{A}_0} \quad\quad \overline{Y}_3 = \overline{\overline{A}_2A_1A_0}$$

$$\overline{Y}_4 = \overline{A_2\overline{A}_1\overline{A}_0} \qquad \overline{Y}_5 = \overline{A_2\overline{A}_1A_0}$$

$$\overline{Y}_6 = \overline{A_2A_1\overline{A}_0} \qquad \overline{Y}_7 = \overline{A_2A_1A_0}$$

译码器的输出接到选择器的输入端，$B_2B_1B_0$ 接选择器控制端，如图 4.51 所示。

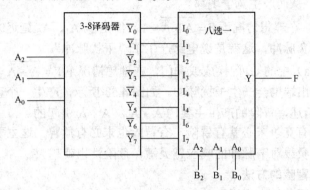

图 4.51　译码器与选择器实现比较器电路

（2）选择器输出函数为

$$Y = I_0\overline{B}_2\overline{B}_1\overline{B}_0 + I_1\overline{B}_2\overline{B}_1B_0 + I_2\overline{B}_2B_1\overline{B}_0 + I_3\overline{B}_2B_1B_0$$
$$+I_4B_2\overline{B}_1\overline{B}_0 + I_5B_2\overline{B}_1B_0 + I_6B_2B_1\overline{B}_0 + I_7B_2B_1B_0$$

令 m_i 为 $A_2A_1A_0$ 最小项，n_i 为 $B_2B_1B_0$ 最小项，则

$$Y = \overline{Y}_0n_0 + \overline{Y}_1n_1 + \overline{Y}_2n_2 + \overline{Y}_3n_3 + \overline{Y}_4n_4\overline{Y}_5n_5 + \overline{Y}_6n_6 + \overline{Y}_7n_7$$

$$F = Y = \overline{m}_0n_0 + \overline{m}_1n_1 + \overline{m}_2n_2 + \overline{m}_3n_3 + \overline{m}_4n_4 + \overline{m}_5n_5 + \overline{m}_6n_6 + \overline{m}_7n_7$$

当 $A_2A_1A_0 = B_2B_1B_0$ 时，$m_i=n_i$，故 F=0；当 $A_2A_1A_0 \neq B_2B_1B_0$ 时，$m_i \neq n_i$，故 F=1。根据以上分析得出（图 4.51 中）：当 A=B 时，F=0，否则 F=1，从而实现了两个 3 位二进制数的比较。

以上介绍了用中规模集成电路 MSI 设计组合逻辑电路的实例，从中可以归纳出设计方法为：将逻辑表达式变换成与 MSI 的输出表达式相类似的形式，然后进行对比，得出 MSI 输入信号，对不用的输入端进行接"1"或接"0"处理。

4.6　组合逻辑电路中的竞争冒险现象

4.6.1　竞争冒险现象及其产生原因

1. 竞争冒险现象

前面所述的组合逻辑电路的分析与设计是在理想条件下进行的，忽略了门电路对信号传输带来的时间延迟的影响。数字逻辑门的平均传输延迟时间通常用 t_{pd} 表示，即当输入信号发生变化时，门电路输出经 t_{pd} 时间后，才能发生变化。这个过渡过程将导致信号波形变坏，因而可能在输出端产生干扰脉冲（又称毛刺），影响电路的正常工作，这种现象被称为竞争冒险。

2. 产生竞争冒险现象的原因

每个门电路都具有传输时间。当输入信号的状态突然改变时，输出信号要延迟一段时间才改变，而且状态变化时，还附加了上升、下降边沿。在组合电路中，某个输入变量通过两条或两条以上途径传到输出门的输入端。由于每条途径的传输延迟时间不同，信号达到输出门的时间就有先有后，信号就会产生"竞争"。在图 4.52（a）所示逻辑图中，A 信号的一条

路经是经过 G_1、G_2 两个门达到 G_4 的输入端，A 信号的另一条途径是经过 G_3 一个门到达 G_4 的输入端。若这 4 个门 $G_1 \sim G_4$ 的平均时间 t_{pd} 相同，则 A_2 信号先于 A_1 信号到达 G_4 的输入端；如果 G_1、G_2 两个门的传输时间较短，而 G_3 的传输时间较长，则又可能是 A_2 信号后于 A_1 信号到达 G_4 的输入端，从而产生竞争现象。

图 4.52（b）中，在理想情况下 $F = \overline{A \cdot \overline{A}} = 1$，但由于 A_1、A_2 延迟时间不同，在图中 F 的波形，产生了一个负脉冲，这就是说电路产生了"干扰脉冲"。

如果将图 4.52（a）中的 G_4 门换成或非门，在理想情况下 $F = \overline{A + \overline{A}} = 0$。但由于 A_1、A_2 延迟时间不同，在输出端也会产生干扰脉冲。如图 4.53 所示，产生一个正干扰脉冲，电路产生了"冒险"。综上所述，冒险的产生主要由 $A \cdot \overline{A}$，$A + \overline{A}$ 引起的。

需要指出的是：有竞争未必就有冒险，有冒险也未必有危害，这主要决定于负载对于干扰脉冲的响应速度，负载对窄脉冲的响应越灵敏，危险性也就越大。

4.6.2 判断竞争冒险的方法

判断一个电路是否可能产生冒险的方法有代数法和卡诺图法。

1. 代数法

在图 4.52 与图 4.53 中，A 变量以原变量 A_1 和反变量 A_2 出现，就具备了竞争条件。去掉其他变量，留下具有竞争能力的变量，并得到如下表达式，就产生冒险。

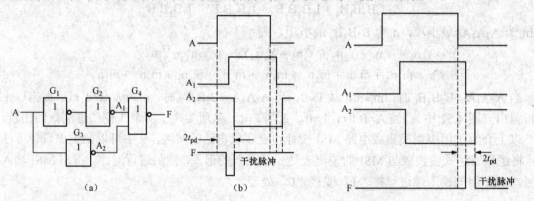

图 4.52 因竞争冒险而产生干扰脉冲   图 4.53 将 G_4 门换成或非门产生干扰脉冲

（a）逻辑图；（b）波形

当 $F = A + \overline{A}$ 时，产生"0"冒险；
当 $F = A \cdot \overline{A}$ 时，产生"1"冒险。

【例 4.19】 判断 $F = \overline{A}B + A\overline{C} + \overline{B}C$ 是否存在竞争冒险。

解：分析 F 表达式中各种状态。

当 B=0，C=0 时，F=A；
B=0，C=1 时，F=1；
B=1，C=0 时，$F = \overline{A} + A$，出现"0"冒险；
B=1，C=1 时，$F = \overline{A}$。
当 A=0，B=0 时，F=C；
A=0，B=1 时，F=1；
A=1，B=0 时，$F = C + \overline{C}$，出现"0"冒险；

A=1，B=1 时，F=$\overline{C}$。

当 C=0，A=0 时，F=B；

C=0，A=1 时，F=1；

C=1，A=0 时，F=B+$\overline{B}$，出现"0"冒险；

C=1，A=1 时，F=$\overline{B}$。

该逻辑函数将出现"0"冒险。

【例 4.20】 判断 F=（A+C）（A+B）（B+C）是否存在竞争冒险。

解： 分析 F 表达式中各种状态。

当 A=0，B=0 时，F=0；

A=0，B=1 时，F=C；

A=1，B=0 时，F=C；

A=1，B=1 时，F=1。

当 B=0，C=0 时，F=0；

B=0，C=1 时，F=A；

B=1，C=0 时，F=A；

B=1，C=1 时，F=1。

当 A=0，C=0 时，F=0；

A=0，C=1 时，F=B；

A=1，C=0 时，F=B；

A=1，C=1 时，F=1。

总之，该逻辑函数不会出现竞争冒险。

2. 卡诺图法

判断冒险的另一种方法是卡诺图法。其具体方法是：首先作出函数卡诺图，并画出和逻辑表达式中各"与"项对应的卡诺圈。然后观察卡诺图，若发现某两个卡诺圈存在"相切"关系，即两个卡诺圈之间存在不被同一个卡诺圈包含的相邻最小项，则该电路可能产生冒险，下面举例说明。

【例 4.21】 已知某逻辑电路对应的逻辑表达式 F=$\overline{A}$D+$\overline{A}$C+AB$\overline{C}$，试判断该电路是否可能产生冒险。

解： 做出给定函数 F 的卡诺图，并画出逻辑表达式中各"与"项对应的卡诺圈，如图 4.54 所示，观察卡诺圈可发现，包含最小项的 m_1、m_3、m_5、m_7 卡诺圈和包含最小项的 m_{12}、m_{13} 卡诺圈中，m_5 和 m_{13} 相邻，且不被同一卡诺圈所包含，所以这两个卡诺圈"相切"。这说明该电路可能产生冒险。这一结论可用代数法进行验证，即假定 B=D=1，C=0，代入逻辑表达式可得 F=A+$\overline{A}$，可见相应电路可能会由于 A 的变化而产生冒险。

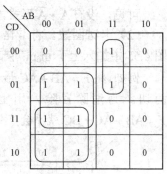

图 4.54 卡诺图

4.6.3 消除竞争冒险的方法

产生竞争冒险的原因不同，排除的方法也各有差异。

1. 选择可靠性高的码制

格雷码在任一时刻只有一位变化。因此，在系统设计中需要自己选定码制时，在其他条件合适的前提下，若选择格雷码，可大大减少产生竞争冒险的可能性。

2. 引入封锁脉冲

在系统输出门的一个输入端引入封锁脉冲。在信号变化过程中，封锁脉冲使输出门封锁，输出端不会出现干扰脉冲；待信号稳定后，封锁脉冲消失，输出门有正常信号输出。

3. 引入选通脉冲

选通和封锁是两种相反的措施，但目的是相同的。在变量向各自相反方向变化后，引入选通脉冲，输出门开启，输出正常信号。

4. 接滤波电容

无论是正向毛刺电压还是负向毛刺电压，脉宽一般都很窄，可通过在输出端并联适当小电容进行滤波，把毛刺幅度降低到系统允许的范围之内。对于 TTL 电路，电容一般在几皮法至几百皮法之间，具体大小由实验确定。这是一种简单而有效的办法。

5. 增加冗余项，修改逻辑设计

（1）代数法。在产生冒险现象的逻辑表达式上，加上多余项或乘上多余因子，使之不会出现 $A + \overline{A}$ 或 $A \cdot \overline{A}$ 的形式，即可消除冒险。

【例4.22】 逻辑函数 $F = AB + \overline{A}C$，在 B=C=1 时，产生冒险现象。

因为 $AB + \overline{A}C = AB + \overline{A}C + BC$，由于式中加入了多余项 BC，就可消除冒险现象。

当 B=0，C=0 时，F=0；

B=0，C=1 时，$F = \overline{A}$；

B=1，C=0 时，F=A；

B=1，C=1 时，F=1。

可见不存在 $A + \overline{A}$ 形式，是由于加入了 BC 项，消除了冒险。

【例4.23】 逻辑函数 $F = (A + C)(\overline{A} + B)$，在 B=C=0 时，产生冒险。若乘上多余因子(B+C)，则 $(A + C)(\overline{A} + B)(B + C) = (A + C)(\overline{A} + B)$ 就不会有 $A \cdot \overline{A}$ 形式出现，消除了冒险现象。

验算 $F = (A + C)(\overline{A} + B)(B + C)$

当 B=0，C=0 时，F=0；

B=0，C=1 时，$F = \overline{A}$；

B=1，C=0 时，F=A；

B=1，C=1 时，F=1。

可见，没有 $A \cdot \overline{A}$ 形式，冒险消除。

（2）卡诺图法。将卡诺图中相切的两个卡诺圈，用一个多余的卡诺圈连接起来，如在图 4.55 中加入上下 $m_6 m_7$ 卡诺圈，就能消除冒险现象。

例如，将 $F = AB + \overline{A}C$ 最小项填入卡诺图。如图 4.56 所示其中上下两个卡诺圈为 AB 和 $\overline{A}C$ 两切。为消除冒险，用上下卡诺图将 $\overline{A}BC$ 和 ABC 两个最小项围起来，则得到的 $F = AB + \overline{A}C + BC$ 就不会产生冒险。

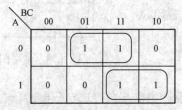

图 4.55 ［例 4.23］卡诺图

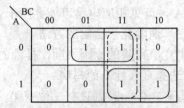

图 4.56 加多余卡诺圈的卡诺图

4.7 用 Multisim 9 实现组合逻辑电路的设计

我们在第 2.6 节中已经提到过，Multisim 9 具有很强的逻辑仿真功能。将给定的真值表输入计算机以后，利用 Multisim 9 的逻辑转换器立刻就可以得到实现该逻辑功能的函数式和逻辑电路图。

【例 4.24】 已知逻辑函数 F 的真值表如表 4.22 所示，试用 Multisim 9 求出 F 的函数式，并画出能实现该功能的电路。

表 4.22 ［例 4.24］的函数真值表

A	B	C	F
0	0	0	0
0	0	1	0
0	1	0	0
0	1	1	1
1	0	0	0
1	0	1	1
1	1	0	1
1	1	1	1

解： 启动 Multisim 9 程序，在用户界面右侧的工具栏中找到"逻辑转换器"按钮，单击逻辑转换器按钮，屏幕上便出现如图 4.57 所示左上方所示的逻辑转换器图标。双击逻辑转换器图标，屏幕上出现如图 4.57 中右边所示的逻辑转换器操作窗口。

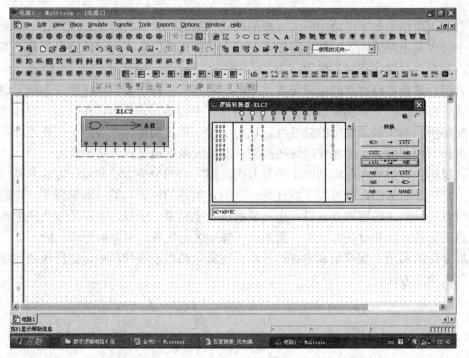

图 4.57 用 Multisim 9 实现将真值表转换为逻辑函数式

将表 4.22 所示的真值表输入到逻辑转换器操作窗口左半部分的表格中，然后单击逻辑转换器操作窗口右半部分的上边第三个按钮，经过化简后的函数式就显示在逻辑转换器操作窗口底部一栏中，得到 F=AB+BC+AC；再单击逻辑转换器操作窗口右半部分的第五个按钮，即可得到实现表 4.22 所示逻辑功能的电路，如图 4.58 所示（Multisim 9 中所采用的器件符号为旧逻辑图形符号）。

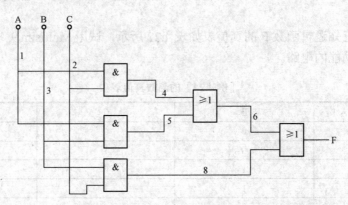

图 4.58　用 Multisim 9 设计的实现表 4.22 所示逻辑功能的电路图

小　　结

本章主要介绍了组合逻辑电路的特点、组合逻辑电路的分析方法和设计方法、五种常用的组合逻辑部件的工作原理和使用方法和组合逻辑电路的竞争冒险现象等几部分内容。

组合逻辑电路是数字电路中两大重要的组成部分之一，其特点是：电路任一时刻的输出仅决定于该时刻电路的输入，与电路过去的输入状态无关。它在电路结构上的特点是只包含门电路，而没有存储（记忆）单元。

符合组合逻辑电路特点的电路是非常多的，但有些电路用得特别频繁，为便于使用，把它们制成了标准化的中规模集成器件，这些器件有半加器、编码器、译码器、数据选择器和数据分配器等。为了增加使用的灵活性，也为了便于扩展功能，在多数中规模集成芯片上还设置了附加的控制端。合理地使用这些控制端能最大限度地发挥电路的潜力。

组合逻辑电路虽然在逻辑功能上千差万别，但它们的分析方法和设计方法都是一致的，掌握了一定的分析方法，就可以了解任何一个给定电路的逻辑功能；而掌握了一定的设计方法，就可以根据给定的逻辑要求设计出相应的逻辑电路来。所以，本章的重点应放在对组合逻辑电路的分析方法和设计方法上，而不是一味地去记忆各种电路的逻辑功能。

最后介绍的利用中规模集成电路设计组合逻辑电路以及在使用中可能出现的竞争冒险现象及其判断消除方法。

习　　题

4.1　试分析如图 4.59 所示的逻辑图的逻辑功能。

4.2 一种比赛有 A、B、C 三个裁判员，另外还有一名总裁判，当总裁判认为合格时算两票，而 A、B、C 裁判认为合格时分别算为一票，试设计多数通过的表决逻辑电路。

4.3 用与非门设计如图 4.60 所示的逻辑电路。设：①X、Y 均为 4 位二进制数；$X=X_3X_2X_1X_0$，$Y=Y_3Y_2Y_1Y_0$；②当 $0 \leqslant X \leqslant 4$ 时，$Y=X$；$5 \leqslant X \leqslant 9$ 时，$Y=X+3$，且 X 不大于 9。

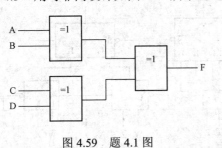

图 4.59 题 4.1 图

图 4.60 题 4.3 图

4.4 设计一个用与非门实现的 8421BCD 优先编码器。

4.5 设计一个满足表 4.23 所示功能要求的组合逻辑电路。

表 4.23 真 值 表

输　　入			输　　出
A	B	C	Z
0	0	0	0
0	0	1	1
0	1	0	1
0	1	1	1
1	0	0	0
1	0	1	0
1	1	0	0
1	1	1	1

4.6 设计一个代码转换器，它把格雷码变换为二十进制（DCBA=7421）代码。

4.7 设计一个能把 4 位二进制代码（8421）转换为循环码的组合逻辑电路。

4.8 设计一个将余三码转换为 8421BCD 码的组合逻辑电路。

4.9 设计将余三循环码转换为七段显示的译码电路。

4.10 请用与非门设计：①一位全加器电路；②一位全减器电路，画出逻辑图。

4.11 七段译码器中，若输入为 DCBA=0100，译码器 7 个输出端的状态如何？而当输入数码为 DCBA= 0101 时，译码器的输出状态又如何？

4.12 设计一个乘法器，输入是两个 2 位二进制数（a_1，a_0；b_1，b_0），输出是两者的乘积：一个 4 位二进制数。

4.13 应用图 4.61 所示电路产生逻辑函数 $F = S_1 + \overline{S}_0$。

4.14 八线—三线编码器如图 4.62 所示。其输入、输出均为高电平有效。优先等级按 $I_7 \sim I_0$ 依次递降。设输入状态 $I_7I_6I_5I_4I_3I_2I_1I_0$=00110010，试问：①当使能端 $\overline{S} = 0$ 时，输出什么

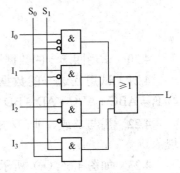

图 4.61 题 4.13 图

状态？②当 $\overline{S}=1$ 时，输出什么状态？

4.15　用数据选择器组成的电路如图 4.63 所示，分别写出电路的输出函数逻辑表达式。

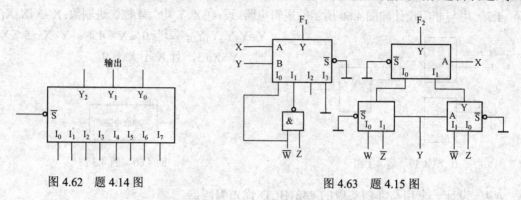

　　图 4.62　题 4.14 图　　　　　　　　　　图 4.63　题 4.15 图

4.16　试用两片双四选一选择器，接成一个十六选一数据选择器。允许附加必要的逻辑门。

4.17　试用一片四线—十六线译码器和与非门实现下列 4 变量逻辑函数。

$$F_1 = \Sigma m(0,3,6,10,15)$$

$$F_2 = A\overline{B}CD + \overline{A}BC + ACD$$

$$F_3 = A\overline{B}C + A\overline{B}CD + \overline{A}BC$$

4.18　试画出用三线—八线译码器（74LS138）和门电路产生如下多输出函数的连接图。

$$F_1 = AC \qquad\qquad\qquad F_3 = AB + \overline{A}C$$

$$F_2 = \overline{A}BC + A\overline{B}C + \overline{B}C \qquad F_4 = (A \oplus B)C + \overline{(A \oplus B)\overline{C}}$$

4.19　试分析图 4.64 所示电路，写出输出函数 F 的逻辑表达式。

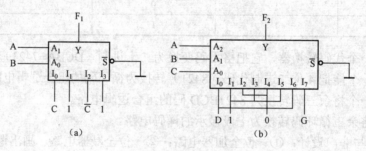

图 4.64　题 4.19 图

(a) F_1；(b) F_2

4.20　试用四选一的数据选择器实现逻辑函数：$F = \overline{A}B\overline{C} + \overline{A}BC + A\overline{B}\overline{C} + ABC$。

4.21　试用八选一的数据选择器实现下列逻辑函数：①$F_1=\Sigma m(1,2,3,4,5,6,7,8,9,12)$；②$F_2 = ABC + A\overline{B}C + \overline{A}D + B\overline{D}$。

4.22　用与、或、非门构成的逻辑函数 $F = A\overline{B} + \overline{A}C + \overline{B}C$，试分析该电路是否存在冒险现象。

4.23　如图 4.65（a）所示。门 G_1、门 G_2 的平均传输时间均为 25ns，输入波形如图 4.65（b）所示。①分析电路是否存在竞争冒险现象；②画出 F 的波形。

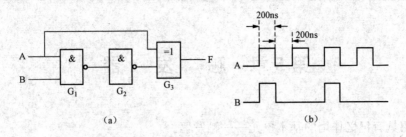

图 4.65 题 4.23 图

(a) 逻辑图；(b) 波形

第 5 章 触 发 器

本章介绍具有记忆作用的基本单元——触发器。

首先介绍了不同类型触发器的电路结构及其动作特点，然后扼要地介绍了不同逻辑功能触发器之间实现逻辑功能转换的简单方法。

5.1 概　　述

在各种复杂的数字系统中不但需要对（0、1）信息进行算术运算和逻辑运算，还需要将这些信息和运算结果保存起来。为此，需要使用具有记忆功能的基本单元。触发器具有这种记忆功能。

5.1.1　触发器的基本性质

为了实现记忆 1 位二值信息的功能，触发器具备以下两个基本性质。

（1）在一定的条件下，触发器可以维持在两种稳定状态（1 态或 0 态）之一而保持不变。

（2）在一定的外加信号作用下，触发器可以从一种稳定状态转变到另一种稳定状态。

由于具有这样两个基本性质，使得触发器能够记忆二进制信息 1 和 0，被用作二进制存储单元。

5.1.2　触发器的分类

触发器主要有三种分类方式。

（1）根据电路结构形式的不同，有基本 RS 触发器、同步 RS 触发器、主从触发器、维持阻塞触发器、CMOS 边沿触发器等。

（2）根据触发器逻辑功能的不同，有 RS 触发器、JK 触发器、T 触发器、D 触发器、T' 触发器等。

（3）根据有无时钟来分，有基本触发器和时钟触发器。

此外，根据存储数据的原理不同，还把触发器分成静态触发器和动态触发器两大类。静态触发器是靠电路状态的自锁存储数据的；而动态触发器是通过 MOS 管栅极输入电容上存储电荷来存储数据的。

5.2 基 本 触 发 器

没有时钟脉冲输入端的触发器称为基本触发器。

5.2.1　由与非门组成的基本触发器

1. 电路结构和工作原理

由与非门组成的基本触发器是由两个与非门交叉耦合而成，如图 5.1（a）所示，它有两个输出端，由于在一般情况下两者互为反变量，故称为 Q 和 $\overline{Q}$；有两个输入端，$\overline{S}_D$（称为置位输入端或直接置 1 输入端）和 $\overline{R}_D$（称为复位输入端或直接置 0 输入端）。图 5.1（b）所示为该触发器的逻辑符号图。

以 Q 这个输出端的状态作为触发器的状态，如 Q=1（$\bar{Q}$=0）时称触发器为 1 状态；Q=0（$\bar{Q}$=1）时称触发器为 0 状态。

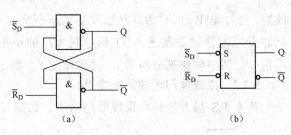

当 $\bar{S}_D$=0、$\bar{R}_D$=1 时，Q=1、$\bar{Q}$=0。在 $\bar{S}_D$=0 信号消失以后，电路保持 1 状态不变。

当 $\bar{S}_D$=1、$\bar{R}_D$=0 时，Q=0、$\bar{Q}$=1。在 $\bar{R}_D$=0 信号消失以后，电路保持 0 状态不变。

图 5.1 由与非门组成的基本触发器

（a）电路结构；（b）逻辑符号

当 $\bar{S}_D$ = $\bar{R}_D$=1 时，电路保持原来的状态不变。

当 $\bar{S}_D$ = $\bar{R}_D$=0 时，Q=$\bar{Q}$=1。这既不是定义的 1 状态，也不是定义的 0 状态。而且，在 $\bar{S}_D$ 和 $\bar{R}_D$ 同时回到 1 以后无法断定触发器将回到 0 还是 1 状态。因此，在正常工作时输入信号应遵守 $\bar{S}_D + \bar{R}_D$ =1 的约束条件，亦即不允许输入 $\bar{S}_D$ = $\bar{R}_D$=0 的信号。

将上述逻辑关系列成真值表，就得到表 5.1。其中，触发器新的状态 Q^{n+1}（也称次态）不仅与输入状态有关，而且与触发器原来的状态 Q^n（也称初态）有关，所以把 Q^n 也作为一个输入变量列入了真值表，并将其称为状态变量，把这种含有状态变量的真值表称为触发器的特性表（或功能表）。

表 5.1 　　　　　　　　　　**用与非门组成的基本 RS 触发器的特性表**

$\bar{S}_D$	$\bar{R}_D$	Q^n	Q^{n+1}
1	1	0	0
1	1	1	1
0	1	0	1
0	1	1	1
1	0	0	0
1	0	1	0
0	0	0*	1*
0	0	1*	1*

* 　$\bar{S}_D$ $\bar{R}_D$ 的 0 状态同时消失以后状态不定。

2. 动作特点

由图 5.1（a）可见，在基本 RS 触发器中，输入信号直接加在输出门上，所以输入信号在全部时间里（即 $\bar{S}_D$ $\bar{R}_D$ 为 0 的全部时间），都能直接改变输出端 Q 的状态，这就是基本 RS 触发器的动作特点。

【**例 5.1**】由与非门组成的基本触发器如图 5.1（a）所示，设初始状态为 0，已知输入 $\bar{S}_D$、$\bar{R}_D$ 的波形图（如图 5.2 所示），试画出输出 Q 和 $\bar{Q}$ 的波形图。

解：初态为 0 决定了起初 Q 低，$\bar{Q}$ 高，

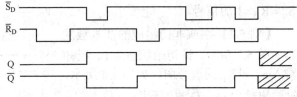

图 5.2 由与非门组成的基本触发器波形图

此后，当 $\overline{S}_D$ 和 $\overline{R}_D$ 同时为高时触发器状态不变，当变低时 Q 和 $\overline{Q}$ 可能发生变化，最后，$\overline{S}_D$ $\overline{R}_D$ 同时变低迫使触发器进入 Q 和 $\overline{Q}$ 同为高的不正常局面；而在 $\overline{S}_D$ $\overline{R}_D$ 同时恢复高后，新状态不定（如图中阴影部分所示）。波形如图 5.2 所示。

5.2.2 由或非门组成的触发器

基本 RS 触发器也可用或非门构成，如图 5.3（a）所示。这个电路是以高电平作为输入信号的，S_D 和 R_D 分别表示置 1 输入端和置 0 输入端。功能表如表 5.2 所示。图 5.3（b）所示为该触发器的逻辑符号图。

由于用或非门代替了与非门，所以这种触发器有以下几点不同。

（1）在 S_D、R_D 上同时加低电平时，触发器保持原状态不变。

（2）在 S_D 保持低、R_D 加正脉冲后，触发器成为 0 状态；R_D 保持低、S_D 加正脉冲后，触发器成为 1 状态，状态转换是通过在 S_D 或 R_D 端加正脉冲实现的，即高电平起作用，称为高电平触发。

（3）如果在 S_D 和 R_D 端同时加正脉冲，则在正脉冲同时存在（即 S_D 和 R_D 同时为高）

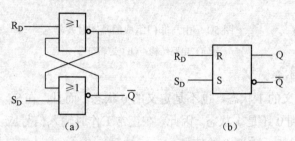

图 5.3 用或非门组成的基本 RS 触发器
(a) 电路结构；(b) 逻辑符号

表 5.2   由或非门组成的基本触发器的功能表

S_D	R_D	Q^n	Q^{n+1}
0	0	0	0
0	0	1	1
1	0	0	1
1	0	1	1
0	1	0	0
0	1	1	0
1	1	0^*	0^*
1	1	1^*	0^*

* S_D、R_D 的状态同时消失后状态不定。

期间，Q 和 $\overline{Q}$ 出现同时为低的不正常情况；在正脉冲同时消失（即 S_D 和 R_D 同时恢复低电平）以后，触发器的新状态不定，因此，在正常工作时输入信号应遵守 S_D R_D=0 的约束条件，亦即不允许输入 S_D = R_D=1 的信号。

【例 5.2】由或非门组成的基本触发器如图 5.3 所示，设初始状态为 0，已知输入 S_D 和 R_D 的波形图，如图 5.4 所示，试画出输出 Q、$\overline{Q}$ 的波形图。

解：Q、$\overline{Q}$ 的波形如图 5.4（Q，$\overline{Q}$）

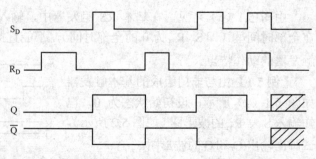

图 5.4 由或非门组成的基本触发器波形图

所示。

5.3　同步时钟触发器

基本 RS 触发器属于无时钟触发器，它的特点是：当输入的置 0 或置 1 信号一出现，输出状态就可能随之而发生变化。触发器状态的转换没有一个统一的节拍，这在数字系统中会带来许多不便。在实际使用中，往往要求触发器按一定的节拍动作，于是产生了时钟式触发器。这种触发器有两种输入端：一种是决定其输出状态的信号输入端；另一种是决定其动作时间的时钟脉冲输入端，简称 CP 输入端。

这种具有时钟脉冲输入端的触发器统称为时钟触发器。

5.3.1　同步 RS 触发器

1. 电路结构

同步 RS 触发器的电路结构如图 5.5（a）所示。CP 是时钟输入端，R、S 为信号输入端。该电路由两部分组成：由与非门 G_1、G_2 组成的基本 RS 触发器和由与非门 G_3、G_4 组成的输入控制电路。图 5.5（b）所示为该触发器的逻辑符号图。

2. 工作原理

当 CP=0 时，G_3、G_4 截止，输入信号 R、S 不会影响输出端的状态，故触发器保持原状态不变。

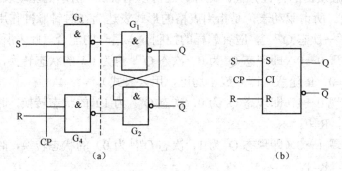

图 5.5　同步 RS 触发器

（a）电路结构；（b）逻辑符号

当 CP=1 时，R、S 信号通过门 G_3、G_4 反相加到由 G_1 和 G_2 组成的基本 RS 触发器上，使 Q 和 $\overline{Q}$ 的状态跟随输入状态而改变。它的特性表如表 5.3 所示。

表 5.3　　　　　　　　　　　同步 RS 触发器的特性表

CP	S	R	Q^n	Q^{n+1}
0	×	×	0	0
0	×	×	1	1
1	0	0	0	0
1	0	0	1	1
1	1	0	0	1

续表

CP	S	R	Q^n	Q^{n+1}
1	1	0	1	1
1	0	1	0	0
1	0	1	1	0
1	1	1	0^*	1^*
1	1	1	1^*	1^*

从表 5.3 可以看到，只有 CP=1 时触发器输出端的状态才受输入信号的控制，而且在 CP=1 时的特性表和基本 RS 触发器的特性表相同。输入信号同样需要遵守 SR=0 的约束条件。

如果把表 5.3 特性表所规定的逻辑关系写成逻辑函数式，即将 R、S、Q^n 作为输入变量，而将 Q^{n+1}（其中 Q^{n+1} 为时钟脉冲 CP 作用之后触发器的新状态）作为输出变量，则得到

$$\begin{cases} Q^{n+1} = \overline{S}RQ^n + S\overline{R}Q^n + S\overline{R}Q^n = S\overline{R} + \overline{S}RQ^n \\ SR = 0 \end{cases}$$

利用约束条件将上式化简，于是得出

$$\begin{cases} Q^{n+1} = \overline{S} + \overline{R}Q^n \\ SR = 0 \quad （约束条件） \end{cases}$$

上式称为 RS 触发器的特性方程。此外，还可以用表 5.4 所示的驱动表来形象地表示 RS 触发器的逻辑功能。所谓驱动表，是指用表格的形式表达为在时钟脉冲作用下实现某种状态转换（即由现态 Q^n →次态 Q^{n+1}），应有怎样的控制输入信号的配合。此表所表达的信息如下。

第一行：为实现 0→0（即现态 Q^n 为 0，次态 Q^{n+1} 也为 0）的状态转换，时钟脉冲作用时的控制输入应为 S=0，R 随意（即 0 或 1 均可，用×表式）。

第二行：为实现 0→1（即现态 Q^n 为 0，次态 Q^{n+1} 为 1）的状态转换，时钟脉冲作用时的控制输入应为 S=1，R=0。

第三行：为实现 1→0（即现态 Q^n 为 1，次态 Q^{n+1} 为 0）的状态转换，时钟脉冲作用时的控制输入应为 S=0，R=1。

第四行：为实现 1→1（即现态 Q^n 为 1，次态 Q^{n+1} 也为 1）的状态转换，时钟脉冲作用时的控制输入应为 S 随意，R=0。

驱动表是从功能表演变而来的，其正确性可根据功能表得到验证。

表 5.4　　　　　　　　　　　　　　　RS 触发器的驱动表

Q^n	Q^{n+1}	S	R
0	0	0	×
0	1	1	0
1	0	0	1
1	1	×	0

【例 5.3】 已知同步 RS 触发器的输入端 CP，S，R 的波形图如图 5.6 所示，试画出 Q、$\overline{Q}$ 端的波形。设触发器的初态为 0。

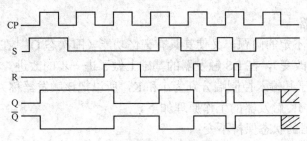

图 5.6 同步 RS 触发器的电压波形图

解：由给定的输入电压波形可以得到图 5.6 所示的 Q、$\overline{Q}$ 波形，在第四个 CP 高电平期间，一开始 S=R=0，则触发器的输出状态保持不变；之后 S 又变成了 1，则触发器被置成了 Q=1。

在第六个 CP 高电平期间，先是 S=1、R=0，输出被置成 Q=1。随后输入变成了 S=0、R=1，将输出置成 Q=0，故 CP 回到低电平以后触发器停留在 Q=0 的状态。

在第七个 CP 高电平期间，S=R=1，Q=$\overline{Q}$=1，CP 由高电平转变为低电平，则 Q，$\overline{Q}$ 状态不定。

5.3.2 D 触发器

由于 RS 触发器存在 R=S=1 时次态不定的情况，针对这一问题，在 RS 触发器的基础上作了一种改进：即将 S 换成 D，R 换成 $\overline{D}$，这样就只有一个输入信号控制端 D，称为 D 触发器。其逻辑图和逻辑符号如图 5.7 所示，由图可见，D 触发器是由 RS 触发器演变而来的。

D 触发器的功能表如表 5.5 所示，驱动表如表 5.6 所示。由功能表可知，D 触发器的特性方程为

$$Q^{n+1}=D$$

表 5.5　D 触发器功能表

D	Q^n	Q^{n+1}
0	0	0
0	1	0
1	0	1
1	1	1

表 5.6　D 触发器的驱动表

Q^n	Q^{n+1}	D
0	0	0
0	1	1
1	0	0
1	1	1

从表 5.6 中可见，D 触发器的逻辑功能不存在次态不定的问题，而且次态 Q^{n+1} 仅取决于输入端 D，而与现态 Q^n 无关，要使其具有记忆功能，必须保持 D 不变。

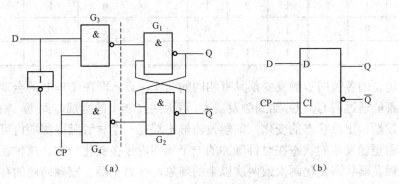

（a）　　　　　　　　　　　　（b）

图 5.7 D 触发器

（a）逻辑图；（b）逻辑符号

5.3.3 JK 触发器

为了既克服次态不定的问题，又使其具有记忆功能（即次态 Q^{n+1} 在 CP 为 1 期间改变输入信号的值，Q^{n+1} 不改变），在 RS 触发器的基础上做了进一步的改进，其电路结构和逻辑符号如图 5.8 所示。由于其输入控制端分别为 J 和 K，所以把该触发器称为 JK 触发器。

由电路结构可知 JK 触发器的工作原理如下。

CP=0 时，触发器的状态保持不变；

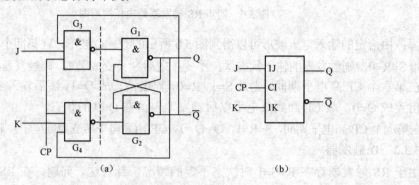

图 5.8　JK 触发器

（a）电路结构；（b）逻辑符号

CP=1 时，若 J=0、K=1，触发器置 0；

若 J=1、K=0，触发器置 1；

若 J=0、K=0，触发器保持原来的状态不变；

若 J=1、K=1，触发器的次态为 $Q^{n+1}=\overline{Q}^{n}$。

JK 触发器真值表如表 5.7 所示，其驱动表如表 5.8 所示。由特性表可得，JK 触发器的特性方程为

$$Q^{n+1}=J\overline{Q^{n}}+\overline{K}Q^{n}$$

表 5.7　JK 触发器功能表

J	K	Q^{n}	Q^{n+1}	J	K	Q^{n}	Q^{n+1}
0	0	0	0	1	0	0	1
0	0	1	1	1	0	1	1
0	1	0	0	1	1	0	1
0	1	1	0	1	1	1	0

表 5.8　JK 触发器的驱动表

Q^{n}	Q^{n+1}	J	K
0	0	0	×
0	1	1	×
1	0	×	1
1	1	×	0

以上所讨论的各种同步触发器都具有相同的动作特点，即在 CP=1 的全部时间里，输入信号的变化都能通过门 G_3、G_4 加到触发器上，所以在 CP=1 的全部时间里，输入信号的变化都将引起触发器输出端状态的变化，即触发器输出端在一个时钟脉冲周期内可能多次发生变化，而我们希望触发器的状态在时钟脉冲的一个周期内最多变化一次。这种在一个时钟脉冲的作用下，触发器状态变化两次或两次以上的现象，称为空翻。空翻问题的存在，是同步触发器结构的不完善性所决定的。

【**例 5.4**】　一同步式 JK 触发器（如图 5.8 所示），设初态为 0，试给定 CP、J、K 输入波

形（如图 5.9 所示），画出相应的 Q、$\overline{Q}$ 的波形。

解： 根据 JK 触发器的特性表，画出输出波形图如图 5.9 中 Q、$\overline{Q}$ 所示。在第四个 CP 的高电平期间出现了空翻——翻转了两次。第五个脉冲的高电平期间问题更加严重，由于 J=K=1，CP 变高时状态将翻转；此时仍有 J=K=1，状态又要翻转；只要 CP 仍为高，触发器将继续翻转下去。只是到了 CP 变低时，翻转才停止，此时 Q 端的状态不固定，如图中阴影所示，这是我们所不希望的。

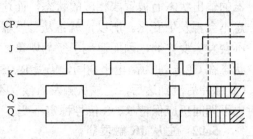

图 5.9　同步 JK 触发器的电压波形图

为了克服空翻现象，实现触发器状态的可靠翻转，对触发器电路做进一步改进，产生了多种结构的触发器，性能较好且应用较多的有边沿触发器和主从触发器，它们都能克服空翻现象。

5.4　主从触发器

主从触发器的特点是，电路由主触发器和从触发器两部分组成，采用主从触发的工作方式。主从触发器是在同步触发器的基础上设计出来的。下面以主从 RS 触发器为例介绍其工作原理。

5.4.1　主从 RS 触发器电路结构和工作原理

主从 RS 触发器由两个同步 RS 触发器构成，如图 5.10 所示。其中左边的四个"与非"门（$G_5 \sim G_8$）构成主触发器，右边的四个"与非"门（$G_1 \sim G_4$）构成从触发器，加在主触发器上的时钟脉冲经过 G_9 门反相后再加到从触发器上去，即主、从两个触发器所要求的时钟脉冲彼此反相。

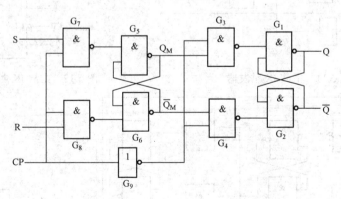

图 5.10　主从 RS 触发器

当 R=0，S=1 时，在 CP 脉冲的前沿到达时，主触发器就被置"1"，即 $Q_M^{n+1} = 1$，$\overline{Q}_M^{n+1} = 0$。但主触发器的这种输出状态在 CP 脉冲高电平期间并不能传送到从触发器去，因为此时 $\overline{CP} = 0$，封锁了 G_3 和 G_4 门，从而把从触发器和主触发器隔离开来，只有当时钟脉冲的后沿到达时（CP=0，$\overline{CP} = 1$），G_3 和 G_4 门开启，才把从触发器和主触发器接通，此时主触发器存储的信息就被传送到从触发器去，即有 $Q^{n+1} = 1$，$\overline{Q}^{n+1} = 0$。

可见，在 CP 脉冲期间，主触发器接收输入信号并把它暂存起来，而从触发器在此期间被 $\overline{CP}=0$ 所封锁，保持原状态不变，只有在时钟脉冲的后沿出现后，从触发器才依据主触发器的输出状态而被置成相应的状态，而这时主触发器被 CP=0 所封锁，保持着刚才接受的信息不会再发生变化。所以，就主从触发器的整体来说，其输出状态在时钟脉冲高电平期间是不会发生变化的，因而避免了空翻现象。另一方面，在主从 RS 触发器中，由于主触发器的状态在 CP 脉冲为高电平期间，仍受 R、S 输入变化的影响，会导致主触发器的误动作，并在 CP 脉冲后沿到达后，造成从触发器接受不正确的信息。所以对于这种触发器，在 CP 脉冲高电平期间仍应保持 R、S 信号稳定不变。

5.4.2　主从 JK 触发器

将图 5.10 所示的主从 RS 触发器改接成图 5.11 所示的形式，即构成主从 JK 触发器。从图 5.10 与图 5.11 可知，RS 触发器转换到 JK 触发器的关系式为：$R=KQ^n$，$S=J\overline{Q}^n$。

根据 RS 触发器的特征方程，可得主从 JK 触发器的特征方程

$$Q^{n+1}=S+\overline{R}Q^n$$
$$=J\overline{Q}^n+(\overline{K}+\overline{Q}^n)Q^n=J\overline{Q}^n+\overline{K}Q^n$$

主从 JK 触发器的逻辑符号如图 5.12 所示。其功能表和特性方程与同步 JK 触发器完全相同。

在有些集成电路触发器产品中，输入端 J 和 K 不止一个。如图 5.13 所示，图中 J_1 和 J_2、K_1 和 K_2 是与逻辑关系。如果用特性表描述它的逻辑功能，则应以 $J_1 \times J_2$ 和 $K_1 \times K_2$ 分别代替表 5.7 中的 J 和 K。

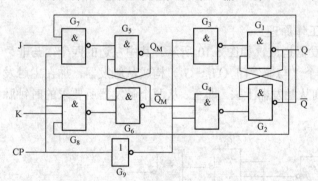

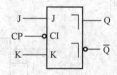

图 5.11　主从 JK 触发器　　　　　图 5.12　主从 JK 触发器逻辑符号

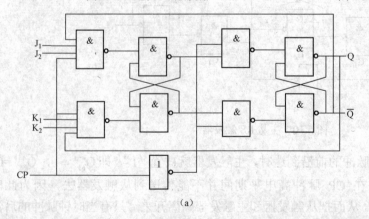

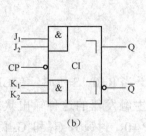

（a）　　　　　　　　　　　　（b）

图 5.13　具有多输入端的主从 JK 触发器

（a）逻辑图；（b）逻辑符号

【例 5.5】 在图 5.11 所示的主从 JK 触发器电路中，若 CP、J、K 的波形如图 5.14 所示，试画出 Q 端的波形。假设触发器的初始状态为 0。

解：由于每一时刻 J、K 的状态均已由波形图给定，如果 CP=1 期间 J、K 的状态不变，只要根据 CP 下降沿到达时 J、K 的状态去查 JK 触发器的特性表，就可以逐段画出 Q 端的波形了。

在使用主从结构触发器时必须注意：只有在 CP=1 的全部时间里输入状态始终未变的条件下，用 CP 下降沿到达时输入信号的状态决定触发器的次态才是对的。

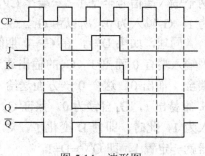

图 5.14　波形图

否则，必须考虑 CP=1 期间输入信号的全部变化过程，才能确定 CP 下降沿到达时触发器的次态，具体情况是这样的：在 $Q^n=0$ 时主触发器只能接受置 1 信号；而在 $Q^n=1$ 时主触发器只能接受置 0 信号，其结果是在 CP=1 期间主触发器只可能翻转一次。因此由 CP、J、K 波形可以得到 Q、$\overline{Q}$ 的波形。

5.5　边沿触发器

边沿触发器的特点是：次态仅仅取决于 CP 上升沿（即 CP 由 0→1 变化的边沿）或者是下降沿（即 CP 由 1→0 变化的边沿）到达前瞬间的输入信号状态，而在此之前或之后的一段时间内，输入信号状态的变化对输出状态不产生影响，因此具有工作可靠性高、抗干扰能力强，也不存在空翻现象的优点。常见的边沿触发器有 CP 脉冲上升沿触发（如维持阻塞触发器）和 CP 脉冲下降沿触发（如负边沿触发器）两大类。

5.5.1　维持阻塞触发器

在图 5.15 所示电路中，D 为信号输入端，$\overline{S}_D$ 称为异步置 1 端（即只要 $\overline{S}_D=0$、$\overline{R}_D=1$，而与有无 CP 脉冲作用无关，就有 Q=1）（或称置位端），$\overline{R}_D$ 称为异步置 0 端（即只要 $\overline{R}_D=0$、$\overline{S}_D=1$，而与有无 CP 脉冲作用无关，就有 Q=0）（或复位端）。连线①称为置 0 维持线；连线②称为阻塞置 1 线；连线③称为置 1 维持线；连线④称为阻塞置 0 线。下面分析当 $\overline{S}_D=\overline{R}_D=1$ 的条件下，这几条线的作用，并介绍其正边沿触发的特点。

从图 5.15 中看到，G_1 和 G_2、G_3 和 G_5、G_4 和 G_6 分别组成了基本 RS 触发器。设 D=0，CP=0 期间，G_3、G_4 出 1，因为 D=0，G_5 也出 1；$\overline{S}_D=\overline{R}_D=1$。这样 G_6 输入端全 1 出 0，Q 维持原稳态不变。当 CP=1 的上升沿时刻，由 G_3、G_5 构成的基本 RS 触发器的输入条件是一端为 0（因为 D=0），另一端为 1，所以 G_3 输出一定是 0。此时由置 0 维持线①将这个 0 送给门 G_5，使 G_5 维持出 1 不变，D 即

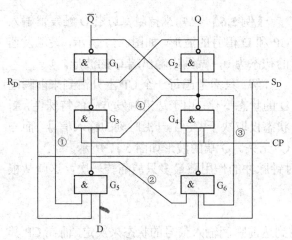

图 5.15　维持阻塞 D 触发器

使变了，对 Q 也没有影响。同时再通过阻塞置 1 线②，保证了 G_4、G_6 组成的基本 RS 触发器两个输入端信号全是 1（一端是 CP，另一端是线②），其输出状态将维持不变。因为 G_2 输入为 1，G_1 输入为 0，所以由 G_1、G_2 组成的 RS 触发器就一定置 0。

同理，如果 D=1，在 CP=0 期间，G_3、G_4 输出为 1，门 G_5 因输入端全 1 而出 0，门 G_6 因输入端有 0 而出 1（G_5 的输出通过线②送给了 G_6），当 CP=1 的上升沿到来时，G_4 因输入端全 1 而出 0。这个 0 一方面送给 G_2，使 Q 置 1，另一方面通过置 1 维持线③送给 G_6，使 G_6 维持出 1，G_4 自锁为 0。保证 G_2 输入不变，同时通过阻塞置 0 线④送给门 G_3，保证 G_1 输入为 1，此时，即使 D 变化了，对 G_3 的输出也没有影响。这样 G_1、G_2 组成的基本 RS 触发器就一定置 1，即 Q^{n+1}=D=1。

综上所述，线①、②的作用是保证 D=0 时在 CP 上升沿瞬间使触发器置 0，CP 上升沿过后 D 可任意变化；线③、④的作用是保证 D=1 时，在 CP 上升沿瞬间使触发器置 1，CP 上升沿过后，D 可任意变化。这种维持阻塞触发器是属于正边沿触发型，只要在 CP 正边沿来之前附近的极短时间内输入端 D 不存在干扰，触发器就会有正确的输出，所以这种触发器也具有抗干扰能力强、工作稳定可靠的特点。而且在 $\overline{S}_D$ 和 $\overline{R}_D$ 处于无效电平的情况下，触发器的次态仅仅取决于输入信号 D，这和 D 触发器的特性相同，因此把这种触发器称为维持阻塞 D 触发器。

带异步置位和复位端和多输入端的维持阻塞 D 触发器的逻辑符号如图 5.16 所示。

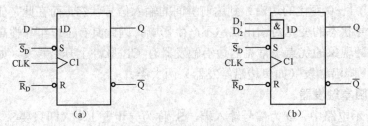

图 5.16　带异步置位、复位的维持阻塞 D 触发器

（a）单输入端 D 触发器；（b）多输入端 D 触发器

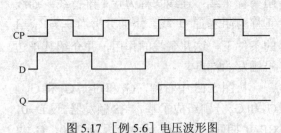

图 5.17　［例 5.6］电压波形图

【例 5.6】已知维持阻塞边沿 D 触发器输入 CP 和 D 信号的波形，如图 5.17 所示，设触发器的初态为 0，试画出输出端 Q 的波形。

解：只需考虑每一个 CP 上升沿到来前瞬间 D 的状态变化。由于边沿触发方式的特殊性，新状态仅取决于 CP 上升沿时刻的输入信号，而与 Q^n 无关。Q 端的波形如图 5.17 所示。

由上例可见，该种类型的触发器在一个时钟脉冲的作用下最多只能翻转一次，这就从根本上杜绝了空翻的可能。

5.5.2　下降沿触发的 JK 触发器

下降沿触发器输出状态是根据 CP 下降沿到达前瞬间输入信号的状态来决定。而在 CP 其他时刻，输入信号状态变化对触发器状态不产生影响。下面以下降沿 JK 触发器为例，说明 JK 触发器的功能，并了解下降沿触发器的工作特点。

　　图 5.18 所示为下降沿触发 JK 触发器的逻辑电路。电路包含由两个与或非门 G_1、G_2 组成的基本 RS 触发器和两个输入控制门 G_3、G_4。门 G_3、G_4 的传输延迟时间大于基本 RS 触发器的翻转时间，这种触发器正是利用门电路的传输延迟时间实现下降沿触发的。设触发器的 $\overline{R}_D = \overline{S}_D = 1$，而初始状态为 0，即 Q=0，$\overline{Q}=1$。

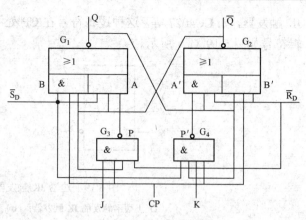

图 5.18　下降沿触发 JK 触发器

　　（1）CP=0 期间，与门 B、B′及 G_3、G_4 同时被 CP 的低电平封锁，P=P′=1，门 A、A′是打开的，基本 RS 触发器的 Q 和 $\overline{Q}$ 通过 A、A′的反馈互锁保持不变。

　　（2）CP=1 期间，门 B、B′被解除封锁，基本 RS 触发器的状态可以通过 B、B′继续保持原状态不变，这时可写出各门输出函数式

$$B = \overline{Q}^n \qquad B' = Q^n$$
$$A = P\overline{Q}^n = \overline{J\overline{Q}^n}$$
$$A' = P'Q^n = \overline{\overline{K}Q^n}$$
$$Q^{n+1} = \overline{A+B} = Q^n \tag{5.1}$$
$$\overline{Q}^{n+1} = \overline{A'+B'} = \overline{Q}^n \tag{5.2}$$

　　从 Q^{n+1} 和 $\overline{Q}^{n+1}$ 的表达式看到，J、K 无论为何值，在 CP=1 期间输出均不改变状态。

　　下面再分析在 CP 的上升沿和下降沿的瞬间，电路工作状态所起的变化。

　　在 CP 由 0 到 1 的上升沿瞬间，由于与非门 G_3、G_4 传输时间的延迟作用，门 B、B′先打开，先有 $B=\overline{Q}^n$、$B'=Q^n$，随后才出现 $A=\overline{J\overline{Q}^n}$，$A'=\overline{\overline{K}Q^n}$。这时与上述（2）CP=1 的情况相同，由式（5.1）和式（5.2）可知

$$Q^{n+1} = Q^n \qquad\qquad \overline{Q}^{n+1} = \overline{Q}^n$$

可见 JK 不起作用。

　　在 CP 由 1 到 0 的下降沿瞬间，情况就不同了。由于 G_3、G_4 的延迟，B、B′先关闭，B=B′=0，而 P、P′要求保持一个 t_{pd} 的延迟时间，就在这一个极短时间内，使 $P=\overline{J\overline{Q}^n}$，$P'=\overline{\overline{K}Q^n}$，而或非和与门 A、A′相当于构成与非门的基本 RS 触发器，对应可得 $P=\overline{S}$，$P'=\overline{R}$，代入同步 RS 触发器的特性方程式得到

$$Q^{n+1} = S + \overline{R}Q^n = J\overline{Q}^n + \overline{K}Q^n$$

　　此后，门 G_3 和 G_4 被 CP=0 封锁，使 P=P′=1，触发器状态 Q 不再受 JK 信号影响而变化。由此可知，该触发器只有在 CP 下降沿的时刻，才能使输出 Q 发生变化，具有边沿触发的特点。

　　下降沿触发的 JK 触发器的功能表、特性方程与同步时钟触发的 JK 触发器相同。

　　在下降沿触发的 JK 触发器中，触发器的次态仅仅取决于 CP 下降沿到达时刻 J、K 的状态。

　　常用的边沿 JK 触发器产品有 CT74S112、CT74LS114、CT74LS107、CT74H113、CT74H101、CT74LS102 等，这种逻辑符号在 CP 处有个小圆圈，上边沿触发的 JK 触发器的逻辑符号如图 5.19（b）所示。此外也有在 CP 上升沿时刻使输出状态翻转的 CMOS 电路边沿

JK 触发器，如 CC4027 等，这种逻辑符号在 CP 处不画小圆圈，下边沿触发的 JK 触发器的逻辑符号如图 5.19（a）所示。

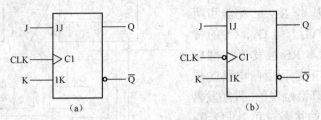

图 5.19　边沿 JK 触发器的逻辑符号

（a）上边沿触发的 JK 触发器；（b）下边沿触发的 JK 触发器

　　通过对上述两种边沿触发器工作过程的分析可以看出，它们具有共同的动作特点，这就是触发器的次态仅取决于时钟信号上升沿（也称为正边沿）或下降沿（也称为负边沿）到达时输入信号的逻辑状态，而在此以前或以后，输入信号的变化对触发器的输出状态没有影响。这就有效地提高了触发器的抗干扰能力，因而也提高了电路工作的可靠性。

5.5.3　其他类型的触发器

1．T 触发器

　　在某些应用场合下，需要这样一种功能的触发器，当输入信号 T=1 时每来一个 CP 信号，它的状态就翻转一次；而当 T=0 时，CP 信号到达后它的状态保持不变。具有这种逻辑功能的触发器电路都称为 T 触发器。

　　根据 T 触发器逻辑功能的定义，可列出 T 触发器的真值表如表 5.9 所示。

表 5.9　　　　　　　　　　　　　　　　T 触发器的真值表

T	Q^n	Q^{n+1}	说　明
0	0	0	$Q^{n+1}=Q^n$
0	1	1	保持
1	0	1	$Q^{n+1}=\bar{Q}^n$
1	1	0	翻转

　　由真值表得 T 触发器的特性方程为

$$Q^{n+1} = \bar{T}Q^n + T\bar{Q}^n = T \oplus Q^n \tag{5.3}$$

　　对于 T 触发器来说，当 T=0 触发器保持原状态不变，当 T=1 时，触发器将随 CP 的到来而翻转，具有计数工作状态，所以可称其为可控翻转触发器。对比 T 和 JK 触发器的特性方程可知，当 JK 触发器取 J=K=T，就可实现 T 触发器功能。

　　T 触发器的逻辑符号如图 5.20 所示。

2．T′触发器

　　在 T 触发器基础上如果固定 T=1，那么，每来一个 CP 脉冲，触发器状态都将翻转一次，构成计数工作状态，这就是 T′触发器，也称为翻转触发器，其特性方程为

$$Q^{n+1} = \bar{Q}^n$$

　　值得注意的是，在集成触发器产品中不存在 T 和 T′触发器，而是由其他类型的触发器连接成具有翻转功能的触发器，但其逻辑符号可单独存在，以突出其功能特点。

由 JK 触发器实现 T 触发器的逻辑转换如图 5.21 所示。

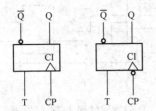

图 5.20　T 触发器逻辑符号

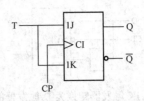

图 5.21　由 JK 触发器实现 T 触发器

5.6　各种类型触发器之间的相互转换

触发器按逻辑功能可分为 RS、JK、D、T、T'触发器，分别对应有各自的特征方程。在实际应用中，有时可以将一种类型的触发器转换为另一种类型的触发器。下面介绍几种转换方式。

5.6.1　由 D 触发器转换为 T 和 T'触发器

因为 T 触发器的特性方程为 $Q^{n+1}=\overline{T}Q^n+T\overline{Q}^n$，而 D 触发器的特性方程为 $Q^{n+1}=D$，将两个方程对比，可得到：$D=\overline{T}Q^n+T\overline{Q}^n$。

由 D 触发器转换为 T 触发器的逻辑电路如图 5.22 所示。同理，将 T'触发器和 D 触发器特性方程联立，即

$$Q^{n+1}=\overline{Q}^n \qquad Q^{n+1}=D$$

可求得 $D=\overline{Q}^n$。由 D 触发器转换为 T'触发器的逻辑电路如图 5.23 所示。

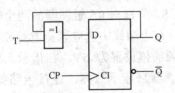

图 5.22　由 D 触发器实现 T 触发器

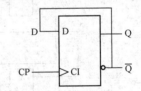

图 5.23　由 D 触发器实现 T'触发器

5.6.2　JK 触发器转换为 D 触发器

已知 JK 触发器的特性方程为　　　$Q^{n+1}=J\overline{Q}+\overline{K}Q^n$

待求的 D 触发器的特性方程为　　　$Q^{n+1}=D$

转换时，可将 D 触发器的特性方程变换为与 JK 触发器特性方程相似的形式

$$Q^{n+1}=D=D(\overline{Q}^n+Q^n)=D\overline{Q}^n+DQ^n=J\overline{Q}^n+\overline{K}Q^n$$

可见，若取 $J=D$，$K=\overline{D}$，则可利用 JK 触发器完成 D 触发器的逻辑功能，转换电路如图 5.24 所示。

5.6.3　由 D 触发器转换为 JK 触发器

已知 D 触发器的特性方程为 $Q^{n+1}=D$，待求 JK 触发器的特性方程为 $Q^{n+1}=J\overline{Q}^n+\overline{K}Q^n$ 整个触发器的输入应为 J、K，则得

$$D=J\overline{Q}^n+\overline{K}Q^n$$

其转换的逻辑图如图 5.25 所示。

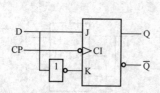
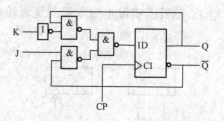

图 5.24　JK 触发器转换为 D 触发器的逻辑图　　　图 5.25　D 触发器转换为 JK 触发器的逻辑图

掌握了上述转换方法，在实践中利用 JK 或 D 触发器，经过转换得到所需的任何类型的触发器。这里就不再举例说明了。

5.7　用 Multisim 9 验证触发器的逻辑功能及其应用

本章 5.1 已经讲过，触发器具有两个稳定状态，分别用来代表所存储的二进制数码 1 和 0。触发器具有两个特点：一是可以长期稳定在某个状态；二是在外加触发信号的作用下，电路状态可以发生翻转。下面应用 Multisim 9 来验证 RS 触发器的逻辑功能和特点以及 JK 触发器的应用。

1. 验证 RS 触发器的逻辑功能

首先建立由两个与非门构成的基本 RS 触发器如图 5.26 所示。在 TTL 元件库中单击 74

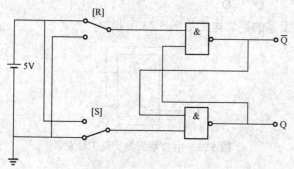

图 5.26　RS 触发器

系列，选取与非门 7400，在工作区放置两个与非门；在基本元件库选取两个开关，设置为 R、S，分别与 RS 触发器的两个输入端相对应；在电源库中选取直流电源和地，将直流电源的值设置为 5V；在指示元件库中选取探测器来显示数据，连接电路如图 5.26 所示（Multisim 9 中所采用的器件符号为美国标准符号）。

按对应开关的开关键符号，改变开关位置，从而改变开关数据，开关和直流电源相连表示输入数据为 "1"，开关和地相连，表示输入数据为 "0"。

小灯泡亮表示输出数据为 "1"，小灯泡灭表示输出数据为 "0"。

当触发器的输入 R=1、S=0 时（如图 5.26 所示，R 与电源相连，S 与地相连），触发器的输出 Q=1、$\overline{Q}=0$，从图 5.26 中可看出，Q 处的灯是亮的，$\overline{Q}$ 处的灯是灭的。只要不改变开关的位置，触发器的输出 Q 和 $\overline{Q}$ 的状态将保持不变。改变输入数据，可得 RS 触发器的真值表。

2. 用 Multisim 9 仿真利用 JK 触发器构成的 T′ 触发器

将 JK 触发器转换成 T′ 触发器，只需令 J=K=1 即可，如图 5.27 所示。

启动 Multisim 9，在 TTL 器件库中选用 JK 触发器 7476N；

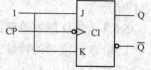

图 5.27　用 JK 触发器转换为 T′触发器的逻辑图

在电源库中选取时钟电压源 V_1、直流电源 V_{CC} 和地，构成图 5.27 中的电路，并接入四踪示波器 XSC1，如图 5.28 所示（Multisim 9 中所采用的器件符号为美国标准符号）。图 5.27 中的时钟 CP、Q 和 $\overline{Q}$ 分别与图 5.28 中示波器 XSC1 的 A、B 和 C 通道相连。

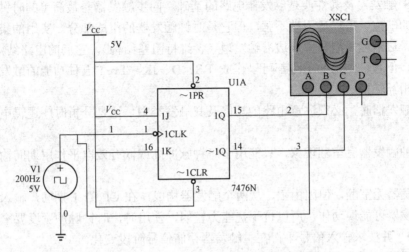

图 5.28　用 Multisim 9 构建图 5.27 的电路

利用 Multisim 9 中的示波器对触发器的时钟波形和输出波形进行观测，得图 5.29 所示的波形图。分析波形图可知，每来一个时钟周期，触发器的输出 Q 就翻转一次，而且翻转的时刻发生在时钟脉冲的下降沿。因此，用 Multisim 9 观察到的波形图与理论分析的结果完全吻合。

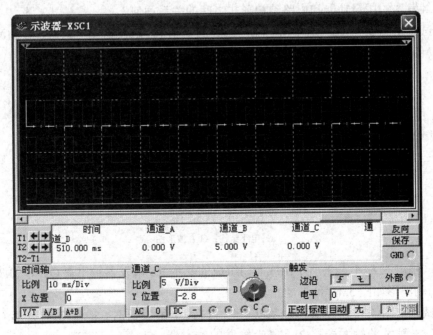

图 5.29　用 Multisim 9 中的示波器观察图 5.28 电路的波形图

小　　结

基本 RS 触发器及其性质是触发器电路的基础。同步触发器是最简单的时钟触发器，因为具有空翻的缺点，所以适用性不强，但它是时钟触发器的组成部分。实用的集成时钟触发器有主从型、边沿触发型和主从边沿触发型（含维持阻塞结构），它们的电路结构各不相同，各具有特点，但各种结构的电路都可以作成 RS、D、JK、T、T'五种功能的触发器，而且这些功能可以相互转换。

在使用触发器时，必须注意电路的功能及其触发类型，这是分析时序逻辑电路的两个重要依据。

同步时钟触发器有空翻现象，只能用于时钟脉冲高或低有效电平作用期间输入信号不变的场合。

主从触发器无空翻，但因由主、从两个触发器构成，在 CP 为 1 期间，输入信号发生变化时，主触发器可能误动作，所以抗干扰能力较弱，使用时，时钟脉冲宽度要窄（即脉宽持续时间要短），并要求输入信号不得在主触发器存储信号阶段变化。

边沿触发方式分上升、下降沿触发，这种触发器无空翻，抗干扰能力强，但使用这种触发器时，对时钟脉冲的边沿要求严格，不允许其边沿时间过长，否则电路也将无法正常工作。

习　　题

5.1　触发器的逻辑功能和电路结构形式之间的关系如何？

5.2　试画出图 5.30（a）所示由与非门组成的基本 RS 触发器输出端 Q、$\bar{Q}$ 的波形，输入端 $\bar{R}_D$、$\bar{S}_D$ 的波形如图 5.30（b）所示。

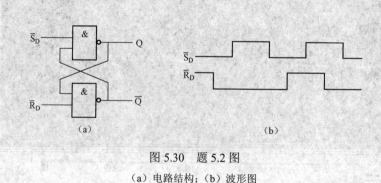

图 5.30　题 5.2 图

（a）电路结构；（b）波形图

5.3　试画出图 5.31（a）所示由或非门组成的基本 RS 触发器输出端 Q、$\bar{Q}$ 的波形，输入端 $\bar{R}_D$、$\bar{S}_D$ 的波形如图 5.31（b）所示。

5.4　试画出图 5.32 所示波形加在以下两种时钟 T 触发器时，输出 Q 的波形（设初态为0）：①上升沿触发的触发器；②下降沿触发的触发器。

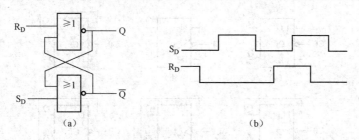

图 5.31 题 5.3 图

（a）电路结构；（b）波形图

5.5 试画出图 5.33 所示波形加在以下两种 JK 触发器上时，触发器输出端 Q 的波形（设初始状态为 0）：①上升沿触发的触发器；②下降沿触发的触发器。

5.6 已知主从 RS 触发器的输入端的波形如图 5.34 所示，试画出输出 Q 和 $\overline{Q}$ 的波形（设初始状态为 0）。

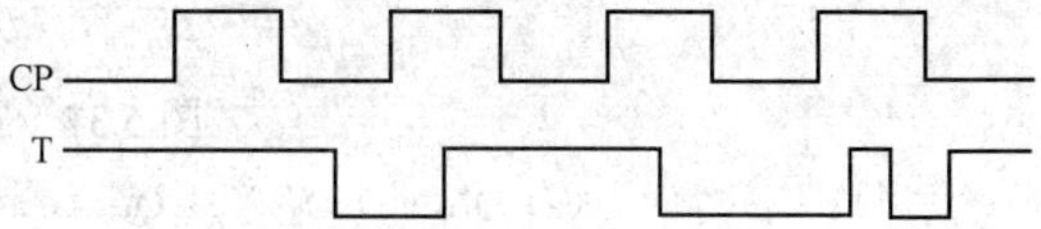

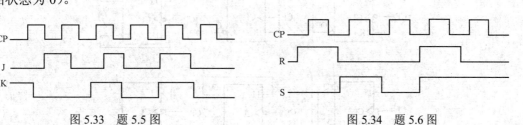

图 5.32 题 5.4 图

图 5.33 题 5.5 图

图 5.34 题 5.6 图

5.7 在维持阻塞 D 触发器中，已知 CP、D、$\overline{S}_D$、$\overline{R}_D$ 的波形如图 5.35 所示，试画出 Q、$\overline{Q}$ 的波形。

5.8 已知 JK 触发器的输入波形如图 5.36 所示，试画出输出端 Q 和 $\overline{Q}$ 的波形（设初始状态为 1）。

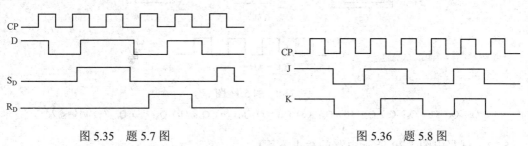

图 5.35 题 5.7 图

图 5.36 题 5.8 图

5.9 试写出图 5.37 所示各触发器的次态逻辑表达式。

5.10 在图 5.37 所示的各触发器中，设其初始状态皆为 0，试画出与 CP 对应的输出端的波形。

5.11 在图 5.38 所示各触发器中，假设其初始状态皆为 0，试画出与 CP 对应好输出端 Q 的波形。

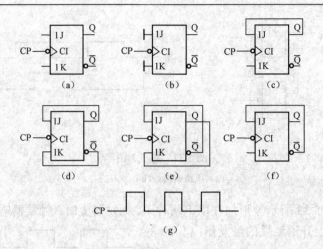

图 5.37　题 5.9、5.10 图

(a) Q_1；(b) Q_2；(c) Q_3；(d) Q_4；(e) Q_5；(f) Q_6；(g) 时钟输入

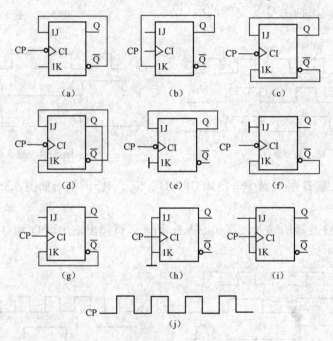

图 5.38　题 5.11 图

(a) Q_a；(b) Q_b；(c) Q_c；(d) Q_d；(e) Q_e；(f) Q_f；(g) Q_g；(h) Q_h；(i) Q_i；(j) 时钟输入

5.12　试写出图 5.39 所示电路的输出方程。

5.13　图 5.40（b）所示输入端波形已经给定，试画出图 5.40（a）所示输出端 Q 的波形。

5.14　试分别写出 RS 触发器、JK 触发器、D 触发器、T 触发器的特性表和特性方程。

5.15　分析图 5.41 所示电路的工作原理。

5.16　写出图 5.42 所示各触发器的状态逻辑表达式。

5.17　试画出对应图 5.43（a）所示电路中 Q_1、Q_2 的波形。

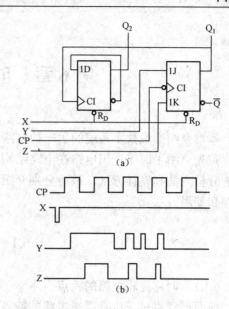

图 5.40　题 5.13 图

（a）逻辑电路；（b）输入波形

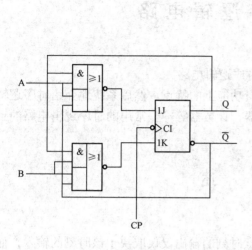

图 5.39　题 5.12 图

5.18　试画出由主从 JK 触发器转换成的 D、T 触发器的电路。

5.19　试画出由主从 RS 触发器构成的 JK 触发器的转换电路。

图 5.41　题 5.15 图

图 5.42　题 5.16 图

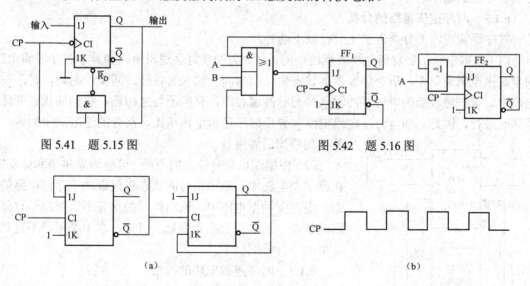

图 5.43　图 5.17 图

（a）逻辑电路；（b）时钟输入波形

第6章 时序逻辑电路

本章介绍构成数字系统的另一种电路——时序逻辑电路。

首先介绍了时序逻辑电路在电路结构和逻辑功能上的特点，然后系统地介绍时序逻辑电路的分析方法和设计方法，最后分别介绍寄存器、计数器等一些常用的时序逻辑电路的工作原理和使用方法。

6.1 概　　述

6.1.1 时序逻辑电路的特点

前面已经讲过，组合逻辑电路的特点是任意时刻的输出仅仅取决于该时刻的输入，而与电路原来的状态无关。时序逻辑电路的特点是任意时刻的输出不仅取决于该时刻的输入，还与电路原来的状态有关，这是由时序逻辑电路的结构决定的。时序逻辑电路往往包含组合电路和存储电路两部分，而且存储电路的输出状态必须反馈到输入端，与输入信号一起共同决定组合电路的输出。

6.1.2 时序逻辑电路的分类

时序逻辑电路的分类方法一般有以下两种。

（1）根据电路中触发器动作特点的不同，可分为同步时序逻辑电路和异步时序逻辑电路。同步时序逻辑电路中，所有触发器的状态变化都与同一输入时钟脉冲同步；而异步时序逻辑电路中，有些触发器的时钟脉冲输入端与脉冲源相连，有些不与之相连，它们的状态变化不能同时进行。因此，同步时序逻辑电路与异步时序逻辑电路相比，前者的速度高于后者，但是结构要比后者复杂。

（2）根据输出信号特点的不同，可分为摩尔型和弥勒型。在摩尔型电路中，输出信号的状态仅仅取决于存储电路的状态，而在弥勒型电路中，输出信号的状态不仅取决于存储电路的状态，还取决于输入变量。可见，摩尔型电路不过是弥勒型的一种特例罢了。

6.1.3 时序逻辑电路的构成

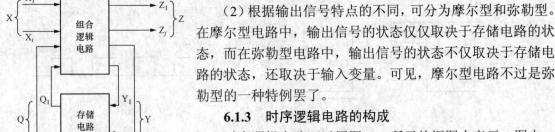

图 6.1　时序逻辑电路框图

时序逻辑电路可以用图 6.1 所示的框图来表示，图中，$X(X_1、X_2、\cdots、X_i)$表示外部输入，$Q(Q_1、Q_2、\cdots、Q_m)$表示触发器的状态，$Y(Y_1、Y_2、\cdots、Y_k)$表示存储电路的输入，$Z(Z_1、Z_2、\cdots、Z_j)$表示组合电路的输出信号，也是总时序电路的外部输出。由方框图可知：X、Y、Z、Q 之间的关系可以用以下三个式子表示

$$Z=F_1(X, Q^n) \quad \text{——输出方程}$$
$$Y=F_2(X, Q^n) \quad \text{——驱动方程}$$

$Q^{n+1}=F_3(X, Q^n)$——状态方程

其中：输出方程是指整个电路外部输出的逻辑函数表达式，它表明了外部输出 Z 与外部输入 X 和触发器的初态 Q^n 有关；驱动方程是指存储电路中每个触发器输入信号的逻辑函数表达式，它表明了存储电路的输入 Y 与外部输入 X 及触发器的初态有关；而状态方程是将驱动方程代入相应触发器的特性方程之后所得到的每个触发器的次态方程式，它表明触发器的次态取决于存储电路的输入 Y 和触发器的初态 Q^n。

6.1.4　时序逻辑电路的描述方法

描述时序电路逻辑功能的方法有驱动方程、状态方程和输出方程。但是从这一组方程式还不能获得电路逻辑功能的完整印象，因此描述时序电路状态转换全部过程的方法还有状态转换表（也称状态转换真值表）、状态转换图和时序图。

状态转换表：是指将一组输入变量及电路初态的取值代入状态方程组和输出方程（有些电路没有外部输出时就不用了），算出电路的次态和现态下的输出值，再将得到的次态作为新的初态和这时的输入变量取值一起代入状态方程组和输出方程进行计算，又得到一组新的次态和输出值。如此继续下去，把全部的计算结果列成真值表的形式，就得到了状态转换表。

状态转换图（通常简称为状态图）：是指用小圆圈表示电路的各个状态，以箭头表示状态转换的方向，在箭头旁注明状态转换前的输入变量取值和输出值。通常将输入变量取值和输出值写成分数的形式，其中分子表示输入变量取值、分母表示输出值。

时序图：是指在时钟脉冲序列作用下，电路状态、输出状态随时间变化的波形图，亦即将状态转换表的内容画成波形的形式。

6.2　时序逻辑电路的分析

时序逻辑电路分析的基本任务是：根据已知的逻辑电路图，通过分析，找出电路状态 Q 的变化规律及外部输出 Z 的变化规律。

由于时序逻辑电路有同步和异步之分，因此，其分析也分为同步电路的分析和异步电路的分析。

6.2.1　同步时序逻辑电路的分析

1. 同步时序逻辑电路的分析方法

同步时序逻辑电路的分析一般有以下步骤。

（1）根据逻辑图，写出驱动方程。

（2）写出状态方程。

（3）根据逻辑图，写出输出方程。

（4）进行状态的计算，把电路的输入和现态的各种取值组合代入状态方程和输出方程计算，即得相应的次态和输出。

（5）将状态计算的结果填入状态转换表中，分析电路的状态转换规律和外部输出的变化规律。

（6）画出状态转换图。

（7）为了较直观的表示分析结果，画出波形图（或称时序图），从中分析电路的逻辑功能。

2. 同步时序逻辑电路分析举例

【例 6.1】 试分析图 6.2 所示同步时序逻辑电路的逻辑功能。设初态 $Q_3Q_2Q_1=000$。

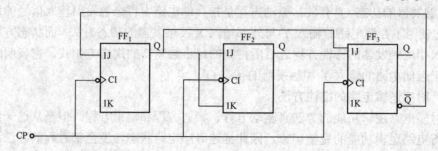

图 6.2　［例 6.1］的时序逻辑电路

解：因图中所有触发器 CP 都连在一起，共同接受输入时钟脉冲 CP，所以是一个同步时序逻辑电路；又因为它没有外部输入，所以属于摩尔型。

分析如下。

（1）触发器时钟脉冲输入处有小圆圈，是下降沿触发。

（2）驱动方程为

$$\begin{cases} J_1 = \overline{Q_3^n} & K_1 = 1 \\ J_2 = K_2 = Q_1^n \\ J_3 = Q_1^n Q_2^n & K_3 = 1 \end{cases}$$

（3）状态方程。根据 JK 触发器的特性方程：$Q^{n+1} = J\overline{Q^n} + \overline{K}Q^n$，及各触发器的驱动方程，得到各触发器的次态 Q^{n+1} 的表达式（即状态方程）。

$$\begin{cases} Q_1^{n+1} = J_1\overline{Q_1^n} + \overline{K_1}Q_1^n = \overline{Q_3^n} \cdot \overline{Q_1^n} \\ Q_2^{n+1} = J_2\overline{Q_2^n} + \overline{K_2}Q_2^n = Q_1^n\overline{Q_2^n} + \overline{Q_1^n}Q_2^n = Q_1^n \oplus Q_2^n \\ Q_3^{n+1} = J_3\overline{Q_3^n} + \overline{K_3}Q_3^n = Q_1^n Q_2^n \overline{Q_3^n} \end{cases}$$

（4）状态计算，列出状态转换表，如表 6.1 所示。

表 6.1　　　　　　　　　　　　　　　状 态 转 换 表

现　态			次　态		
Q_3^n	Q_2^n	Q_1^n	Q_3^{n+1}	Q_2^{n+1}	Q_1^{n+1}
0	0	0	0	0	1
0	0	1	0	1	0
0	1	0	0	1	1
0	1	1	1	0	0
1	0	0	0	0	0
1	0	1	0	1	0
1	1	0	0	1	0
1	1	1	0	0	0

列状态转换表是分析的核心步骤，本例状态转换表具体做法是：先列出现态 $Q_3^n Q_2^n Q_1^n$ 的八种组合，通过状态计算，逐行填入次态 $Q_3^{n+1} Q_2^{n+1} Q_1^{n+1}$ 的相应值。

有时也将电路的状态转换表列成如表 6.2 所示的形式。这种状态转换表给出了在一系列时钟信号作用下电路状态转换的顺序，比较直观。

表 6.2　　　　　　　　　　　图 6.2 电路状态转换表的另一种形式

CP 的顺序	Q_3	Q_2	Q_1
0	0	0	0
1	0	0	1
2	0	1	0
3	0	1	1
4	1	0	0
5	0	0	0

从表 6.2 很容易看出，每经过 5 个时钟脉冲之后，电路的状态循环变化一次，所以这个电路具有对时钟信号计数的功能。又因为在时钟信号连续作用下，$Q_3Q_2Q_1$ 的数值从 000 到 100 递增，如果从 $Q_3Q_2Q_1$=000 状态开始加入时钟信号，则 $Q_3Q_2Q_1$ 的数值可以表示输入的时钟脉冲数目。所以这是一个五进制加法计数器。

（5）画状态转换图。状态转换图能直观地反映时序电路状态转换规律，［例 6.1］的状态转换图如图 6.3 所示。由状态转换图可得以下结论。

1）电路的五个状态 000、001、010、011、100 构成了一个闭合的环形，通常把它们称为状态循环，或者称有效循环或主循环。

2）当电路处于有效循环之外的任何一种状态时，都会在时钟信号作用下最终进入到有效循环中去。具有这种特点的时序电路称为能够自行启动的时序电路，或者说电路具有自启动能力。

（6）时序图。在时序图中，我们只能画出主循环的时序图。［例 6.1］的主循环时序图如图 6.4 所示。利用时序图检查时序电路逻辑功能的方法不仅用在实验测试中，也用于数字电路的计算机模拟当中。

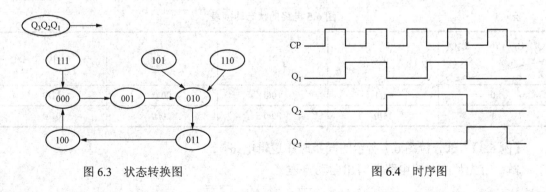

图 6.3　状态转换图　　　　　　　　　　　　　图 6.4　时序图

【例 6.2】　试分析图 6.5 所示的同步时序逻辑电路，写出电路的驱动方程、状态方程和输出方程，画出电路的状态转换图。

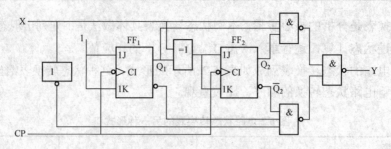

图 6.5　［例 6.2］的时序逻辑电路

解：由于该电路既有外部输入，也有外部输出，所以属于米勒型电路。

首先从给定的电路图写出驱动方程

$$\begin{cases} J_1 = K_1 = 1 \\ J_2 = K_2 = X \oplus Q_1^n \end{cases}$$

将驱动方程代入 JK 触发器的特性方程，得到电路的状态方程

$$\begin{cases} Q_1^{n+1} = J_1 \overline{Q_1^n} + \overline{K_1} Q_1^n = \overline{Q_1^n} \\ Q_2^{n+1} = J_2 \overline{Q_2^n} + \overline{K_2} Q_2^n = (X \oplus Q_1^n) \overline{Q_2^n} + \overline{(X \oplus Q_1^n)} Q_2^n = (X \oplus Q_1^n) \oplus Q_2^n \end{cases}$$

从图 6.5 的电路图写出电路的输出方程为

$$Y = \overline{\overline{XQ_1^n Q_2^n} \cdot \overline{\overline{X} \cdot \overline{Q_1^n} \cdot \overline{Q_2^n}}} = XQ_1^n Q_2^n + \overline{X} \cdot \overline{Q_1^n} \cdot \overline{Q_2^n}$$

为画出电路的状态转换图，可先列出电路的转换表，如表 6.3 所示。它以真值表的形式表示了电路的次态和输出（$Q_2^{n+1} Q_1^{n+1}/Y$）与现态和输入变量（$Q_2^{n+1} Q_1^{n+1}$ 和 X）之间的函数关系。表中的数值由状态方程和输出方程计算得到。

根据表 6.3 画出的状态转换图如图 6.6 所示。

由图 6.6 所示的状态转换图可以看出，图 6.5 所示电路可以作为可控计数器使用。当 X=0 时是一个二进制加法计数器，在连续的时钟脉冲作用下，$Q_2 Q_1$ 的数值从 00 到 11 递增。如果从 $Q_2 Q_1$=00 状态开始加入时钟信号，则 $Q_2 Q_1$ 的数值可以表示输入的时钟脉冲数目。当 X=1 时是一个二进制减法计数器，在连续的时钟脉冲作用下，$Q_2 Q_1$ 的数值是从 11 到 00 递减的。

表 6.3　　　　　　　　　　　　　　图 6.5 电路的状态转换表

$Q_2^{n+1} Q_1^{n+1}/Y$　　$Q_2^n Q_1^n$ X	00	01	11	10
0	01/1	10/0	00/0	11/0
1	11/0	00/0	10/1	01/0

【例 6.3】 试分析图 6.7 所示的同步时序逻辑电路。

解：首先从给定的电路图写出驱动方程

$$\begin{cases} J_0 = \overline{Q_1^n} & K_0 = A \overline{Q_1^n} \\ J_1 = Q_0^n & K_0 = 1 \end{cases}$$

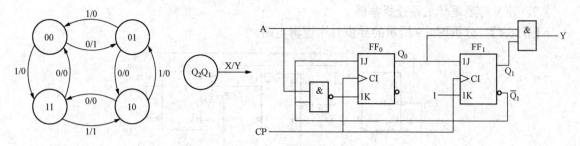

图 6.6 图 6.5 电路的状态转换图　　　　　图 6.7 ［例 6.3］的时序逻辑电路

将驱动方程代入 JK 触发器的特性方程，得到电路的状态方程

$$\begin{cases} Q_0^{n+1} = J_0 \overline{Q_0^n} + \overline{K_0} Q_0^n = \overline{Q_1^n}(Q_0^n + A) \\ Q_1^{n+1} = J_1 \overline{Q_1^n} + \overline{K_1} Q_1^n = Q_0^n \overline{Q_1^n} \end{cases}$$

从图 6.7 的电路图写出电路的输出方程为

$$Y = A Q_1^n Q_0^n$$

通过状态计算得出电路的状态转换表如表 6.4 所示。

表 6.4　　　　　　　　　　　　　图 6.7 电路的状态转换表

外部输入 A	现态		当前输出 Y	次态	
	Q_1^n	Q_0^n		Q_1^{n+1}	Q_0^{n+1}
0	0	0	0	0	1
0	0	1	0	1	0
0	1	0	0	0	0
0	1	1	0	0	0
1	0	0	0	0	1
1	0	1	0	1	1
1	1	0	0	0	0
1	1	1	1	0	0

由状态转换表，可画出图 6.8 所示的状态转换图。

在画状态转换图时，应避免任何两根线出现交叉。

作两点说明：①当具有外部输入 A 时，有时画波形图既不方便，也不说明什么问题，故在这里不画了；②该电路的逻辑功能难以作进一步的概括，实际上图 6.8 所示的状态图已对此作了充分的描述。

6.2.2　异步时序逻辑电路的分析

1. 异步时序逻辑电路的分析方法

异步时序逻辑电路的分析步骤与同步电路基本一

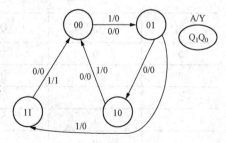

图 6.8　图 6.7 电路的状态转换图

致，要注意的是：各个触发器的动作时刻不一定相同，因此，分析的第一步就应该写出各触发器的时钟方程，其分析过程要比同步电路复杂一些。

2. 异步时序逻辑电路分析举例

【例 6.4】 分析图 6.9 所示的异步时序逻辑电路。

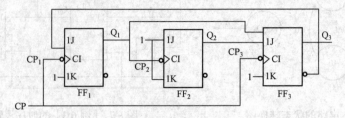

图 6.9 异步时序逻辑电路分析

解： 该电路中，CP_2 没有与输入时钟脉冲相连，是异步时序逻辑电路。现分析如下。

（1）时钟方程。

$$CP_1=CP_3=CP; \qquad CP_2=Q_1$$

因是下降沿触发的触发器，所以，仅当输入时钟脉冲源 CP 引起 Q_1 从 1 到 0 翻转的时候，触发器 FF_2 才可能根据输入 J、K 信号改变状态，否则 Q_2 将保持原状态不变。

（2）驱动方程。

$$J_1 = \overline{Q_3^n} \qquad K_1 = 1$$
$$J_2 = K_2 = 1$$
$$J_2 = Q_1^n Q_2^n \qquad K_3 = 1$$

（3）状态方程。

$$Q_1^{n+1} = J_1\overline{Q^n}_1 + \overline{K}_1 Q_1^n = \overline{Q_3^n}\overline{Q_1^n}$$
$$Q_2^{n+1} = J_2\overline{Q^n}_2 + \overline{K}_2 Q_2^n = \overline{Q_2^n}$$
$$Q_3^{n+1} = J_3\overline{Q^n}_3 + \overline{K}_3 Q_3^n = Q_1^n Q_2^n \overline{Q_3^n}$$

（4）状态计算。将计算结果填入状态转换表，如表 6.5 所示。要注意：触发器 FF_2 的翻转时刻发生在 Q_1 从 1 到 0 的时候（即 CP_2 的下降沿）。

表 6.5   状 态 转 换 表

现 态			次 态		
Q_3^n	Q_2^n	Q_1^n	Q_3^{n+1}	Q_2^{n+1}	Q_1^{n+1}
0	0	0	0	0	1
0	0	1	0	1	0
0	1	0	0	1	1
0	1	1	1	0	0
1	0	0	0	0	0
1	0	1	0	0	0
1	1	0	0	1	0
1	1	1	0	0	0

（5）状态转换图，如图 6.10 所示。

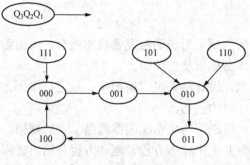

图 6.10　状态转换图

（6）时序图。因为该状态转换图中的主循环与［例 6.1］的状态图中的主循环完全相同，因此，其时序图也完全相同，这里就不再重复了。

（7）总结逻辑功能。由状态图可知，该电路也是五进制计数器，而且具有自启动能力。

6.3　时序逻辑电路的设计

在设计时序逻辑电路时，要求设计者根据给出的具体逻辑问题，求出完成这一逻辑功能的时序电路图来，设计出的逻辑电路应力求最简。

当选用小规模集成电路做设计时，电路最简的标准是所用的触发器和门电路的数目最少，而且触发器和门电路的输入端数目亦为最少。而当使用中规模集成电路时，电路最简的标准则是使用的集成电路数目最少，种类最少，而且连线也最少。

时序逻辑电路的设计一般是按下述步骤进行的。

（1）逻辑抽象，得出状态转换图（或状态转换表）。就是把给出的一个实际逻辑关系表示为时序逻辑函数，可以用状态转换表来描述，也可以用状态转换图来描述。这就需要做到以下几点。

1）分析给定的逻辑问题，确定输入变量、输出变量以及电路的状态数。通常都是取原因（或条件）作为输入变量，取结果作为输出变量。

2）定义输入、输出逻辑状态的含意，并将电路状态顺序编号。

3）按照题意列出电路的状态转换表或画出状态转换图。

这样，就把给定的逻辑问题抽象为一个时序逻辑函数了。

（2）状态化简。如果在状态转换图中出现这样两个状态，它们在相同的输入条件下转换到同一次态去，并得到一样的输出，则称它们为等价的状态。显然，等价状态是重复的，可以合并为一个。电路的状态数越少，存储电路也越简单。

状态化简的目的就在于将等价状态尽可能地合并，以得出最简的状态转换图。

（3）状态分配，又称状态编码。

我们已经知道，时序逻辑电路的状态是用触发器状态的不同组合来表示的。因此，首先需要确定触发器的数目 n。

因为 n 个触发器共有 2^n 种状态组合，所以，为获得 M 个状态组合，则 n 的取值应符合如下公式

$$2^{n-1}<M\leqslant 2^n$$

其次，要给每个电路状态规定对应的触发器状态组合。每组触发器的状态组合都是一组二值代码，因此将这项工作又称为状态编码。

如果编码方案选择得当，设计结果可以很简单；反之，编码方案选得不好，则设计的电路就会复杂得多，这里有一定的技巧。

为便于记忆和识别，一般选用的状态编码都遵循一定的规律。

（4）选定触发器的类型并求出状态方程、驱动方程和输出方程。

因为不同逻辑功能的触发器驱动方式不同，所以用不同类型触发器设计出的电路也不一样。因此，设计具体的电路前必须选定触发器的类型。选择触发器类型时应考虑到器件的供应情况，并应力求减少系统中使用的触发器种类。

根据状态转换图（或状态转换表）和规定的状态编码、选定的触发器类型，就可以写出电路的状态方程、驱动方程和输出方程了。

（5）按照得到的方程式画出逻辑图。

（6）检查设计的电路能否自启动。

如果不能自启动，则需采取措施加以解决。一种解决办法是在电路开始工作时通过预置数将它置为有效循环中的某一状态；另一种解决方法是通过逻辑设计过程事先检查发现并设法加以解决。

至此，逻辑设计工作已经完成。图 6.11 所示图中用方框图表示了上述设计的过程。下面举例说明上述设计方法。

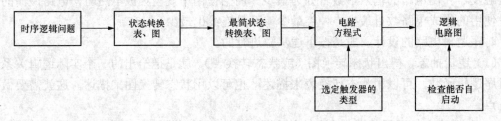

图 6.11　时序逻辑电路的设计过程

6.3.1　无外部输入的时序逻辑电路的设计方法

【例 6.5】　试设计一个带有进位输出的十一进制计数器。

解：

（1）进行逻辑抽象。因为计数器的工作特点是在时钟信号操作下自动地依次从一个状态转为下一个状态的，所以它没有输入逻辑信号，只有进位输出信号。可见，计数器是属于摩尔型的一种简单时序电路。

取进位信号为输出逻辑变量 C，同时规定有进位输出时 C=1，无进位输出时 C=0。

（2）状态分配。

十一进制计数器应该有十一个状态，若分别用 S_0、S_1、…、S_{10} 表示，则按题意即可画出如图 6.12 所示的电路的原始状态转换图。

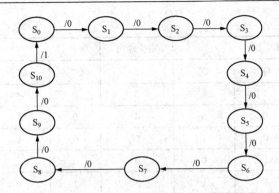

图 6.12 ［例 6.5］的原始状态转换图

因为十一进制计数器必须用十一个不同的状态表示已经输入的时钟脉冲数，所示状态已不能再化简。

因有十一个不同的状态，故应取触发器个数 $n=4$，因为 $2^3<11<2^4$。

假如无特殊要求，我们取自然二进制数（0000～1010）为 $S_0～S_{10}$ 的编码，于是便得到了表 6.6 所示的状态表。

表 6.6 ［例 6.5］状态表

状态顺序	状态编码				进位输出 C	等效十进制数
	Q_3	Q_2	Q_1	Q_0		
S_0	0	0	0	0	0	0
S_1	0	0	0	1	0	1
S_2	0	0	1	0	0	2
S_3	0	0	1	1	0	3
S_4	0	1	0	0	0	4
S_5	0	1	0	1	0	5
S_6	0	1	1	0	0	6
S_7	0	1	1	1	0	7
S_8	1	0	0	0	0	8
S_9	1	0	0	1	0	9
S_{10}	1	0	1	0	1	10

（3）列状态转换表（如表 6.7 所示）求次态方程。

表 6.7 状 态 转 换 表

现 态				进位输出	次 态			
Q_3^n	Q_2^n	Q_1^n	Q_0^n	C	Q_3^{n+1}	Q_2^{n+1}	Q_1^{n+1}	Q_0^{n+1}
0	0	0	0	0	0	0	0	1
0	0	0	1	0	0	0	1	0
0	0	1	0	0	0	0	1	1

续表

现　态				进位输出	次　态			
Q_3^n	Q_2^n	Q_1^n	Q_0^n	C	Q_3^{n+1}	Q_2^{n+1}	Q_1^{n+1}	Q_0^{n+1}
0	0	1	1	0	0	1	0	0
0	1	0	0	0	0	1	0	1
0	1	0	1	0	0	1	1	0
0	1	1	0	0	0	1	1	1
0	1	1	1	0	1	0	0	0
1	0	0	0	0	1	0	0	1
1	0	0	1	0	1	0	1	0
1	0	1	0	1	0	0	0	0
1	0	1	1	0	×	×	×	×
1	1	0	0	0	×	×	×	×
1	1	0	1	0	×	×	×	×
1	1	1	0		×	×	×	×
1	1	1	1	0	×	×	×	×

　　因为这时电路的次态 $Q_3^{n+1}Q_2^{n+1}Q_1^{n+1}Q_0^{n+1}$ 和进位输出 C 唯一地取决于电路现态 $Q_3^nQ_2^nQ_1^nQ_0^n$ 的取值，故可根据表 6.6 得到次态和进位输出函数与现态之间的状态转换表，如表 6.7 所示。由于计数器正常工作时不会出现 1011、1100、1101、1110 和 1111 五种状态，所以可将它们作为约束项处理，在状态转换表中用×表示。

　　由状态转换表可得到分别表示次态 Q_3^{n+1}、Q_2^{n+1}、Q_1^{n+1}、Q_0^{n+1} 逻辑函数的卡诺图如图 6.13 所示。由卡诺图可得电路的状态方程如下

$$Q_3^{n+1} = Q_3^n\overline{Q_1^n}+Q_2^nQ_1^nQ_0^n \qquad Q_2^{n+1} = Q_2^n\overline{Q_0^n}+Q_2^nQ_1^n + Q_2^nQ_1^nQ_0^n$$

$$Q_1^{n+1} = \overline{Q_1^n}Q_0^n+\overline{Q_3^n}Q_1^n\overline{Q_0^n} \qquad Q_0^{n+1} = \overline{Q_1^n}\overline{Q_0^n}+\overline{Q_3^n}\overline{Q_0^n}$$

　　由表 6.7 所示的状态转换表可得出输出方程为：$C = Q_3^nQ_1^n$。

　　（4）选定触发器的类型，求出电路的驱动方程和输出方程。

　　如果选用 JK 触发器组成这个电路，则应将状态方程换成 JK 触发器特征方程的标准形式，即 $Q^{n+1} = J\overline{Q^n} + \overline{K}Q^n$，然后就可以找出驱动方程了。为此，将上式改写为

$$\begin{cases} Q_3^{n+1} = Q_2^nQ_1^nQ_0^n\overline{Q_3^n} + \overline{\overline{Q_2^n}\overline{Q_0^n} \cdot Q_1^n}Q_3^n \\ Q_2^{n+1} = Q_1^nQ_0^n\overline{Q_2^n} + \overline{\overline{Q_1^n}\overline{Q_0^n}}Q_2^n \\ Q_1^{n+1} = Q_0^n\overline{Q_1^n} + \overline{Q_3^n + Q_0^n}Q_1^n \\ Q_0^{n+1} = (\overline{Q_1^n} + \overline{Q_3^n}) \cdot \overline{Q_0^n} \end{cases}$$

　　在变换 Q_i^{n+1} 的逻辑式时，将上式中的每个逻辑项与 JK 触发器特性方程的标准形式相对应，即可得到如下的驱动方程

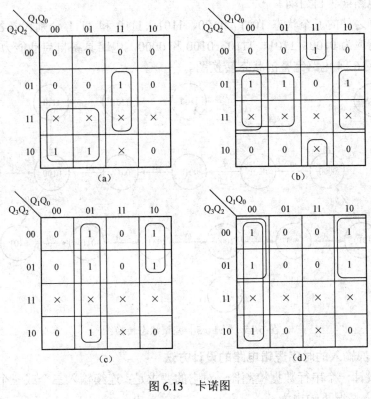

图 6.13 卡诺图

(a) Q_3^{n+1}；(b) Q_2^{n+1}；(c) Q_1^{n+1}；(d) Q_0^{n+1}

$$
\begin{cases}
J_3 = Q_2^n Q_1^n Q_0^n & K_3 = \overline{\overline{Q_2^n Q_0^n} \cdot Q_1^n} \\
J_2 = K_2 = Q_1^n Q_0^n & \\
J_1 = Q_0^n & K_1 = Q_3^n + Q_0^n \\
J_0 = \overline{(\overline{Q_1^n} + \overline{Q_3^n})} & K_0 = 1
\end{cases}
$$

（5）根据驱动方程与输出方程即可画得计数器的逻辑图，如图 6.14 所示。

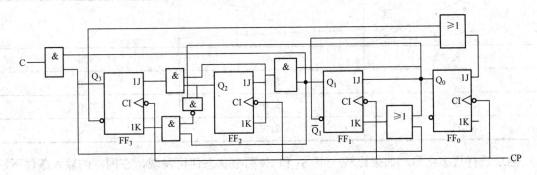

图 6.14 [例 6.5] 逻辑图

为验证电路的逻辑功能是否正确，可将 0000 作为初始状态代入状态方程依次计算次态值，所得结果应与表 6.7 中的状态转换表相同。

（6）检查电路能否自启动。

将有效循环之外的五个状态 1011、1100、1101、1110 和 1111 分别代入各状态方程中计算，所得次态对应为 0100、1101、1110、0100 和 0000，电路具备自启动能力。

图 6.15 是图 6.14 电路完整的状态转换图。

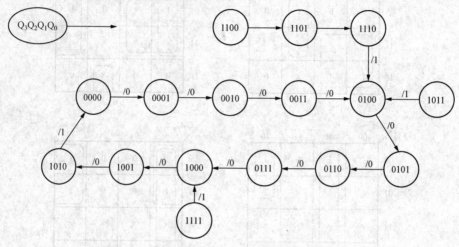

图 6.15　［例 6.5］完整状态转换图

6.3.2　有外部输入的时序逻辑电路的设计方法

【例 6.6】 设计一个串行数据检测器。对它的要求是：连续输入三个或三个以上的 1 时输出为 1，其他输入情况下输出为 0。

解： 首先进行逻辑抽象，找出状态转换图。

设电路没有输入 1 以前的状态为 S_0，输入一个 1 以后的状态为 S_1，连续输入两个 1 以后的状态为 S_2，连续输入三个或三个以上 1 以后的状态为 S_3，那么电路应有四个不同的状态。今以 X 表示输入数据，以 Y 表示数据检测器的输出，以 S^n 表示电路的现态，以 S^{n+1} 表示电路的次态，即可得到表 6.8 所示的状态转换表和图 6.16 所示的状态转换图。

表 6.8　　　　　　　　　　　　　　［例 6.6］的状态转换表

S^{n+1}/输出　　　X S^n	0	1
S_0	S_0/0	S_1/0
S_1	S_0/0	S_2/0
S_2	S_0/0	S_3/0
S_3	S_0/0	S_3/0

然后进行状态化简。如果比较一下 S_2 和 S_3 两个状态便可发现，在同样的输入条件下它们转换到同样的次态去，而且转换后得到同样的输出。因此 S_2 和 S_3 为等价状态，可以合并为一个。

从物理概念上也不难理解，因为当电路处于 S_2 状态时表明已经连续送入了两个 1。这时只要输入再为 1，就表明是连续输入三个 1 的情况了，无须再设置一个电路状态。据此就得出了图 6.17 所示的最简状态转换图。

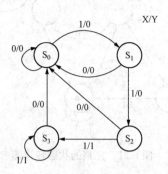

图 6.16　[例 6.6] 状态转换图

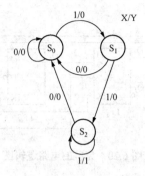

图 6.17　化简的状态转换图

在电路状态数 M=3 的情况下，根据状态分配的方法，应取触发器个数 n=2。

如果取触发器状态 Q_1Q_0 的 00、01、10 分别代表 S_0、S_1、S_2，根据设定的状态转换 $00(S_0) \rightarrow 01(S_1) \rightarrow 10(S_2) \rightarrow 00(S_0)$ 作为触发器次态的卡诺图。在这儿以输入 X 和触发器现态（Q_1、Q_2）为逻辑变量，其卡诺图如图 6.18 所示。

由图 6.18 化简可以得到状态方程

$$Q_0^{n+1} = XQ_1^n + XQ_0^n = XQ_1^n + XQ_0^n(Q_1^n + \overline{Q_1^n}) = (XQ_0^n)\overline{Q_1^n} + XQ_1^n$$

$$Q_0^{n+1} = X\overline{Q_1^n Q_0^n} = (X\overline{Q_1^n})\overline{Q_0^n} + 0Q_0^n$$

由上式得驱动方程

$$J_1 = XQ_0^n, \; K_1 = \overline{X}$$

$$J_0 = X\overline{Q_1^n}, \; K_0 = 1$$

为了得到输出方程，仍然根据状态转换作出输出的卡诺图如图 6.19 所示。

由图 6.19 化简得到输出方程：$Y = XQ_1^n$。

X \ $Q_1^nQ_0^n$	00	01	11	10
0	00	00	×	00
1	01	10	×	10

图 6.18　[例 6.6] 电路次态卡诺图

X \ $Q_1^nQ_0^n$	00	01	11	10
0	0	0	0	0
1	0	0	×	1

图 6.19　[例 6.6] 电路输出卡诺图

根据驱动方程与输出方程，得到图 6.20 所示的电路逻辑图。检验能否自启动。在由两个触发器构成的时序电路中已用上了三个有效状态，仅剩 $Q_2^nQ_1^n = 11$ 为无效状态。若以 $Q_2^nQ_1^n = 11$ 作为现态，代入上述简化后的状态方程，其次态有：X=0、$Q_1^{n+1}Q_0^{n+1} = 00$；X=1、$Q_1^{n+1}Q_0^{n+1} = 10$。由此可见该电路能自启动。考虑到无效状态在输入作用下能自启动的情况，其完整的状态转换如图 6.21 所示。

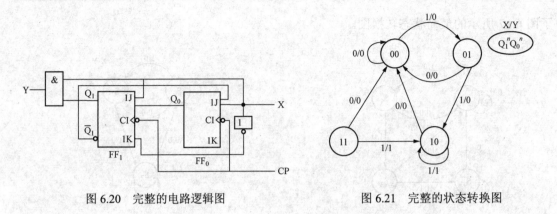

图 6.20　完整的电路逻辑图　　　　　　图 6.21　完整的状态转换图

6.4　常用时序逻辑器件

6.4.1　计数器

所谓"计数"，就是计算时钟脉冲的个数。计数器的应用十分广泛，不仅用来计数，也用作分频、定时等。

计数器的种类繁多，可从以下三个角度进行分类。

（1）按计数脉冲引入方式分类，有同步计数器和异步计数器两类。如果输入的计数脉冲直接加到计数器中所有触发器的时钟脉冲（CP）输入端，则是同步计数器；否则就是异步计数器。这种划分与同步和异步时序逻辑电路的划分完全一致。

（2）按计数器中数码的变化规律分类，有加法计数器、减法计数器和可逆计数器。递增计数称为加法计数器（或递增计数器），递减计数称为减法计数器（或递减计数器），既可进行加法，又可进行减法的计数器称为可逆计数器。

（3）按计数体制来分，有二进制计数器、二—十进制（或称十进制）计数器、任意进制（也称 N 进制，即除二进制、十进制之外的其他进制）计数器。

1. 同步计数器

（1）同步二进制计数器。同步计数器中各触发器均由同一时钟脉冲输入，因此它们的翻转就由其输入信号的状态决定，即触发器应该翻转时，要满足计数状态的条件，不应翻转时，要满足状态不变的条件。由此可见，利用 T 触发器构成同步二进制计数器比较方便，因为它只有一个输入端 T，当 T=1 时，为计数状态；当 T=0 时，保持状态不变。如果用 JK 触发器也很容易实现 T 触发器的功能，即令 J=K=T 就可以了。

以四位二进制同步加法计数器为例，计数状态表（即状态转换表）如表 6.9 所示。由表可知，触发器 FF_0 每来一个计数脉冲翻转一次，应有 $J_0=K_0=1$。其余各位是所有低位（相对于所说的某位）均为 1 时，再来计数脉冲才翻转，应有 $J_1=K_1=Q_0$、$J_2=K_2=Q_1Q_0$、$J_3=K_3=Q_2Q_1Q_0$ 等，这些关于 J 和 K 的表达式，就是驱动方程式，是进行级间连接的依据。图 6.22 所示为由 JK 触发器构成的 4 位同步二进制加法计数器。

由图可知，各触发器的驱动方程为

$$\begin{cases} J_3 = K_3 = Q_2^n Q_1^n Q_0^n \\ J_2 = K_2 = Q_1^n Q_0^n \\ J_1 = K_1 = Q_0^n \\ J_0 = K_0 = 1 \end{cases}$$

将上式代入 JK 触发器的特性方程得到电路的状态方程为

$$\begin{cases} Q_3^{n+1} = Q_2^n Q_1^n Q_0^n \overline{Q_3^n} + \overline{Q_2^n Q_1^n Q_0^n} Q_3^n \\ Q_2^{n+1} = Q_1^n Q_0^n \overline{Q_2^n} + \overline{Q_1^n Q_0^n} Q_2^n \\ Q_1^{n+1} = Q_0^n \overline{Q_1^n} + \overline{Q_0^n} Q_1^n \\ Q_0^{n+1} = \overline{Q_0^n} \end{cases}$$

电路的输出方程为：$C_O = Q_3^n Q_2^n Q_1^n Q_0^n$。

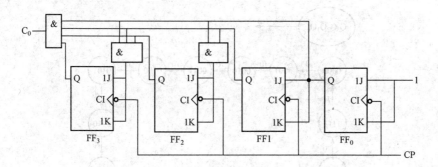

图 6.22 四位同步二进制同步加法计数器逻辑图

表 6.9 图 6.22 状态转换表

计数顺序	电路状态				等效十进制数	进位输出
	Q_3	Q_2	Q_1	Q_0		C
0	0	0	0	0	0	0
1	0	0	0	1	1	0
2	0	0	1	0	2	0
3	0	0	1	1	3	0
4	0	1	0	0	4	0
5	0	1	0	1	5	0
6	0	1	1	0	6	0
7	0	1	1	1	7	0
8	1	0	0	0	8	0
9	1	0	0	1	9	0
10	1	0	1	0	10	0
11	1	0	1	1	11	0
12	1	1	0	0	12	0
13	1	1	0	1	13	0

续表

计数顺序	电路状态				等效十进制数	进位输出 C
	Q_3	Q_2	Q_1	Q_0		
14	1	1	1	0	14	0
15	1	1	1	1	15	1
16	0	0	0	0	0	0

该计数器中各触发器受同一时钟脉冲控制，决定各触发器翻转的条件（J、K 状态）也是并行产生的。同时利用第 16 个计数脉冲到达时 C 端电位的下降沿可作为向高位计数器电路进位的输出信号。电路的状态转换图和时序图分别如图 6.23 和图 6.24 所示。

从时序图上可以看出，若计数输入脉冲的频率为 f_0，则 Q_0、Q_1、Q_2、Q_3 端输出脉冲的频率将依次为 $\frac{1}{2}f_0$、$\frac{1}{4}f_0$、$\frac{1}{8}f_0$、$\frac{1}{16}f_0$。因为计数器有分频作用，所以又把计数器称为分频器。

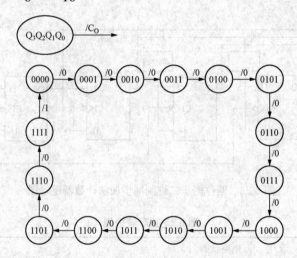

图 6.23　图 6.22 电路的状态转换图

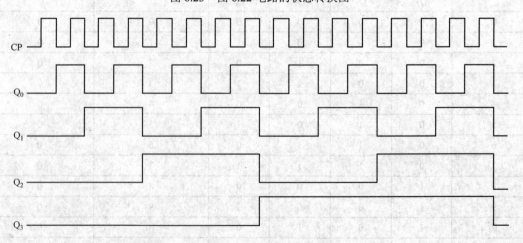

图 6.24　图 6.22 电路的时序图

此外，每输入 16 个计数脉冲，计数器工作循环一次，并在输出端 Q_3 产生一个进位输出信号，所以又把该电路称为十六进制计数器。计数器中能计到的最大数称为计数器的容量，它等于触发器所有位全 1 时的数值。n 位计数器的容量等于 2^n-1。

另外，二进制减法计数器的计数规律是：每来一个时钟脉冲，由触发器的状态所构成的二进制数的数值就减 1。根据二进制减法计数状态转换的规律，最低位触发器 FF_0 与递增（加法）计数中 FF_0 相同，亦是每来一个计数脉冲翻转一次，应有 $J_0=K_0=1$。其他触发器和翻转条件是所有低位触发器的 Q 端全为 0，应有 $J_1=K_1=\overline{Q_0}$、$J_2=K_2=\overline{Q_1Q_0}$、$J_3=K_3=\overline{Q_2Q_1Q_0}$。显然，只要将图 6.22 所示加法计数器中 $FF_0 \sim FF_3$ 的 J、K 端由原来接低位 Q 端改为接 $\overline{Q}$ 端，就构成了二进制减法计数器了。电路如图 6.25 所示。其状态转换表和时序图分别如表 6.10 和图 6.26 所示。

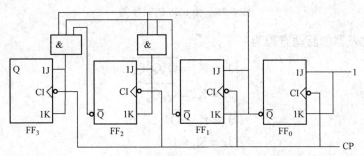

图 6.25　四位二进制减法计数器

表 6.10　　　　　　　　　　　　图 6.25 的状态转换表

计数顺序	电路状态				等效十进制数
	Q_3	Q_2	Q_1	Q_0	
0	0	0	0	0	0
1	1	1	1	1	15
2	1	1	1	0	14
3	1	1	0	1	13
4	1	1	0	0	12
5	1	0	1	1	11
6	1	0	1	0	10
7	1	0	0	1	9
8	1	0	0	0	8
9	0	1	1	1	7
10	0	1	1	0	6
11	0	1	0	1	5
12	0	1	0	0	4
13	0	0	1	1	3
14	0	0	1	0	2
15	0	0	0	1	1
16	0	0	0	0	0

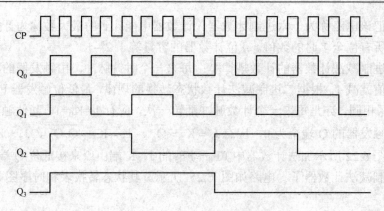

图 6.26 图 6.25 的时序图

图 6.25 各触发器的驱动方程为

$$\begin{cases} J_3 = K_3 = \overline{Q_2^n Q_1^n Q_0^n} \\ J_2 = K_2 = \overline{Q_1^n Q_0^n} \\ J_1 = K_1 = \overline{Q_0^n} \\ J_0 = K_0 = 1 \end{cases}$$

将上式代入 JK 触发器的特性方程得到电路的状态方程为

$$\begin{cases} Q_3^{n+1} = \overline{\overline{Q_2^n Q_1^n Q_0^n} Q_3^n} + \overline{\overline{\overline{Q_2^n Q_1^n Q_0^n}}} Q_3^n \\ Q_2^{n+1} = \overline{\overline{Q_1^n Q_0^n} Q_2^n} + \overline{\overline{\overline{Q_1^n Q_0^n}}} Q_2^n \\ Q_1^{n+1} = \overline{\overline{Q_0^n} Q_1^n} + \overline{\overline{\overline{Q_0^n}}} Q_1^n \\ Q_0^{n+1} = \overline{Q_0^n} \end{cases}$$

由时序图 6.26 可知：Q_0、Q_1、Q_2、Q_3 的波形分别是 CP 的二、四、八、十六分频。

（2）同步十进制计数器。图 6.27 所示为用 JK 触发器构成的 T 触发器构成的同步十进制加法计数器。由图 6.27 可知，如果电路的状态从 0000 开始计数，直到输入第九个计数脉冲为止，它的工作过程与图 6.22 所示的二进制计数器相同，计入第九个计数脉冲后电路进入 1001 状态，这时 $\overline{Q_3}$ 的低电平使 G_1 的输出为 0，而 Q_0 和 Q_3 的高电平使门 G_3 的输出为 1，所以 4 个触发器的输入控制端分别为 $T_0=1$、$T_1=0$、$T_2=0$、$T_3=1$。因此，当第十个计数脉冲输入后，FF_1 和 FF_2 维持 0 状态不变，FF_0 和 FF_3 从 1 翻转为 0，故电路返回 0000 状态。

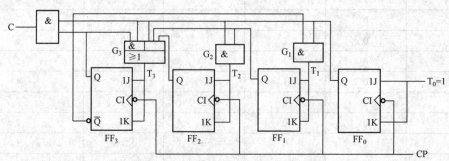

图 6.27 同步十进制加法计数器电路

由图 6.27 可得出驱动方程为

$$\begin{cases} T_0 = 1 \\ T_1 = Q_0^n \overline{Q_3^n} \\ T_2 = Q_0^n Q_1^n \\ T_3 = Q_0^n Q_1^n Q_2^n + Q_0^n Q_3^n \end{cases}$$

将上式代入 T 触发器的特征方程得到电路的状态方程为

$$\begin{cases} Q_0^{n+1} = \overline{Q_0^n} \\ Q_1^{n+1} = Q_0^n \overline{Q_3^n Q_1^n} + \overline{Q_0^n Q_3^n} Q_1^n \\ Q_2^{n+1} = Q_1^n Q_0^n \overline{Q_2^n} + \overline{Q_1^n Q_0^n} Q_2^n \\ Q_3^{n+1} = (Q_0^n Q_1^n Q_2^n + Q_0^n Q_3^n)\overline{Q_3^n} + \overline{(Q_0^n Q_1^n Q_2^n + Q_0^n Q_3^n)} Q_3^n \end{cases}$$

由状态方程可以进一步计算出状态转换结果,将状态转换结果列入状态转换表,如表 6.11 所示。

由状态转换表可画出电路的状态转换图如图 6.28 所示。由状态转换表可见,这个电路具有自启动能力。

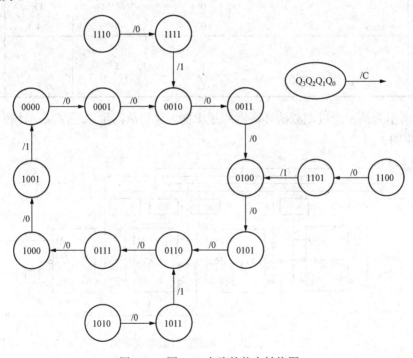

图 6.28   图 6.27 电路的状态转换图

表 6.11   **图 6.27 电路的状态转换表**

计数顺序	电路状态				等效十进制数	输出 C
	Q_3	Q_2	Q_1	Q_0		
0	0	0	0	0	0	0
1	0	0	0	1	1	0

续表

计数顺序	电路状态				等效十进制数	输出 C
	Q_3	Q_2	Q_1	Q_0		
2	0	0	1	0	2	0
3	0	0	1	1	3	0
4	0	1	0	0	4	0
5	0	1	0	1	5	0
6	0	1	1	0	6	0
7	0	1	1	1	7	0
8	1	0	0	0	8	0
9	1	0	0	1	9	1
10	0	0	0	0	0	0
0	1	0	1	0	10	0
1	1	0	1	1	11	1
2	0	1	1	0	6	0
0	1	1	0	0	12	0
1	1	1	0	1	13	1
2	0	1	0	0	4	0
0	1	1	1	0	14	0
1	1	1	1	1	15	1
2	0	0	1	0	2	0

图 6.29 所示为同步十进制减法计数器的逻辑图，它是从同步二进制减法计数器电路的基础上演变而来的。

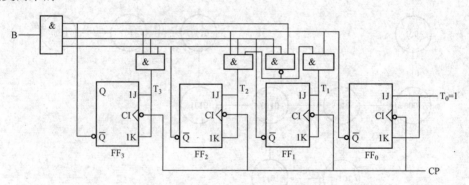

图 6.29　同步十进制减法计数器逻辑图

由图 6.29 可直接写出电路的驱动方程为

$$\begin{cases} T_0 = 1 \\ T_1 = \overline{Q_0^n} \cdot \overline{(\overline{Q_1^n \cdot Q_2^n \cdot Q_3^n})} \\ T_2 = \overline{Q_0^n} \cdot \overline{Q_1^n} \cdot \overline{(\overline{Q_1^n \cdot Q_2^n \cdot Q_3^n})} \\ T_3 = \overline{Q_0^n} \cdot \overline{Q_1^n} \cdot \overline{Q_2^n} \end{cases}$$

将上式代入 T 触发器的特征方程得到电路的状态方程为

$$
\begin{cases}
Q_0^{n+1} = Q_0^n \\
Q_1^{n+1} = \overline{Q_0^n \cdot \overline{(Q_1^n \cdot \overline{Q_2^n} \cdot \overline{Q_3^n})} \cdot \overline{Q_1^n}} + \overline{\overline{Q_0^n \cdot (\overline{Q_1^n} \cdot \overline{Q_2^n} \cdot \overline{Q_3^n})Q_1^n}} \\
Q_2^{n+1} = \overline{Q_0^n \cdot \overline{Q_1^n} \cdot \overline{(Q_1^n \cdot \overline{Q_2^n} \cdot \overline{Q_3^n})Q_2^n}} + \overline{\overline{Q_0^n \cdot Q_1^n \cdot \overline{(\overline{Q_1^n} \cdot \overline{Q_2^n} \cdot \overline{Q_3^n})Q_2^n}}} \\
Q_3^{n+1} = \overline{Q_0^n \cdot \overline{Q_1^n} \cdot \overline{Q_2^n} \cdot \overline{Q_3^n}} + \overline{Q_0^n \cdot Q_1^n \cdot Q_2^n} Q_3^n
\end{cases}
$$

由状态方程可以进一步计算出状态转换结果，将状态转换结果列入状态转换表，如表 6.12 所示。

由状态转换表可画出电路的状态转换图和时序图分别如图 6.30 和图 6.31 所示。由状态转换表可见，这个电路同样具有自启动能力。

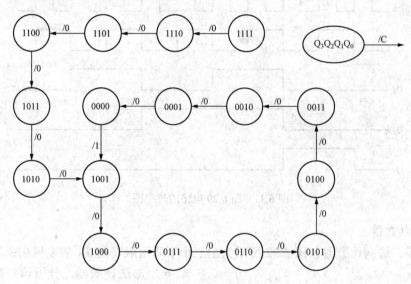

图 6.30　图 6.29 电路的状态转换图

表 6.12　　　　　　　　　　　　　　　图 6.29 电路的状态转换表

计数顺序	电路状态				等效十进制数	输出 C
	Q_3	Q_2	Q_1	Q_0		
0	0	0	0	0	0	0
1	1	0	0	1	9	0
2	1	0	0	0	8	0
3	0	1	1	1	7	0
4	0	1	1	0	6	0
5	0	1	0	1	5	0
6	0	1	0	0	4	0
7	0	0	1	1	3	0
8	0	0	1	0	2	0
9	0	0	0	1	1	1
10	0	0	0	0	0	1

续表

计数顺序	电路状态				等效 十进制数	输出 C
	Q_3	Q_2	Q_1	Q_0		
0	1	1	1	1	15	0
1	1	1	1	0	14	0
2	1	1	0	1	13	0
3	1	1	0	0	12	0
4	1	0	1	1	11	0
5	1	0	1	0	10	0
6	1	0	0	1	9	0

图 6.31　图 6.29 电路的时序图

2．异步计数器

（1）异步二进制计数器。图 6.32 所示为由三个下降沿触发的 JK 触发器构成的 3 位二进制异步加法计数器。分析该计数器的方法与分析一般的异步时序电路的方法相同。由图可知，三个 JK 触发器的输入控制端均接高电平 1（即 J=K=1），由 JK 触发器的特性表可知，当 J=K=1 时，每来一个时钟脉冲，触发器的状态就翻转一次（即次态方

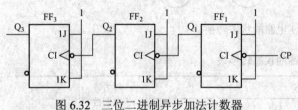

图 6.32　三位二进制异步加法计数器

程为 $Q^{n+1} = \overline{Q^n}$），这种逻辑功能与 T'触发器的逻辑功能完全相同。通过分析可得该电路的状态转换图和波形图分别如图 6.33 和图 6.34 所示。

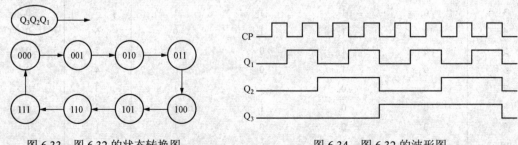

图 6.33　图 6.32 的状态转换图　　　　　图 6.34　图 6.32 的波形图

由状态转换图和波形图可知，如果设初态为 000，则每当输入一个计数脉冲，计数器的状态按二进制递增，直至输入第 8 个计数脉冲后，又回到 000，因此，它也是八进制加法计数器。此外，该逻辑功能也可以用 D 触发器实现，请读者自行思考。

（2）异步十进制计数器。十进制计数器有多种不同的态序，现以 5421 码为例，其逻辑电路图如图 6.35 所示。借助一般的分析方法可得状态转换图和主循环波形图，分别如图 6.36 和图 6.37 所示。

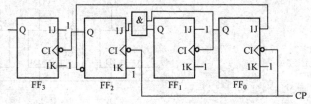

图 6.35   异步十进制（5421 码）计数器

从状态转换图的主循环部分和主循环波形图都可以看出，Q_3、Q_2、Q_1、Q_0 的权分别是 5、4、2、1，即 5421 码。从状态转换图还可以看出，该计数器具有自启动能力。

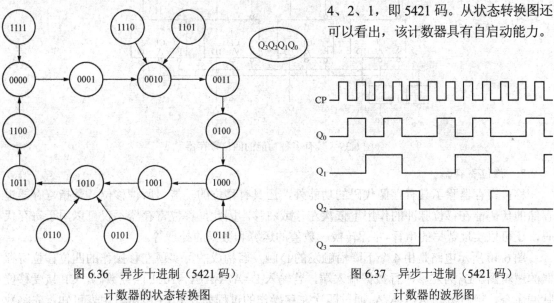

图 6.36   异步十进制（5421 码）
计数器的状态转换图

图 6.37   异步十进制（5421 码）
计数器的波形图

6.4.2 寄存器

能存放二值代码的数字逻辑部件称为寄存器。寄存器被广泛用于各种数字系统和数字计算机中。

构成寄存器的核心器件是触发器。对寄存器中的触发器只要求具有置 0 和置 1 两种功能即可，所以无论何种结构的触发器，只要具有该功能就可以构成寄存器了。

因为一个触发器只能存储一位二值代码，所以 n 位寄存器实际上就是受同一时钟脉冲控制的 n 个触发器。寄存器又分为数码寄存器和移位寄存器。

1. 数码寄存器

数码寄存器只能用来存放二值代码。图 6.38 所示是一个用四个 D 触发器组成的四位数码寄存器的逻辑图。D 触发器的动作特点是：在 CP 的高电平期间 Q 端的状态跟随 D 端状态而变，CP 变成低电平后，Q 端将保持 CP 变为低电平前瞬间 D 端的状态，即将数码寄存起来。为了增加使用的灵活性，在有些寄存器电路中还附加了一些控制电路。图 6.39 所示的寄存器中增加了异步清零功能：当 $\overline{R}_D = 0$ 时，四个触发器的清零端都处于有效电平，此时不需要时钟脉冲的控制触发器即可清零。有些寄存器不仅具有异步置 0，还有输出三态控制和"保持"

（即 CP 信号到达时触发器不随输入信号而改变状态，保持原来的状态不变）等功能。在后面的 6.5.2 小节的内容中介绍的集成寄存器 74LS194 就属于该类寄存器。

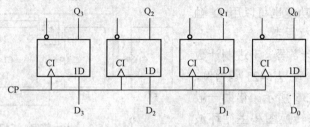

图 6.38　四位寄存器逻辑图

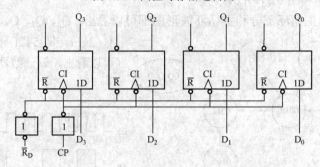

图 6.39　具有多种功能的四位寄存器

2. 移位寄存器

移位寄存器除了具有存储代码的功能外，还具有移位的功能。所谓移位，是指寄存器里存储的代码能在移位脉冲的作用下依次左移或右移。因此，移位寄存器不仅可以用于寄存代码，还可以实现数据的串行-并行转换、数值的运算和数据的处理等。

图 6.40 所示电路是由 4 个下降沿触发的 D 触发器构成的可实现左移操作的四位移位寄存器的逻辑图。D_0 为左移串行数据输入端，若输入 $D=A_3A_2A_1A_0=1011$ 四位数码，CP 接受移位脉冲命令。现将数码 $A_3A_2A_1A_0$ 通过四次左移操作的过程如表 6.13 所示。由表可知，先将数码 A_3 送到 D_0 端，在第一个时钟脉冲的下降沿到来后，$Q_0=A_3$；再将数码 A_2 送到 D_0 端，在第二个时钟脉冲的下降沿到来后，$Q_0=A_2$，$Q_1=A_3$；然后将数码 A_1 送到 D_0 端，在第三个时钟脉冲的下降沿到来后，$Q_0=A_1$，$Q_1=A_2$，$Q_2=A_3$，最后将数码 A_0 送到 D_0 端，在第四个时钟脉冲的下降沿到来后，$Q_0=A_0$，$Q_1=A_1$，$Q_2=A_2$，$Q_3=A_3$。图 6.41 所示波形图画出了 $A_3A_2A_1A_0=1011$ 时上述左移过程的各点的波形。由波形图可见，经过四个 CP 后，1、0、1、1 分别出现在四个触发器的输出端 Q_3、Q_2、Q_1、Q_0，这样，就可以将串行输入的数码转换为并行输出。

表 6.13　　四位左移寄存器的移位过程

Q_3	Q_2	Q_1	Q_0	D_0	CP
0	0	0	0	A_3	0
0	0	0	A_3	A_2	1
0	0	A_3	A_2	A_1	2
0	A_3	A_2	A_1	A_0	3
A_3	A_2	A_1	A_0		4

为便于扩展功能和增加使用的灵活性，在定型生产的移位寄存器集成电路上又附加了左移、右移控制、数据并行输入、保持、异步置零（复位）等功能。

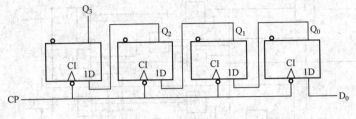

图 6.40 用 D 触发器构成的移位寄存器

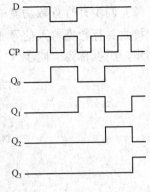

图 6.41 图 6.40 的波形图

6.5 常用集成逻辑器件及其应用

6.5.1 集成计数器

在实际生产中，往往不必用小规模集成的触发器拼接而成，而是用现成集成计数器产品。

本节通过对几个较典型的集成计数器功能和应用的介绍并借助产品手册上给出的功能表，帮助读者提高正确、灵活运用集成计数器的能力。

1. 74LS161 的功能

74LS161 的逻辑符号和逻辑图如图 6.42 所示。其功能表如表 6.14 所示。

表 6.14 74LS161 的功能表

输 入									输 出			
$\overline{R_D}$	$\overline{LD}$	CT_P	CT_T	CP	D_0	D_1	D_2	D_3	Q_0^{n+1}	Q_1^{n+1}	Q_2^{n+1}	Q_3^{n+1}
L	×	×	×	×	×	×	×	×	L	L	L	L
H	L	×	×	↑	d_0	d_1	d_2	d_3	d_0	d_1	d_2	d_3
H	H	H	H	↑	×	×	×	×	计		数	
H	H	L	×	×	×	×	×	×	保		持	
H	H	×	L	×	×	×	×	×	保		持	

注 图 6.42 中 $CO = CT_T \cdot Q_3 \cdot Q_2 \cdot Q_1 \cdot Q_0$。

由逻辑图可知，它是由四个上升沿触发的 JK 触发器和若干个门电路构成的计数器。其输入端有：异步清零端 $\overline{R_D}$（低电平有效）、时钟脉冲输入端 CP、同步并行置数控制端 $\overline{LD}$（低电平有效）、计数控制端 CT_T 和 CT_P、并行数据输入端 $D_0 \sim D_3$。它有下列输出端：四个触发器的输出端 $Q_0 \sim Q_3$、进位输出 CO。

由功能表可看出，74LS161 具有下列功能。

（1）异步清零：当 $\overline{R_D} = 0$ 时，无论其他输入端如何，都可实现四个触发器全部清零。由于这一清零操作不需要时钟脉冲 CP 控制，所以称之为"异步清零"。

（2）同步并行置数功能：当$\overline{R_D}$=1 且$\overline{LD}$=0 时，在 CP 上升沿的作用下，触发器 Q_0~Q_3 分别接收并行数据输入信号 d_0~d_3，由于这个置数操作必须有 CP 上升沿配合，并与 CP 上升沿同步，所以称为"同步"，由于四个触发器同时置入，所以称为"并行"。

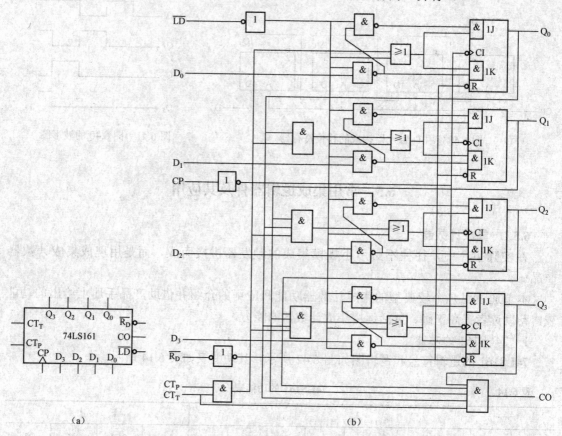

图 6.42　74LS161 具有异步清零功能的可置数四位二进制同步计数器

（a）逻辑符号；（b）逻辑图

（3）同步二进制加计数功能：当$\overline{R_D}$=$\overline{LD}$=1 时，若计数控制端 CT_T=CT_P=1，即对计数脉冲 CP 实现同步四位二进制加计数。这里"同步"二字既表明计数器是"同步"而不是"异步"结构，又表明各触发器动作都与 CP 的上升沿同步。

（4）保持功能：当$\overline{R_D}$=$\overline{LD}$=1，$CT_T \times CT_P$=0（即两个计数控制端中至少有一个输入 0）时，不管 CP 为何值，计数器中各触发器保持原状态不变。

此外，由图 6.42 可看出，进位输出 CO=$CT_T \cdot Q_3 \cdot Q_2 \cdot Q_1 \cdot Q_0$，这表明：进位输出端通常为 0，仅当计数器控制端 CT_T=1 且触发器全为 1 时它才为 1。

综上所述，74LS161 是具有异步清零功能的可置数四位二进制同步计数器。

集成计数器除了 74LS161 以外，还有同步十进制计数器 74LS160，其逻辑功能表与 74LS161 完全相同，所不同的是 74LS160 是十进制计数器而 74LS161 是十六进制计数器。

此外，74LS290 为二—五—十进制计数器，即它是由一个一位二进制计数器和一个五进制计数器组成，其逻辑功能读者可查阅有关资料，这里不再复述。

2. 集成计数器的应用

（1）实现同步二进制加法计数。

【例6.7】 用74LS161构成同步十六进制计数器。

解： 用74LS161构成同步十六进制计数器（即四位二进制加法计数器）的接法如图6.43（a）所示。图中，异步清零控制端 $\overline{R_D}$、同步置数控制端 $\overline{LD}$ 均为1，即处于无效电平；而同步置数端 CT_T 和 CT_P 则处于有效电平，因此只要接通电源，计数器即可按二进制加法的规律开始计数。其状态转换图和波形图（即时序图）分别如图6.44（b）、（c）所示。

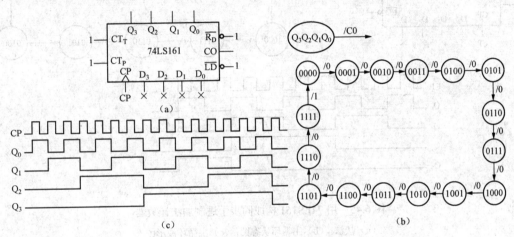

图6.43 ［例6.7］的逻辑图

（a）逻辑接法；（b）状态转换图；（c）波形图

【例6.8】 试用两片同步十进制计数器74LS160接成百进制计数器。

解： 图6.44所示电路是由两片74LS160接成的100进制计数器。以第（1）片的进位输出 C 作为第（2）片的 CT_T 和 CT_P 输入，每当第（1）片计成9（1001）时 C 变为1，下一个 CP 信号到达时第（2）片为计数工作状态，计入1，而第（1）片计成0（0000），它的 C 端回到低电平。第（1）片的 CT_T 和 CT_P 恒为1，始终处于计数工作状态。

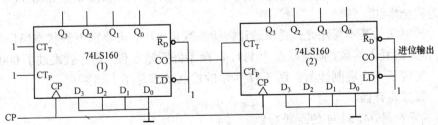

图6.44 ［例6.8］的逻辑图

（2）借助"异步清零"功能，用74LS161实现同步十进制加法计数器。

【例6.9】 借助"异步清零"功能，用74LS161构成十进制加法计数器。

解： 接法如图6.45（a）所示，假设初始状态为0000，则在前九个计数脉冲的作用下，构成四位二进制规律正常计数，而当第十个计数脉冲上升沿到来后，计数器的状态变为1010，通过与非门，使$\overline{R_D}$从1变为0，借助"异步清零"功能，使四个触发器被清零，从而终止了"十六进制"的计数趋势，实现了十进制加法计数。其主循环的状态图和波形图分别如图6.45（b）、（c）所示。

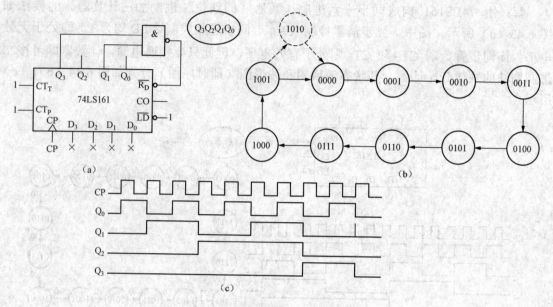

图6.45　用74LS161构成同步十进制加法计数器

（a）接法；（b）主循环状态图；（c）主循环波形图

（3）借助"同步置数"功能实现同步非二进制加法计数，也可以利用"同步置数"法，实现2^n进制加法计数。

【例6.10】　利用"同步置数"功能，用74LS161构成十一进制加计数器。

解： 如果要构成十一进制计数器，则要求在$Q_3Q_2Q_1Q_0=1010$的状态下，准备好置数条件——$\overline{LD}=0$，即$\overline{LD}=\overline{Q_3Q_1}$。这样，在下一个CP上升沿到来后，就不再实现"加1"计数，而是实现同步置数，$Q_3Q_2Q_1Q_0$接受"并行数据输入"信号$D_3D_2D_1D_0=0000$，变成0000，从而满足了十一进制计数的要求。接法如图6.46（a）所示，状态图如图6.46（b）所示。此法亦可称为置全零法。

另外一种解法的基本思路是：要求的计数状态数是十一，可将前五种状态当作是多余的，即将0101作为被置入的数，而在状态为1111时准备好置数条件，这样就跳过了0000至0100五个状态，实现了十一进制计数。图6.47所示的接法就满足了上述要求。

6.5.2　集成寄存器

1. 集成寄存器74LS194的逻辑功能

图6.48（a）所示的74LS194就是四位双向移位寄存器的定型产品。其功能表如表6.15所示。由功能表可看出74LS194具有下列功能。

（1）异步清零。唯一条件：$\overline{R_D}=0$；即只要在异步清零端加负脉冲，就能把四个触发器全部清零。

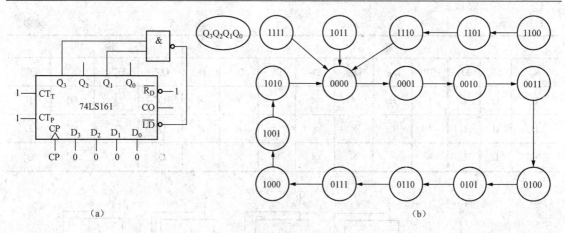

图 6.46　用 74LS161 构成同步十一进制加计数器

（a）接法；（b）状态图

（2）工作模式。在 $\overline{R_D}$ =1 的前提下，根据工作方式控制信号 M_1 和 M_0 的四种不同取值组合，在 CP 上升沿作用下，可实现下列四种不同操作。

1）M_1M_0=00 时：保持（无操作），即各触发器保持原状态不变。

2）M_1M_0=01 时：右移，即各触发器内容依次向右移动一位，而最左边 Q_0 接受"右移串行数据输入" D_{SR}。

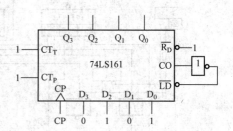

图 6.47　利用 74LS161 的同步置数功能构成的同步十一进制加计数器

3）M_1M_0=10 时：左移，即各触发器内容依次向左移动一位，而最右边 Q_3 接受"左移串行数据输入" D_{SL}。

4）M_1M_0=11 时：并行置数，由于 D 触发器的特征方程为 Q^{n+1}=D，所以四个触发器 Q_0、Q_1、Q_2、Q_3 分别接受"并行数据输入"端 D_0、D_1、D_2、D_3 信号。

应该指出的是：上述"右移"、"左移"和"并行置数"操作都是在 CP 上升沿的作用下。四种工作方式在表 6.15 中进行总结。因为 74LS194 既可实现左移操作，又可实现右移操作，所以称其为双向移位寄存器。

工作方式控制如表 6.16 所示。

表 6.15　　　　　　　　　　　　　　　　　　　**74LS194 的功能表**

输　　入										输　　出			
$\overline{R_D}$	M_1	M_0	CP	D_{SL}	D_{SR}	D_0	D_1	D_2	D_3	Q_0^{n+1}	Q_1^{n+1}	Q_2^{n+1}	Q_3^{n+1}
L	×	×	×	×	×	×	×	×	×	L	L	L	L
H	×	×	L	×	×	×	×	×	×	Q_0^n	Q_1^n	Q_2^n	Q_3^n
H	H	H	↑	×	×	d_0	d_1	d_2	d_3	d_0	d_1	d_2	d_3
H	L	H	↑	×	H	×	×	×	×	H	Q_0^n	Q_1^n	Q_2^n
H	L	H	↑	×	L	×	×	×	×	L	Q_0^n	Q_1^n	Q_2^n

续表

	输			入							输		出
$\overline{R_D}$	M_1	M_0	CP	D_{SL}	D_{SR}	D_0	D_1	D_2	D_3	Q_0^{n+1}	Q_1^{n+1}	Q_2^{n+1}	Q_3^{n+1}
H	H	L	↑	H	×	×	×	×	×	Q_1^n	Q_2^n	Q_3^n	H
H	H	L	↑	L	×	×	×	×	×	Q_1^n	Q_2^n	Q_3^n	L
H	L	L	×	×	×	×	×	×	×	Q_0^n	Q_1^n	Q_2^n	Q_3^n

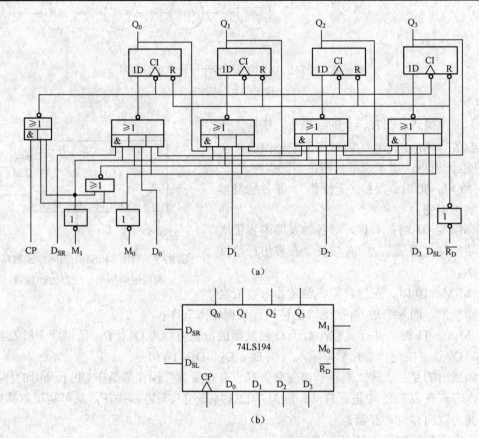

图 6.48 四位双向移位寄存器 74LS194

（a）逻辑图；（b）惯用逻辑符号

表 6.16	74LS194 的方式控制	
M_1	M_0	工作方式
L	L	保 持
L	H	右 移
H	L	左 移
H	H	并行置数

2. 74LS194 的基本应用

图 6.49 所示为 74LS194 在实现右移、左移和并行置数时的不同接法。用 74LS194 接成多位双向移位寄存器的方法也十分简单。图 6.50 所示为用两片 74LS194 接成八位双向移位寄存器的连线图。只需将其中一片的 Q_3 接至另一片的 D_{SR} 端，而将另一片的 Q_0 接到这一片的 D_{SL} 端，同时把两片的 M_1、M_0、CP 和 $\overline{CR}$ 分别并联即可。

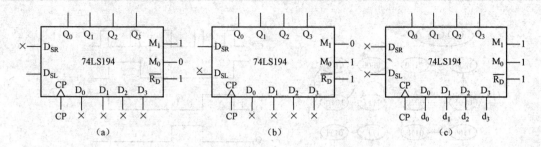

图 6.49 74LS194 的左移、右移和并行置数接法

（a）左移；（b）右移；（c）并行置数

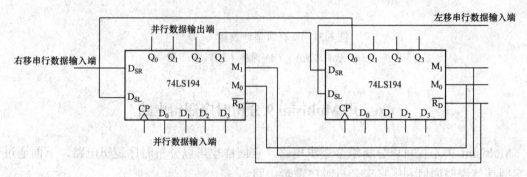

图 6.50 用两片 74LS194 接成八位双向移位寄存器

3. 利用 74LS194 构成寄存器型计数器

图 6.51（a）所示为用 74LS194 构成的四位环形计数器，其等效电路如图 6.51（b）所示，它本质上是一个循环右移的移位寄存器。其中，各触发器的状态方程为

$$Q_3^{n+1} = Q_2^n \quad Q_2^{n+1} = Q_1^n \quad Q_1^{n+1} = Q_0^n \quad Q_0^{n+1} = Q_3^n$$

其状态图如图 6.51（c）所示，取每个状态中都只有一个触发器为 1 的那个循环为主循环，则其他状态都是无效状态。由图可见，该电路没有自启动能力。具体做法是：在计数操作开始之前，使 M_1 为 1，满足 $M_1M_0=11$，进入同步置数工作方式，在时钟脉冲 CP 上升沿的配合下，就预置成 $Q_0Q_1Q_2Q_3=1000$，进入了主循环，在 M_1 变回 0 后，进入右移工作开始在 CP 上升沿作用下按主循环状态图正常计数。其时序图如图 6.51（d）所示。

如果令 $Q_0^{n+1} = \overline{Q_3^n}$ 构成的移位寄存器型计数器成为扭环形计数器，请读者自行分析其工作过程，并画出状态转换图，其他触发器仍与前述。

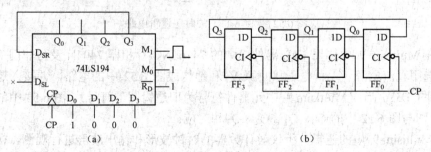

图 6.51 寄存器型计数器（一）

（a）用 74LS194 构成环形计数器；（b）四位环形计数器原理图

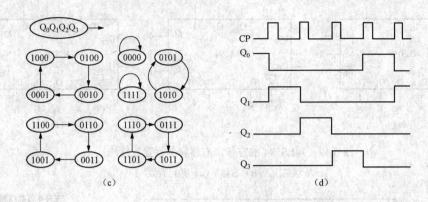

图 6.51　寄存器型计数器（二）

（c）状态转换图；（d）时序（工作波形）图

6.6　用 Multisim 9 分析时序逻辑电路

Multisim 9 不仅可以分析组合逻辑电路，它同样也可以分析时序逻辑电路。下面通过一个实例具体说明如何利用它来分析时序逻辑电路。

【例 6.11】　分析图 6.52 所示的时序逻辑电路，要求画出电路的时序图，并说明这是几进制计数器。

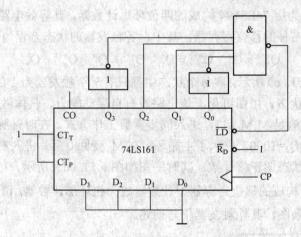

图 6.52　[例 6.11] 的时序逻辑电路

解：在 Multisim 9 中选用 TTL 器件库中的 74161N、反相器 7404N 及与非门 7420N；在电源库中选用直流电源 V_{CC}、电压脉冲源 V_1 和地构成图 6.52 中的电路，并接入逻辑分析仪 XLA1，如图 6.53 所示（Multisim 9 中元器件符号为旧逻辑图形符号）。图 6.53 中的 Q_A、Q_B、Q_C、Q_D 分别与图 6.52 中的 Q_0、Q_1、Q_2、Q_3 相对应。

利用 Multisim 9 中的逻辑分析仪对计数器的时钟波形和输出波形进行观测，得到图 6.54 所示的波形图。分析波形图可见，每 7 个时钟周期输出波形就重复一遍，在 7420 的输出端产生一个进位输出脉冲。因此这是一个七进制计数器。

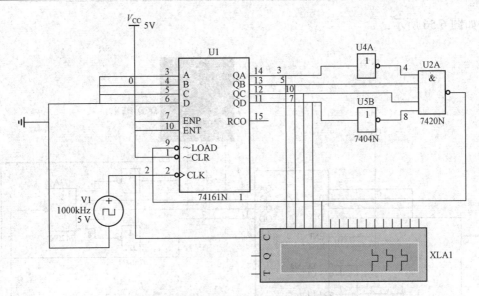

图 6.53　用 Multisim 9 构建图 6.52 的电路

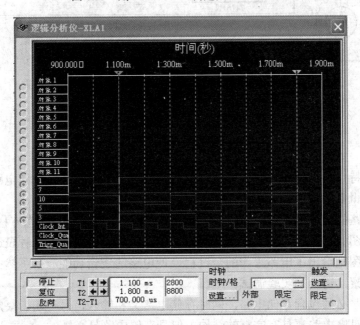

图 6.54　用 Multisim 9 中的逻辑分析仪分析图 6.52 电路的波形图

从逻辑分析仪给出的 Q_A、Q_B、Q_C、Q_D 的波形图，还可以画出电路的状态转换图，如图 6.55 所示。

从上面的例子可以看出利用 Multisim 9 中的逻辑分析仪可以很方便地观察时序逻辑电路的输出波形。除此之外，还可以在电路的输出端用探测器 DCD-HEX 来显示数据，通过显示的数据循环的结果可得出时序逻辑电路的逻辑

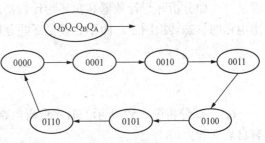

图 6.55　图 6.52 电路的有效状态图

功能，如图 6.56 所示。

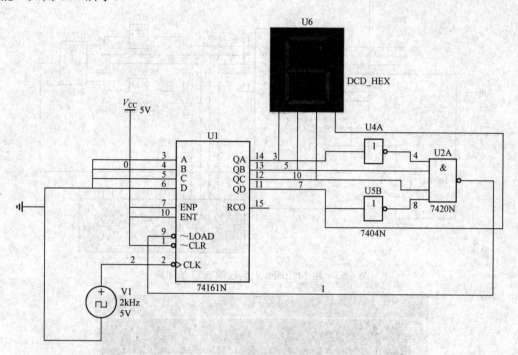

图 6.56　用 Multisim 9 中的探测器显示图 6.52 电路的仿真结果

小　　结

　　时序逻辑的特点是：任一时刻的输出不仅与该时刻的输入有关，还和电路原来的状态有关，这是时序逻辑电路与组合逻辑电路的区别。

　　时序逻辑电路的描述方法有：方程组（由输出方程、驱动方程、状态方程组成）、状态转换表、状态转换图、时序图等。其中方程组是和电路结构直接对应的一种表达式；而状态转换表和状态转换图则给出了电路工作的全过程，使电路的逻辑功能一目了然；时序图的表示方法便于波形观察，适用于实验调试。

　　时序逻辑电路必须包含存储电路，同时存储电路又和输入信号一起，决定输出的状态，当然不是所有的时序电路都具有完整的结构，但是存储电路是必需的。

　　时序逻辑电路的分析和设计都有一定的步骤，但并不是所有的时序电路都得按同样的步骤进行。如分析环形计数器和扭环形计数器时，由电路的结构和逻辑功能就可以很容易地画出电路的状态转换图了，而不必重复那些分析步骤。

习　　题

　　6.1　试分析图 6.57 所示的时序逻辑电路，画出状态转换图和波形图，并说明电路是否具有自启动能力。

　　6.2　试分析图 6.58 所示的时序逻辑电路，写出驱动方程、状态方程和输出方程，画出状态转换图和波形图。

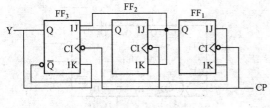

图 6.57 题 6.1 图

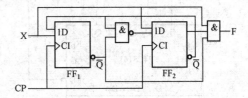

图 6.58 题 6.2 图

6.3 试分析图 6.59 所示的时序逻辑电路，画出状态转换图和波形图。

6.4 试分析图 6.60 所示的时序逻辑电路，画出状态转换图和波形图。

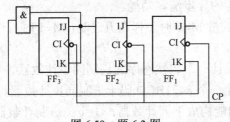

图 6.59 题 6.3 图

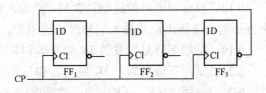

图 6.60 题 6.4 图

6.5 试画出用 4 片 74LS194 组成的 16 位双向移位寄存器的逻辑图。

6.6 试分析图 6.61 所示时序逻辑电路，画出状态图和主循环波形图，并指出该电路是否具有自启动能力。

6.7 试用 JK 触发器设计一个同步五进制加法计数器，并检查能否自启动。

6.8 试用 D 触发器设计一个同步七进制加法计数器，并检查能否自启动。

6.9 试用 JK 触发器设计一个同步十二进制计数器，并检查能否自启动。

6.10 试用 D 触发器设计一个同步十进制加法计数器，并检查能否自启动。

6.11 试用 4 位同步二进制计数器 74LS161 接成十二进制计数器，标出输入、输出端。可以附加必要的门电路。

6.12 分析图 6.62 所示的计数器电路，画出电路的状态转换图，说明它是几进制计数器。

6.13 试用 74LS161 的同步置数功能构成下列计数器：①七进制计数器；②五十进制计数器；③九十进制计数器。

6.14 试用 74LS161 的异步清零功能构成下列计数器：①二十三进制计数器；②六十进制计数器；③三十六进制计数器。

6.15 试分析图 6.63 所示计数器电路，要求画出完整的状态转换图和时序图，并说明它是几进制计数器。

6.16 试分别用以下方法设计一个六进制计数器：①利用 74LS160 的同步置数功能；②利用 74LS160 的异步清零功能；③利用 74LS194 的异步清零功能。

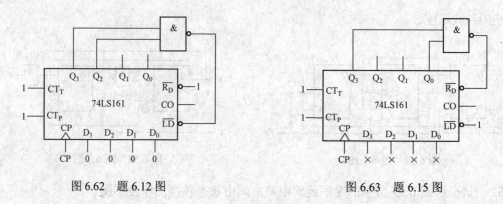

图 6.62　题 6.12 图　　　　　　　图 6.63　题 6.15 图

6.17　试分别用以下方法设计一个七十二进制计数器：①利用 74LS160 的同步置数功能；②利用 74LS160 的异步清零功能；③利用 74LS194 的异步清零功能。

6.18　设计一个可控进制计数器，当输入控制变量 M=0 时工作在五进制，M=1 时工作在十五进制。请标出计数输入端和进位输出端。

6.19　试用下降沿触发的 JK 触发器和与非门设计一个自然态序九进制同步计数器。

6.20　试用下降沿触发 JK 触发器和与非门设计一个 8421BCD 码十进制同步计数器。

6.21　试用 74LS160 的异步置零和同步置数功能构成下列计数器：①十二进制计数器；②五十九进制计数器；③一百进制计数器。

6.22　用 74LS194 构成下列扭环形计数器：①3 位扭环形计数器；②7 位扭环形计数器。

6.23　试分析图 6.64 所示计数器电路的分频比（即 Y 与 CP 的频率之比）。

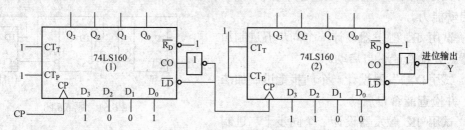

图 6.64　题 6.23 图

6.24　分析图 6.65 所示电路，说明这是几进制计数器。

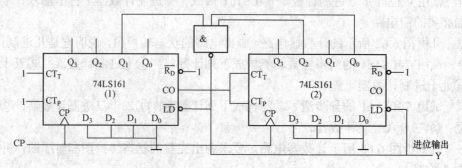

图 6.65　题 6.24 图

6.25　用同步十进制芯片 74LS160 设计一个两百五十五进制计数器。

6.26 设计一个数字钟电路，要求能用七段数码管显示从 0 时 0 分 0 秒到 23 时 59 分 59 秒之间的任一时刻。

6.27 试用 74LS161 设计一个十一进制计数器，其计数状态在 0101～1111 间循环。

6.28 试用下降沿触发的 JK 触发器和与非门设计一个串行序列检测器，仅当串行输入序列 X 为 101 时，输出 Y 才为 1，如图 6.66 所示。

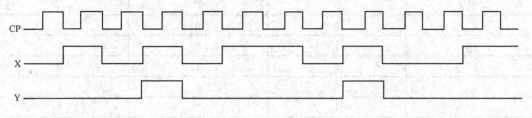

图 6.66　题 6.28 图

6.29 试用主从 JK 触发器和与非门设计一个同步时序逻辑电路，要求该电路的输出 Y 与 CP 的关系如图 6.67 所示。

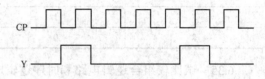

图 6.67　题 6.29 图

6.30 设计一个自动售邮票机的逻辑电路。每次只允许投入一枚五角或一元的硬币，累计投入两元硬币给出一张邮票。如果投入一元五角硬币以后再投入一枚一元硬币，则给出邮票的同时还应找回五角钱。

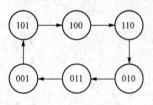

图 6.68　题 6.31 图

6.31 设计一个控制步进电动机三相六状态工作的逻辑电路。如果用 1 表示电动机绕组导通，0 表示电动机绕组截止，则 3 个绕组 ABC 的状态转换图如图 6.68 所示。

6.32 试用触发器和与非门设计一个含有东西向检测的红、黄、绿三色十字路口交通灯控制电路，要求按图 6.69 所示顺序循环工作。

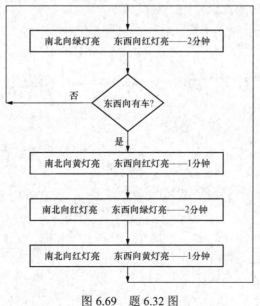

图 6.69　题 6.32 图

6.33　试利用 D 触发器构成一个四位环形计数器。

6.34　设计一个灯光控制逻辑电路。要求红、绿、黄三种颜色的灯在时钟信号作用下按表 6.13 规定的顺序转换状态。表 6.17 中的 1 表示"亮"，0 表示"灭"。要求电路能自启动。

表 6.17　　　　　　　　　　　　题 6.34 表

CP 顺序	红	黄	绿
0	0	0	0
1	1	0	0
2	0	1	0
3	0	0	1
4	1	1	1
5	0	0	1
6	0	1	0
7	1	0	0
8	0	0	0

6.35　试比较组合逻辑电路和时序逻辑电路在电路结构和输出、输入关系上的不同。

第 7 章 脉 冲 电 路

本章介绍了两类最常用的脉冲电路：施密特触发器和单稳态触发器电路。同时介绍了典型的脉冲振荡电路：多谐振荡器，另外对集成定时器 555 的原理及应用进行了介绍。

7.1 概　　述

在数字电路或系统中，常常需要各种脉冲波形，例如时钟脉冲，控制过程中的定时信号等，获得脉冲的方法一般有两种：一种是利用脉冲振荡器直接产生脉冲信号；另一种方法是利用已有的周期性信号通过变换整形得到脉冲信号。下面介绍关于脉冲的基本描述。

脉冲是指短时间出现的电压或电流。或者说间断性的电压或电流称为脉冲电压或脉冲电流。在数字电路中广泛应用的是矩形脉冲。

为了定量描述矩形脉冲的特性，常使用如图 7.1 所示图中所标注的参数，现叙述如下。

脉冲周期 T——周期性重复的脉冲序列中，两相邻脉冲之间的时间间隔（有时也使用频率 $f=1/T$ 表示单位时间内脉冲重复的次数）。

脉冲幅度 U_m——脉冲电压的最大变化幅度。

脉冲宽度 t_p——从脉冲前沿到达 $0.5U_m$ 起，到脉冲后沿到达 $0.5U_m$ 为止的一段时间。

上升时间 t_r——脉冲上升沿从 $0.1U_m$ 上升到 $0.9U_m$ 所需要的时间。

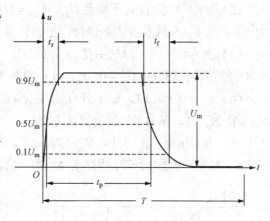

图 7.1　矩形脉冲参数表示

下降时间 t_f——脉冲下降沿从 $0.9U_m$ 下降到 $0.1U_m$ 所需的时间。

占空比 q——脉冲宽度与脉冲周期的比值，亦即 $q=t_p/T$。

用于产生脉冲信号的电路通常称为多谐振荡器，用于对波形进行整形变换的电路有施密特触发器和单稳态触发器，它们的电路形式有很多种，本章介绍几种用小规模集成电路组成的多谐荡振器、施密特触发器和单稳态触发器。集成定时器 555，则是一个常用的器件，利用它可以很方便地组成单稳态触发器、施密特触发器或多谐振荡器。

7.2 施 密 特 触 发 器

施密特触发器（Schmitt Trigger）是在脉冲波形变换中经常使用的一种电路，输出有两个稳定的状态。该电路有两个重要的特点：一是输出状态依赖于电路输入信号的电平，即在进行状态变换时所需要的触发信号电平不同；二是能改善输出波形，使输出电压波形的边沿变得很陡。利用这两个特点，不仅能将边沿变化缓慢的信号波形整形为边沿陡峭的矩形波，而且可以将叠加在矩形脉冲高低电平上的噪声有效地清除。

7.2.1　由门电路组成的施密特触发器

1. 电路图

图 7.2 所示电路是带电平偏移的施密特触发器，它由与非门 G_1、G_2 组成基本 RS 触发器，与非门 G_3 为控制门，二极管 VD 起电平偏移作用。设二极管为硅管，导通时的压降为 $U_D = 0.7V$。

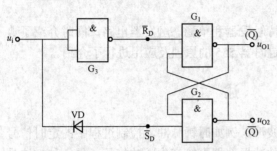

图 7.2　带电平偏移二极管的施密特触发器

2. 原理分析

假设输入 u_i 为三角波，如图 7.3（a）所示，设门 G_1、G_2、G_3 的门槛电平均为 U_T。

（1）当 $0 < t < t_1$ 时，u_i 下降但仍为高电平，G_3 导通（开门），VD 截止，使 $\overline{R}_D = 0$，$\overline{S}_D = 1$，$u_{o1} = 1$，$u_{o2} = 0$，电路处于第一稳态，Q=0。

（2）当 $t_1 \leqslant t < t_2$ 时，u_i 下降至 U_{it1}，$U_{it1} = U^+ = U_T$，G_3 截止（关门），VD 截止，此时 $\overline{R}_D = 1$，$\overline{S}_D = 1$，基本 RS 触发器状态保持，电路仍维持在第一稳态，不发生翻转。

（3）当 $t_2 \leqslant t < t_3$ 时，$U_{it2} = (U_T - U_D) = U^-$，$G_3$ 截止，VD 导通，此时 $\overline{R}_D = 1$，$\overline{S}_D = 0$，基本 RS 触发器将翻转，$u_{o1} = 0$，$u_{o2} = 1$，电路变换到第二稳态，Q=1。

（4）当 $t_3 \leqslant t < t_4$ 时，u_i 上升 $U_{it3} = U_{it2} = U_T - U_D = U^-$，$G_3$ 截止，VD 变为截止，此时，$\overline{R}_D = 1$，$\overline{S}_D = 1$，基本 RS 触发器状态保持，电路仍维持在第二稳态，不发生翻转，Q=1。

（5）当 $t \geqslant t_4$ 时，u_i 上升至 $U_{it4} = U_T = U^+$，G_3，导通，VD 保持截止，此时，$\overline{R}_D = 0$，$\overline{S}_D = 1$，基本 RS 触发器状态将翻转，电路变换到第一稳态，随着 u_i 的继续上升，电路将继续保持第一稳态。

图 7.3（b）、（c）所示为相应的 u_{o1} 与 u_{o2} 的输出波形。

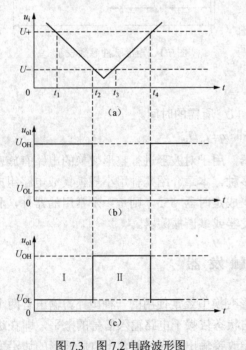

图 7.3　图 7.2 电路波形图

（a）输入波形；（b）u_{o1} 波形；（c）u_{o2} 波形

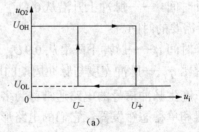

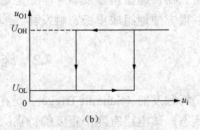

图 7.4　传输特性的间差现象

（a）反相输出；（b）同相输出

3. 回差特性

通过以上分析可以发现这样一个现象：在输入电压下降过程中，电路输出由第一稳态翻转到第二稳态所要求的输入电压 $u_i=U^-$，与输入电压上升过程中电路从第二稳态回到第一稳态所要求的输入电压 $u_i=U^+$ 是不相同的。这种现象称回差（或滞后）现象，U^+ 称为正向阈值电压，U^- 称为负向阈值电压，电路的回差（滞后）电压 $\Delta U = U^+ - U^-$。对图 7.2 所示的施密特触发器 $\Delta U = U_D$，这一滞后电压也即由二极管 VD 产生的，所以称其为带电平偏移的施密特触发器。这一特性可以由图 7.4（a）所示。即当输入电平由高电平向低电平变化时使触发器由 Q=0 翻转成 Q=1 的输入电平为 U^-，而当输入电平由低电平向高电平转化时使触发器由 Q=1 翻转为 Q=0 的输入电平为 U^+。

根据原理分析，不难发现施密特触发器的输出是随输入而变化的，而且有两个状态相反的输出端（同相输出、反相输出），所以电压传输特性曲线有同相输出如图 7.4（b）所示、反相输出如图 7.4（a）所示两种情况。前面原理分析是对反相输出而言的。

4. 回差电压可调的施密特触发器

回差电压是施密特触发器的一个主要参数，根据需要，有的场合要利用回差，有的场合则希望尽量减小回差。图 7.5 所示为回差电压可调的施密特触发器电路和波形图。

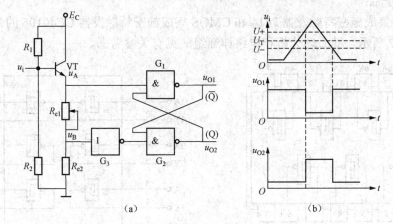

图 7.5　回差电压可调的施密特触发器

（a）电路图；（b）波形图

当输入电压 $u_i=0$ 时，三极管 VT 截止，$u_A=u_B=0$，门 G_1、G_3 截止，$u_{o1}=U_{OH}$，Q=0 电路处于第一稳态。

当输入电压 u_i 增加，VT 构成射极跟随器，u_A、u_B 跟随增加，当 u_B 增加到 U_T（U_T 为门电路的阈值电平）时，G_3 由截止转为导通。G_3 输出电平使 G_2 截止。$U_{o2}=U_{oH}$，Q=1，因为 $u_A>u_B$，门 G_1 获得两个高电位输入，G_1 开门，$u_{o1}=U_{OL}$，电路翻转成 $\overline{Q}=0$，并稳定，使 $u_B=U_T$ 时电路从 Q=0 翻转成 Q=1，所对应的触发器输入电平设为 U^+ 则

$$U^+ = u_A + U_{BE} \quad （U_{BE} 为三极管 VT 的发射结电压）$$

而 $U_A = \dfrac{u_B}{R_{e2}}(R_{e1}+R_{e2})$（因为 R_{e1} 与 R_{e2} 上电流相等，门 G_1、G_3 输入电流近似为零）

故

$$U^+ = \frac{R_{e1}+R_{e2}}{R_{e2}}U_T + U_{BE}$$

当输入电压 u_i 由高电平降至 U^+ 时 $u_B=U_T$，门 G_3 转为截止，输出高电平，而此时 $u_A>U_T$，即 G_1、G_2 构成的基本 RS 触发器保持 Q=1 的状态。

当输入电压 u_i 再下降至 $u_A=U_T$ 时，使门 G_1 得关门电平，U_{o1} 由低电平转为高电平，门 G_2 则打开，Q 由 1 翻转为 0。因此对应于 Q 由 1 翻转为 0 的输入电平为 U^-，则

$$U^-=u_A+U_{BE}=U_T+U_{BE}$$

其回差电压

$$\Delta U = U^+ - U^-$$
$$= \frac{R_{e1}+R_{e2}}{R_{e2}}U_T + U_{BE} - (U_T + U_{BE}) \qquad (7.1)$$
$$= \frac{R_{e1}}{R_{e2}}U_T$$

由式（7.1）可知，该电路的回差电压 ΔU 可通过改变 R_{e1}/R_{e2} 的比值来调节。

7.2.2 集成施密特触发器

由于施密特触发器的应用非常广泛，在常用的 TTL 和 CMOS 电路中，都有单片集成的施密特触发器产品。

TTL 电路集成施密特触发器 7414 和 CMOS 集成施密特触发器 CC40106 的外引线功能如图 7.6 和图 7.7 所示。其原理分析和电路详细组成见有关参考书。

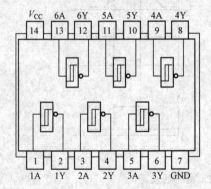 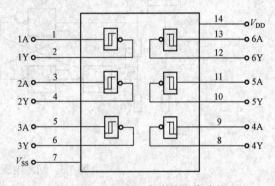

图 7.6　7414（74LS14）电路外引线功能图　　图 7.7　CC40106 电路外引线功能

7414 芯片由六反向器构成，其中 1A（1）、2A（3）、3A（5）、4A（9）、5A（11）、6A（13）为输入端，（2）、（4）、（6）、（8）、（10）、（12）脚为相应的输出端，（14）脚接电源，（7）脚接地，它们典型的数值是 $U^+=1.7V$，$U^-=0.9V$，$\Delta U=0.8V$。

CC40106 芯片由六反向器构成，外引脚也是 14 个，它们典型的阈值电压范围为（电源 $U_{DD}=15V$）$10.8V>U^+>6.8V$；$7.4V>U^->4V$；$5V>\Delta U>1.6V$。

7.2.3 施密特触发器的应用

1. 用于波形变换

利用施密特触发器状态转换过程中的正反馈作用，可以把边沿变化缓慢的周期信号变换为边沿很陡的矩形脉冲信号，如图 7.8 所示，将正弦波变换成矩形波。

2. 用于脉冲整形

施密特触发器能将高低电平含有干扰的信号变换成边沿陡峭的矩形波信号，如图 7.9 所

示是脉冲整形。

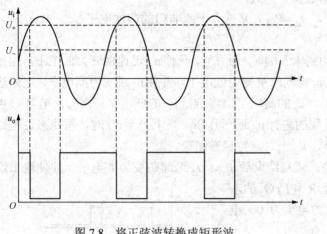

图 7.8 将正弦波转换成矩形波   图 7.9 脉冲整形

3. 用于脉冲鉴幅

由图 7.10 可见，若将一系列幅度各异的脉冲加到施密特触发器的输入端时，只有那些幅度大于 U^+ 的脉冲才会在输出端产生输出信号。因此，施密特触发器能将幅度大于 U^+ 的脉冲选出，具有脉冲鉴幅的能力。

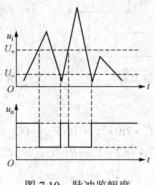

图 7.10 脉冲鉴幅度

7.3 单 稳 态 触 发 器

单稳态触发器具有稳态和暂稳态两个不同的工作状态；在外界触发脉冲作用下，能从稳态翻转到暂稳态，在暂稳态维持一段时间以后，再自动返回稳态；暂稳态维持时间的长短取决于电路本身的参数，与触发脉冲的宽度和幅度无关。由于这些特点，单稳态触发器被广泛应用于脉冲整形、延时以及定时等。

7.3.1 门组成的单稳态触发器

单稳态触发器的暂稳态通常都是靠 RC 电路的充、放电过程来维持的，依据 RC 电路的不同接法，把单稳态触发器分为微分型和积分型两种。

1. 微分型单稳态触发器

如图 7.11 所示，是用 CMOS 或非门电路和 RC 微分电路构成的微分型单稳态触发器。

工作原理如下。

设输入为矩形脉冲电压，C、R 构成微分形式。

（1）$0<t<t_1$ 时，$u_i=0$，$u_{o1}=V_{CC}$，$u_{i2}=V_{CC}$，V_{CC} 大于或非门的门坎电平 U_T，故 $u_o=0$，电容 C 上没有电压，电路处于稳态。

（2）$t_1<t<t_2$ 时，当触发脉冲 u_i 加到输入端时，$u_i(t_1)$ 上升使 u_{o1} 迅速跳变为低电平，由于电容上的电压不可能发生突变，所以 u_{i2} 也同时跳变为低电平，并使 u_o 跳变为高电平，电路进入暂稳态。这时即使 $u_i(t_2)$ 回到低电平，u_o 的高电平仍将维持 u_{o1} 的低电平。同时，电容 C 由电源 V_{CC} 经 R 开始充电。随着充电过程的进行 u_{i2} 逐渐升高，当上升至 U_T 时，暂稳态过程结束，暂稳态时间长度为 t_w。使 u_o 下降，u_{o1} 上升。暂稳态结束。

（3）$t>t_2$ 时，$u_i=0$ 触发脉冲消失。暂稳结束后 u_{o1}、u_{i2} 迅速跳变为高电平。并使输出返回 $u_o=0$ 状态。同时，电容 C 通过电阻 R 和门 G_2 的输入保护电路向 V_{CC} 放电。直至电容上的电压为 0。电路恢复到稳定状态。

微分型单稳态电路工作波形图，如图 7.12 所示。

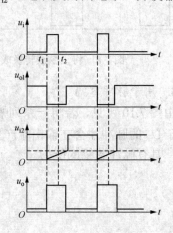

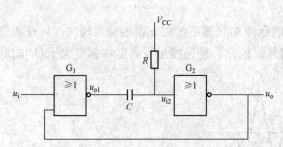

图 7.11　微分型单稳态触发器　　　图 7.12　微分单稳态触发器电压波形图

输出脉冲宽度为

$$t_W = RC \cdot \ln(V_{CC}-0)/(V_{CC}-U_{TH})$$
$$=RC \cdot \ln 2 = 0.69RC(U_{TH}=1/2V_{CC})$$

输出脉冲幅度为　　　　　　　　　$U_{om}=U_{oH}-U_{oL}$

恢复时间为　　　　$t_{re} \approx (3\sim5) R_{ON} C$（$R_{ON}$ 为 G_1 门的输出电阻）

2．积分型单稳态触发器

如图 7.13 所示电路，是由 TTL 与非门组成的积分型单稳态触发器，G_1 和 G_2 采用 RC 积分电路来耦合。

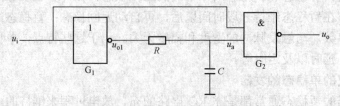

图 7.13　积分型单稳态触发器

工作原理如下。

（1）稳态：当电路的输入 u_i 为低电平时，电路处于稳态，G_1 和 G_2 均关闭。u_{o1}、u_o 均为高电平，u_a 为高电平。即 C 上充有高电压。

（2）暂稳态：在 t_1 时刻，当输入正脉冲以后，u_{o1} 跳变为低电平，由于电容 C 上的电压（u_a）不能突变。所以，G_2 门的两个输入端电压同时为高电平。u_o 跳变为低电平，电路进入暂稳态，C 开始放电。u_a 电平随着 C 放电的进行下降至 U_T 时，使 G_2 截止，u_o 跳变至高电平，暂稳态结束。

（3）当 u_i 又返回低电平以后，u_{o1} 又重新变成高电平 U_{oH}，并向电容 C 充电，经过恢复时间 t_{re} 以后，u_a 恢复为高电平，电路达到稳态。

积分型单稳态触发器各点波形如图 7.14 所示。

输出脉冲宽度为 　　$t_w = RC \cdot \ln(U_{oH}/U_T)$

（U_{oH} 为 TTL 的输出高电平）

输出脉冲幅度为 　　　　$U_{om} = U_{oH} - U_{oL}$

$$t_{re} = (3 \sim 5)RC$$

微分型单稳态触发电路要求窄脉冲触发。具有展宽脉冲宽度的作用；而积分型单稳态触发电路则相反。需要宽脉冲触发，输出窄脉冲，故有压缩脉冲宽度的作用。

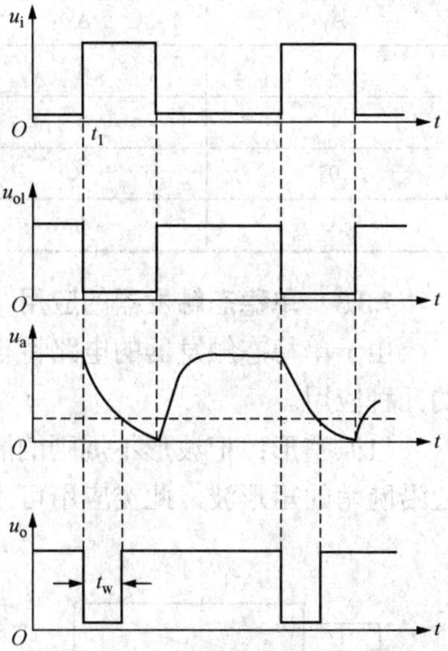

图 7.14　积分型单稳态触发电路的电压波形图

7.3.2　集成单稳态触发电路

在数字系统中集成单稳态触发器已得到广泛的应用。它具有功能齐全，温度特性好，抗干扰能力强，使用方便等优点。常用 TTL 类型的有 74121、74221、74122、74123 和 CMOS 类型的 CC4098、CC14528 等。

下面以 74121 为例进行介绍。

CT74121 集成组件的符号如图 7.15 所示，它的逻辑功能如表 7.1 所示。TR_+B 是正触发输入端，TR_-A_1、TR_-A_2 是两个负输入端，C_{ext} 是外接电容端，R_{int} 是内部电阻（阻值约为 $2k\Omega$）端，R_{ext}/C_{ext} 是外接电阻和电容公共端。功能表中"×"表示取任意值，"↑"表示从低电平向高电平的跳变，"↓"表示从高电平向低电平的跳变，"1"表示脉冲高电平，"0"表示脉冲低电平。

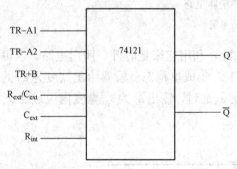

图 7.15　74121 图形符号

表 7.1　　　　　　　　　　　　74121 逻 辑 功 能 表

输　　入			输　　出	
A_1	A_2	B	Q	$\overline{Q}$
0	×	1	0	1
×	0	1	0	1
×	×	0	0	1
1	1	×	0	1
1	↓	1	1	0

输　　入			输　　出	
A_1	A_2	B	Q	$\overline{Q}$
↓	1	1	1	0
↓	↓	1	1	0
0	×	↑	1	0
×	0	↑	1	0

7.3.3　单稳态触发器的应用

由于单稳态触发器的电路特点，它常被用于对信号的整形、定时等。下面介绍 CT74121 的几种应用。

（1）整形：把波形不规则的脉冲输入到单稳态电路。输出就成为具有一定宽度、幅度、边沿陡峭的矩形波，此类应用可用来消除电路噪声，如图 7.16 所示。

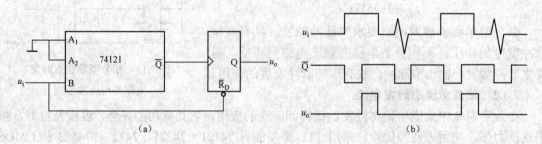

图 7.16　应用 74121 的噪声消除电路

（a）逻辑电路图；（b）波形图

（2）定时：单稳态电路产生一定宽度 t_w 的矩形脉冲。利用它来定时开、闭门电路。也可定时控制某电路的动作。如图 7.17 所示为用 u_{i1} 使 74121 集成单稳态触发器给出宽度为 t_w 的正脉冲 u_{i2}，用 u_{i2} 打开 G 门，在 t_w 的时间里（定时）让 u_{i3} 通过，输出 u_o 为 t_w 宽度内通过的 u_{i3} 脉冲个数。

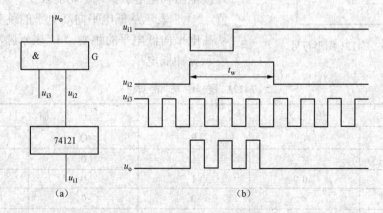

图 7.17　74121 作为定时电路的应用

（a）电路图；（b）波形图

7.4 多 谐 振 荡 器

多谐振荡器是一种能自动产生矩形波的自激振荡器。由于矩形波中含有丰富的高次谐波分量。所以又把这种能产生矩形波的振荡器称为多谐振荡器。多谐振荡器通常由门电路和 RC 电路组成。无稳态,只有两个暂稳态,所以又称为无稳态电路。常见的有由 TTL 门电路和 CMOS 门电路组成的多谐振荡器。

7.4.1 门电路组成的多谐振荡器

由 TTL 门电路组成的多谐振荡器有多种形式,这里介绍的是由奇数个与非门组成的简单环形多谐振荡器和由与非门和 RC 延迟电路组成的改进环形多谐振荡器。

1. 环形多谐振荡器

利用闭合回路中的正反馈作用可产生自激振荡,利用闭合回路中的延迟负反馈作用同样也能产生自激振荡,只要负反馈信号足够强。环形振荡器就是利用延迟负反馈产生振荡的,它是利用门电路的传输延迟时间将奇数个反相器首尾相接而构成的。

如图 7.18(a)所示电路是一个最简单的环形振荡器,它由三个反相器相连而组成。若 u_o 为高电平,经过三级倒相后,u_o 跳转为低电平。若传输门电路的平均延迟时间为 t_{pd},u_o 输出信号的周期为 $6t_{pd}$。如图 7.18(b)所示为各点波形图。

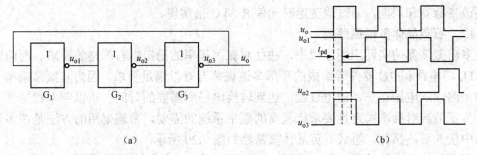

图 7.18　环形多谐振荡器

(a)电原理图;(b)各点波形图

用这种方法构成的振荡器很简单,但不实用。因为门电路的传输延迟时间极短。所以想获得稍低的振荡频率是很困难的,而且频率不易调节。为了克服上述缺点,通常采用外加 RC 延迟电路来改进环形振荡电路。

2. 带 RC 延迟电路的环形多谐振荡器

如图 7.19 所示是用与非门组成的一种实用环形多谐振荡器,它是由三个非门(G_1、G_2、G_3)、两个电阻(R,R_1)和一个电容 C 组成,电阻 R_1 是非门 G_3 的限流保护电阻,一般为 100Ω 左右;R、C 为定时器件,R 的值要小于与非门的关门电阻,一般在 700Ω 以下。否则,电路无法正常工作。由于 RC 的值足够大,传输时间增大,门延迟时间 t_{pd} 可以忽略不计。

工作原理如下。

设初始时 A 点电位 u_A 为低电平,G_1 关闭,输出 u_{o1} 为高电平。它一方面使 G_2 开通,输出 u_{o2} 为低电平。另一方面通过电容 C 的耦合使 B 点和 D 点的电位 u_B、u_D 均为高电平。导致 G_3 开通,输出 u_{o3} 为低电平。由于 u_{o3} 的低电平通过反馈线反馈到 G_1 输入端,u_A 稳定在低电平，所以能保持一段时间不变。

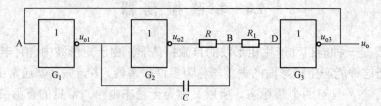

图 7.19　带 RC 延迟电路的环形多谐振荡器

但是它是一个暂稳态，因为 u_{o2} 为低电平，u_{o1} 通过 C、R 对电容 C 充电，使 B 点电位 u_B 逐渐下降，u_D 也随之下降。当 u_D 降到 G_3 的关门电平时，G_3 关闭，输出 u_{o3} 为高电平。电路转入另一个暂稳定态，这是因为 u_{o3} 为高电平后通过反馈线使 G_1 门开通，输出 u_{o1} 转为低电平，G_2 关闭，输出 u_{o2} 为高电平，电容 C 被反向充电，使 u_B 逐渐上升；当 u_B 到达 G_3 的开门电平时，G_3 开通，电路恢复到第一暂稳态，如此周而复始，反复翻转，便形成了多谐振荡，输出良好的矩形波。

脉冲周期 T 由电容充电（t_{W1}）和放电（t_{W2}）两部分组成，其中

$$（t_{W1} \approx 1.1RC \quad t_{W2} \approx 1.2RC）$$
$$脉冲周期（T = t_{W1} + t_{W2} \approx 2.3RC）$$

要改变脉宽和周期，通过改变定时元件 R 和 C 来实现。

7.4.2　石英晶体多谐振荡器

在多谐振荡器的实际应用过程中，往往对振荡频率的稳定性有严格的要求。而前面所讲的由 TTL 门电路和 RC 器件等组成的环形多谐振荡器难以满足要求。因为其振荡频率主要取决于门电路输入电压在充、放电过程中达到转换电平所需的时间。所以频率稳定性不可能很高。为了适应对频率稳定性要求比较高的数字系统的需要，普遍采用的方法是在多谐振荡器电路中接入石英晶体，组成石英晶体振荡器如图 7.20 所示。

从石英晶体的电抗频率特性（见图 7.21）可以看出，外加电压的频率为 f_o 时它的阻抗最小。把它接入多谐振荡器的正反馈环路中以后。频率为 f_o 的电压信号最容易通过它，并在电路中形成正反馈，而其他频率信号经过石英晶体时被衰减，那么振荡器的工作频率必然是 f_o。因此，石英晶体多谐振荡器的振荡频率取决于石英晶体的固有谐振频率 f_o，而与外接电阻、电容无关，而石英晶体具有很好的选频特性，而且频率稳定度极高，很容易做到误差在 10^{-6} 以上。

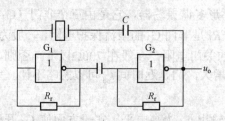

图 7.20　石英晶体多谐振荡器

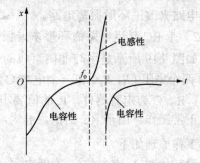

图 7.21　石英晶体的电抗频率特性

7.5 集成定时器 555 及其应用

555 定时器是一种将模拟功能与逻辑功能结合在一起的中规模集成电路，电路的功能灵活，适用范围广，只要外部配上两三个阻容元件，就可以构成单稳、多谐或施密特电路。所以 555 定时器在波形的产生与变换、测量与控制、家用电器、电子玩具等领域得到广泛的应用。

集成定时器 555 有 TTL 型和 CMOS 型两类。TTL 型产品型号的最后三位数码都是 555，CMOS 产品型号的最后四位数码都是 7555，它们的逻辑功能和外部引脚排列完全相同。

7.5.1 555 定时器的结构和功能

图 7.22 所示为 555 定时器内部结构的简化原理图。它包括两个电压比较器 C_1 和 C_2，一个 RS 触发器、放电管 VT 以及三个阻值为 5kΩ 的电阻组成的分压器。

定时器的主要功能取决于比较器，比较器的输出控制 RS 触发器和放电三极管 VT 的状态。当比较器 C_2 的输入电压 $u_{\overline{TR}} < V_{CC}/3$（比较器 C_2 的参考电压）时，C_2 输出为 1，触发器被置位，放电管 VT 截止。而当比较器 C_1 的输入端 u_{TH} 电位高于 $2V_{CC}/3$（比较器 C_1 的参考电压）时，C_1 输出为 1，触发器被复位，且放电管 VT 导通。此外，若复位端为低电平时，内参考电位强制触发器复位，而不管比较器的输出信号如何。因此，当复位端不用时，应将其接高电平。

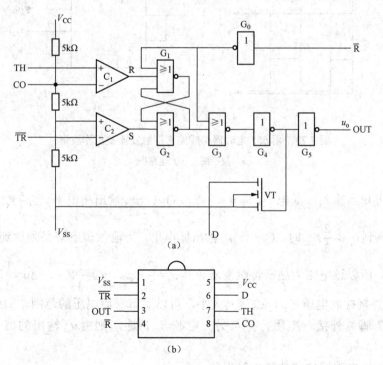

图 7.22　集成定时器 555 逻辑图和管脚分布图

（a）逻辑图；（b）管脚分布图

综上所述，555 定时器的基本功能如表 7.2 所示。

表 7.2   **5 5 5 定 时 器 功 能 表**

输　入			输　出	
阈值输入 TH	触发输入 $\overline{\text{TR}}$	复位 $\overline{\text{R}}$	输出 OUT	放电管 VT
×	×	0	0	导通
$<2/3V_{CC}$	$<1/3V_{CC}$	1	1	截止
$>2/3V_{CC}$	$>1/3V_{CC}$	1	0	导通
$<2/3V_{CC}$	$>1/3V_{CC}$	1	不变	不变

上面的讨论没有谈到电压控制端(即 5 脚悬空)，因而比较器 C_1、C_2 的参考电压分为 $2/3V_{CC}$ 和 $1/3V_{CC}$，如果在电压控制端施加一个外加电压（其值在 $0\sim V_{CC}$ 之间），比较器的参考电压将发生变化，相应地电路的阈值、触发电平也随之改变，并进而影响电路的定时参数。

7.5.2 用 555 定时器构成施密特触发器

将 555 定时器的 TH 输入端和 $\overline{\text{TR}}$ 端输入端连接在一起，便构成了施密特触发器，如图 7.23（b）所示，当输入如图 7.23（a）所示的三角波信号时，则施密特触发的 u_{o2} 端可得到方波输出。

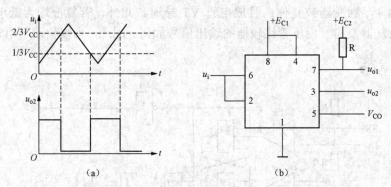

图 7.23　用 555 定时器构成施密特触发器及工作波形

（a）波形图；（b）电路图

由功能表可知当输入 u_i 低电平，即 $u_i<\dfrac{1}{3}V_{CC}$，Q=1，u_{o2} 输出高电平。当 $\dfrac{2}{3}V_{CC}>u_i>\dfrac{1}{3}V_{CC}$ 时，Q 保持，u_i 升高到 $u_i\geqslant\dfrac{2}{3}V_{CC}$ 时，Q=0，u_{o2} 输出低电平。当输入 u_i 下降必须达到 $u_i\leqslant\dfrac{1}{3}V_{CC}$ 时，再翻转至 Q=1，所以该电路为施密特触发器。其 $u_+=\dfrac{2}{3}V_{CC}$，$u_-=\dfrac{1}{3}V_{CC}$，$\Delta u=\dfrac{1}{3}V_{CC}$。

图中 5 脚外接控制电压 V_{CC}，改变其大小，可以调节滞后电压的范围。如果在 555 定时器的放电端（7 脚）外接一电阻，并与另一电源 E_C 相连，则由 u_{o1} 输出的信号可实现电平转换。

7.5.3 用 555 定时器构成单稳态触发器

由 555 构成的单稳态触发器如图 7.24（a）所示。电源接通瞬间，电路有一个稳定的过程，即电源通过电阻 R 向电容 C 充电，当 u_c 上升到 $2V_{CC}/3$ 时，触发器复位，u_o 为低电平，放电管 VT 导通，电容 C 放电，电路进入稳定状态。

若触发器输入端施加触发信号（$u_i < V_{CC}/3$），触发器发生翻转，电路进入暂稳态，u_o 输出为 1，且放电管 VT 截止。此后电容 C 充电，至 $u_c = 2V_{CC}/3$ 时，电路又发生翻转，u_o 输出为 0，VT 导通，电容 C 放电，电路恢复至稳定状态。

如果忽略 VT 的饱和压降，则 u_c 从零电平上升到 $2V_{CC}/3$ 的时间，即为 u_o 的输出脉宽 t_w。

$$t_w = RC\ln3 \approx 1.1RC$$

这种电路产生的脉冲宽度可以从几个微秒到数分钟，精度可达 0.1%。

用 555 构成单稳态触发器的波形如图 7.24（b）所示。

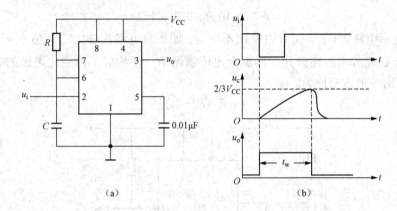

（a）　　　　　　　　　　　　（b）

图 7.24　用 555 定时器构成单稳态触发器及工作波形

（a）电路图；（b）工作波形图

7.5.4　用 555 定时器构成多谐振荡器

由 555 定时器构成的多谐振荡器如图 7.25（a）所示，其工作波形如图 7.25（b）所示。

接通电源后，电容 C 被充电，u_c 上升。当 u_c 上升到 $2V_{CC}/3$ 时，触发器被复位，同时放电管 VT 导通，此时 u_o 为低电平，电容 C 通过 R_2 和 VT 放电，使 u_c 下降。当 u_c 下降到 $V_{CC}/3$ 时，触发器又被置位，u_o 翻转为高电平。电容器 C 放电所需时间为

$$T_1 = R_2 C\ln2 \approx 0.7 R_2 C$$

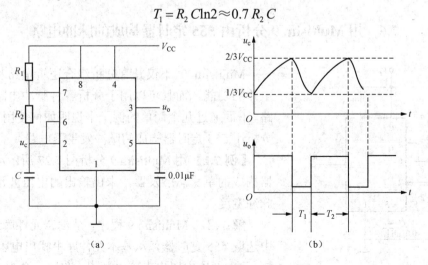

（a）　　　　　　　　　　　　（b）

图 7.25　用 555 定时器构成多谐振荡器及工作波形

（a）电路图；（b）工作波形图

当放电结束时，放电管 VT 截止。V_{CC} 将通过 R_1、R_2 向电容器充电，u_c 由 $V_{CC}/3$ 上升到 $2V_{CC}/3$ 所需的时间为

$$T_2 = (R_1 + R_2)C\ln2 \approx 0.7(R_1 + R_2)C$$

故电路的振荡周期为

$$T_1 + T_2 = (R_1 + 2R_2)C\ln2$$

当 u_c 上升到 $2V_{CC}/3$ 时，触发器又发生翻转，如此周而复始，在输出端就得到一个周期性的方波，其频率为

$$f = 1/T = 1/(R_1 + 2R_2)C\ln2$$

图 7.25 所示电路 $T_1 \neq T_2$，而且占空比不可变。如果将电路改成如图 7.26 所示，利用 VD1、VD2 将电容器 C 充放电回路分开。再加上电位器调节，便构成了占空比可调的方波发生器。这种振荡器输出波形占空比为

$$q = R_a/(R_a + R_b)$$

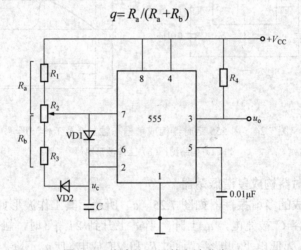

图 7.26　占空比可调的方波发生器

7.6　用 Multisim 9 分析由 555 定时器构成的脉冲电路

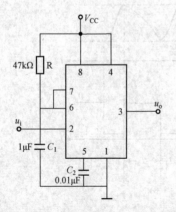

图 7.27　[例 7.1] 由 555 定时器构成的单稳态触发器电路

Multisim 9 不仅具有分析组合逻辑电路和时序逻辑电路的功能，而且可以用于分析各种脉冲电路和整形电路。下面通过几个简单的例子来说明如何使用 Multisim 9 分析用 555 定时器构成的脉冲发生器电路。

【例 7.1】用 Multisim 9 分析图 7.27 所示用 555 定时器构成的单稳态触发器，求出输出的电压波形和输出的脉冲宽度。

解：启动 Multisim 9 程序，从混合元件库（MIXED）中选取 555 定时器，从基本元件库中找出电阻 R 和电容 C，从电源库中取出直流电源 V_{CC} 和地，将 555 定时器接成单稳态触发器。从仪表库中取出四综示波器 XSC1，并

接入电路，如图 7.28 所示。

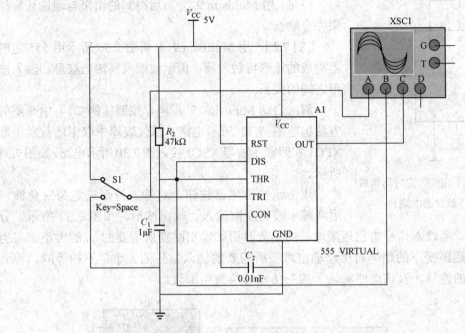

图 7.28　用 Multisim 9 分析图 7.27 的电路

用四踪示波器的 A、B、C 通道分别观测电路中的触发信号输入端、电容两端和输出端的电压波形，如图 7.29 所示。根据示波器中的时间轴上显示的数据可计算出输出脉冲的宽度为 $t_w \approx 50 \text{ms/div} \times 1 \text{div} = 50 \text{ms}$。

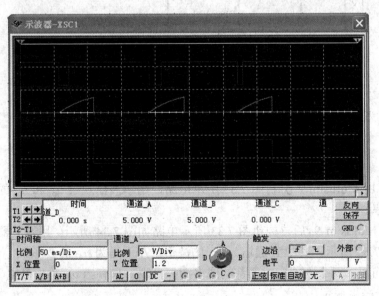

图 7.29　用 Multisim 9 中的示波器观测图 7.27 的波形

根据 7.5.2 节的理论分析，该单稳态电路输出的脉冲的脉冲宽度的计算公式为：$t_w \approx 0.7RC$，将图 7.27 所示的电路参数代入该式中计算，得到

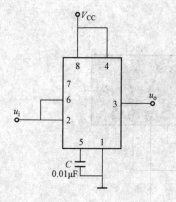

图 7.30　［例 7.2］由 555 定时器构成
的施密特触发器电路

$t_w \approx 0.7 \times 47\text{k}\Omega \times 1\mu\text{F} = 5.17\text{ms}$

可见，用 Multisim 9 分析后得到的结果与理论计算结果完全吻合。

【**例 7.2**】　用 Multisim 9 分析图 7.30 所示用 555 定时器构成的施密特触发器，用示波器观察输出波形和输入波形之间的关系。

解：启动 Multisim 9 程序，按照［例 7.1］中介绍的方法构建图 7.30 所示电路。从仪表库中取出函数发生器 XFG1 和四踪示波器 XSC1 接入图 7.30 所示电路，如图 7.31 所示。

双击函数发生器按钮，将输入波形选定为三角波，用双踪示波器观察输入、输出波形，如图 7.32 所示。分析波形图可见，当输入信号为已逐渐增长的趋势时引起输出跳变所需要的 u_i 的大小，与当输入信号为一逐渐变下的趋势时引起输出跳变所需要的输入信号的大小是不相等的，符合施密特触发器的性质，且该电路将输入的三角波转换为矩形波。

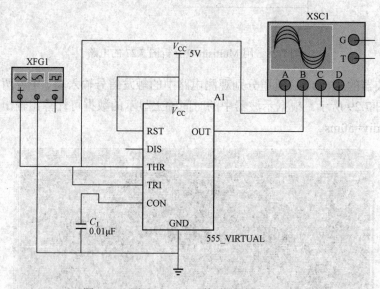

图 7.31　用 Multisim 9 构建图 7.30 的电路

【**例 7.3**】　用 Multisim 9 分析图 7.33 所示电路，用示波器观察 u_{o1} 和 u_{o2} 的波形，并计算 u_{o1} 和 u_{o2} 的频率。

解：启动 Multisim 9 后，构建图 7.33 所示电路如图 7.34 所示。用示波器观察 u_{o1} 和 u_{o2} 的波形，如图 7.35 所示，其中 B 通道为 u_{o1} 的波形，A 通道为 u_{o2} 的波形。

由波形图可见，两个 555 定时器都构成多谢振荡器。只有当 u_{o1} 输出高电平时，555 定时器（Ⅱ）才可能产生振荡。

根据电路参数，u_{o1} 和 u_{o2} 的周期为

$$T_1 = 0.7(R_1 + 2R_2)C_1 = 0.7 \times (100 + 2 \times 100) \times 10^3 \times 1 \times 10^{-6} = 2.1 \text{（s）}$$

$$T_2 = 0.7(R_3 + 2R_4)C_3 = 0.7 \times (1 + 2 \times 4.7) \times 10^3 \times 0.1 \times 10^{-6} = 0.728 \text{（ms）}$$

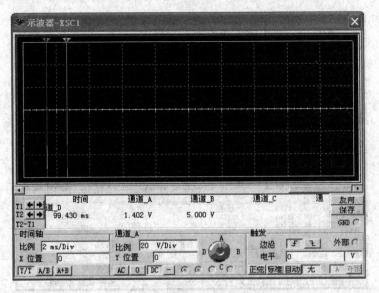

图 7.32 用 Multisim 9 中的示波器观测图 7.30 的波形

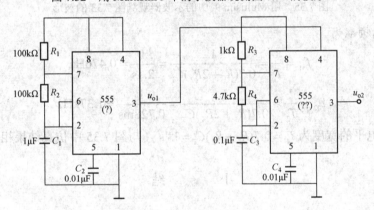

图 7.33 ［例 7.3］电路图

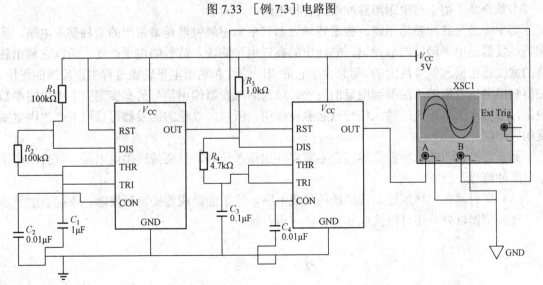

图 7.34 用 Multisim 9 构建的图 7.33 所示电路图

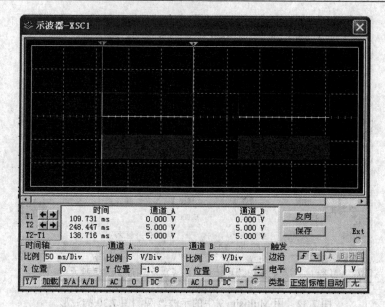

图 7.35　用 Multisim 9 中的示波器观测图 7.33 的波形

u_{o1} 和 u_{o2} 的频率为

$$f_{o1} = \frac{1}{T_1} = \frac{1}{0.7(R_1 + 2R_2)C_1} = \frac{1}{2.1\text{s}} = 0.476\text{Hz}$$

$$f_{02} = \frac{1}{T_2} = \frac{1}{0.7(R_3 + 2R_4)C_3} = \frac{1}{0.728\text{ms}} = 1.37\text{kHz}$$

u_{o1} 输出高电平的宽度为 $T_1 = 0.7(R_1 + R_2)C_1 = 1.4\text{s}$ ，与图 7.35 中仿真结果相同。

小　　结

本章介绍了用于产生矩形脉冲波的各种电路。

其中一类是脉冲整形电路，施密特触发器和单稳态触发器是最常用的两种整形电路。施密特触发器是电平触发的触发器，它输出的高低电平随输入信号的电平改变，所以它输出脉冲的宽度是由输入信号决定的，而且由于它的滞回特性和输出电平转换过程中正反馈的作用，使得输出电压波形的边沿得到明显的改善。单稳态触发器输出信号的宽度则完全由电路参数决定，与输入信号无关，输入信号只起触发作用。所以，单稳态触发器可以用于产生固定宽度的脉冲信号。

另一类是自激的脉冲振荡器，它不需要外加输入信号，只要接通供电电源，就自动产生矩形脉冲信号。

555 定时器是一种用途非常广泛的集成电路，除了能组成施密特触发器、单稳态触发器和多谐振荡器以外，还可以接成其他各种应用电路。

习　　题

7.1　试述施密特触发器的工作特点和主要用途。

7.2　一同相施密特触发器输入信号如图 7.36 所示，试画出时间对应的输出波形。

7.3　在图 7.37 所示的施密特触发器电路中，若 G_1 和 G_2 为 74LS 系列与非门和反相器，它们的阈值电压 $U_T=1.1V$，$R_1=1k\Omega$，$R_2=2k\Omega$，二极管的导通压降 $U_D=0.7V$。试计算 U^+、U^-、ΔU。

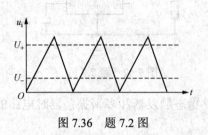

图 7.36　题 7.2 图

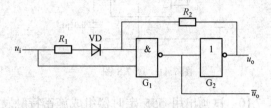

图 7.37　题 7.3 图

7.4　试说明单稳态触发器的工作特点和主要用途。

7.5　图 7.38 所示的微分型单稳态触发器电路中，已知 $R=51k\Omega$，$C=0.01\mu F$，电源电压 $V_{CC}=10V$。试求在触发器信号作用下输出脉冲的宽度和幅度。

7.6　如图 7.39 所示的积分型单稳态触发器电路中 G_1 和 G_2 门的 $U_{oH}=3.2V$，$U_{oL}=0$，$U_T=1.1V$，$R=1k\Omega$，$C=0.01\mu F$，试求在触发信号作用下输出负脉冲的宽度（设触发脉冲的宽度大于输出脉冲的宽度）。

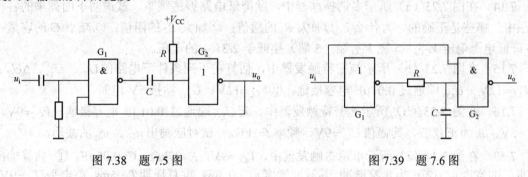

图 7.38　题 7.5 图　　　　　　　　　　图 7.39　题 7.6 图

7.7　用奇数个 TTL 与非门组成如图 7.40 所示环形多谐振荡器。①推导振荡频率的计算公式；②若每级门的平均传输时间 t_{ed} 都是 20ns，那么要想得到频率 $f=5MHz$ 的振荡波形，试问需要多少个门？

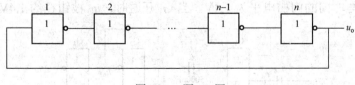

图 7.40　题 7.7 图

7.8　根据图 7.41 所示电路方式：①解释该电路为什么能产生占空比为 50% 的方波？②计算其振荡周期。

7.9　如图 7.42 所示用 CH7555 构成的施密特触发器中，当 u_i 为正弦波且幅度足够大时，试对应画出 u_{o1}、u_{o2} 的波形。

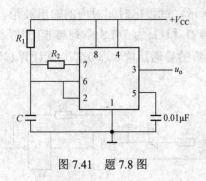

图 7.41   题 7.8 图

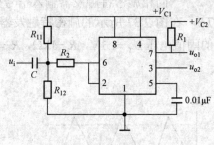

图 7.42   题 7.9 图

7.10   试画出用 555 定时器组成施密特触发器、单稳态触发器和多谐振荡器时电路的连接图。

7.11   在图 7.22 所示 555 集成定时器中，输出电压 u_o 为高电平 U_{oH}、低电平 U_{oL} 及保持原来状态不变的输入信号条件各是什么？假定 U_{CO} 端已通过 0.01μF 接地，u_D 端悬空。

7.12   在图 7.25（a）所示多谐振荡器中，R_1=15kΩ、R_2=10kΩ、C=0.05μF、V_{CC}=9V，定性画出 u_c、u_o 的波形，估算振荡频率 f 和占空比 q。

7.13   图 7.26 所示是占空比可调的多谐振荡器。C=0.2μF、V_{CC}=9V，要求其振荡频率 f=1kHz，占空比 q=0.5，估算 R_a、R_b 的比值。

7.14   在图 7.25（a）所示多谐振荡器中，欲降低电路振荡频率，试说明下面列举的各种方法中，哪些是正确的？为什么？①加大 R_1 的阻值；②加大 R_2 的阻值；③减小 C 的容量；④ 降低电源电压 V_{CC}；⑤在 V_{CO} 端（5 端）接低于 2/3V_{CC} 的电压。

7.15   在图 7.23（b）所示施密特触发器中，估算在下列条件下电路的 U_{T+}、U_{T-}、ΔU_T：①V_{CC}=12V、U_{CO} 端通过 0.01μF 电容接地；②V_{CC}=12V、U_{CO} 端接 5V 电源。

7.16   在图 7.23（b）所示施密特触发器中，若 U_{CO} 端通过 0.01μF 电容接地，V_{CC}=9V，E_C=5V，u_i 为正弦波，其幅值 U_{im}=9V、频率 f=1kHz，试对应画出 u_{o1}、u_{o2} 的波形。

7.17   在图 7.24（a）所示单稳态触发器中，V_{CC}=9V，R=27kΩ、C=0.05μF。① 估算输出脉冲 u_o 的宽度 t_W；②u_i 为负窄脉冲，其脉冲宽度 t_{W1}=0.5ms、重复周期 T_1=5ms、高电平 U_{iH}=9V、低电平 U_{iL}=0V，试对应画出 u_c、u_o 的波形。

7.18   微分型单稳电路如图 7.43 所示。其中 t_{pi} 为 3μs、C_d=50pF、R_d=10kΩ、C=5000pF、R=200Ω，试对应地画出 u_i、u_D、u_{o1}、u_R、u_{o2}、u_o 的波形，并求出输出脉冲宽度。

提示：TTL 与非门的门槛电平为 1.4V，当 G_1 开通时，u_D 被钳在约 1.4V 上。

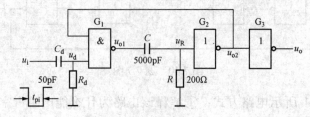

图 7.43   题 7.18 图

第8章 数/模（D/A）和模/数（A/D）转换

本章系统地讲述了 A/D、D/A 转换器的基本原理和几种典型电路，并对几种常用的单片集成芯片的电路结构和使用方法进行介绍。

8.1 概   述

自然界中绝大多数的物理量，如压力、温度、速度、流量、位移、光通量等，都是连续变化的模拟量，这些非电模拟量通过传感器转换成与之相应的电压、电流或频率等电模拟量，然而我们知道数字系统或装置只能处理数字信号，也即要求把模拟量转换成数字量，这个过程称为模/数转换，完成这种转换的装置称为模/数转换器或称为 A/D 转换器（Analog to Digital Converter，ADC）。通过模/数转换器转换后的数字信号经数字系统处理后仍是数字信号，不能直接去控制执行元件，必须将数字信号再转换成模拟信号，这个过程称为数/模转换，完成这种转换的装置称为数/模转换器或称为 D/A 转换器（Digital to Analog Coverter，DAC）。图 8.1 所示为 A/D 和 D/A 转换在数字系统的作用示意图。

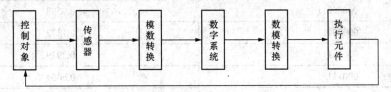

图 8.1 A/D、D/A 转换器在数字系统中的作用

控制对象的物理量是传感器的输入，经传感器转变为电压或电流模拟信号，电压或电流模拟信号经 A/D 转换，变成二进制数字量，经数字系统的传输和处理，输出的数字量再经 D/A 转换成模拟信号去控制执行元件实现对各种物理量的控制。

我们还可以看到，只有通过 A/D、D/A 转换器，才能使数字系统和模拟系统联系起来。因此可以说数/模、模/数转换器是沟通模拟、数字系统的桥梁，也可以把它们看成数字系统与控制对象之间的接口电路。ADC 是将模拟量转换为数字量，又可称它为编码器，DAC 是将数字量还原成模拟量，又可称它为译码器。

A/D 和 D/A 转换的性能指标主要由两个，一是转换精度，二是转换速度。

8.2 D/A 转换器

8.2.1 D/A 转换的基本原理

图 8.2 所示为一个将输入数字量变换成与之相对应的电压模拟量的数模转换示意图。这种转换关系是线性的。图中 $D_1 \sim D_n$ 是输入数字量 D，可以表示成

$$D = D_{n-1} \cdot 2^{n-1} + D_{n-2} \cdot 2^{n-2} + \cdots + D_0 \cdot 2^0$$

$$= \sum_{i=0}^{n-1} D_i \cdot 2^i$$

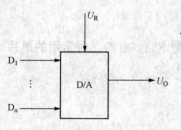

图 8.2　D/A 转换器示意图

U_O 为输出模拟量，U_R 是实现转换所需的参考电压，三者之间应该满足下列关系

$$U_O = D \cdot \frac{U_R}{2^n} = \left(\sum_{i=0}^{n-1} D_i \cdot 2^i \right) \cdot \frac{U_R}{2^n}$$

$$= \frac{(D_{n-1} \cdot 2^{n-1} + D_{n-2} \cdot 2^{n-2} + \cdots + D_0 \cdot 2^0)}{2^n} U_R$$

$$= (D_{n-1} \cdot 2^{-1} + D_{n-2} \cdot 2^{-2} + \cdots + D_0 \cdot 2^{-n}) \cdot U_R$$

由此，输出模拟量是由一系列二进制分量叠加而成，D_i 究竟是 0 或 1，取决于输入数码第 i 位是逻辑 1 还是逻辑 0。如 $n=8$，基准电压 $U_R =5V$，D/A 转换数字量的范围是 $0 \sim 255$，相对应输出电压 U_O 如表 8.1 所示。

表 8.1　　　　　　　　　　　$n=8$ 时相应 D 输入下的输出 U_O 值

D	U_O　（U_R=5V）
00000000	0
00000001	0.0196
00000011	0.0588
00000111	0.1372
00001111	0.2929
00011111	0.6054
00111111	1.2305
01111111	2.4804
11111111	4.9804

一般的数模转换器由四部分组成，即由电阻译码网络、模拟电子开关、基准电源、求和运算放大器。原理方框图如图 8.3 所示。

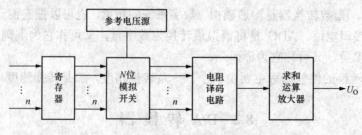

图 8.3　D/A 转换原理框图

将输入的二进制数加载到数码寄存器中寄存，再将其输出同时加到模拟开关上。当 $D_i =1$ 时，相应的寄存器输出为高电平，打开对应的模拟开关，基准电压通过模拟开关加到对应该位的译码网络的一条支路上；$D_i=0$，寄存器输出低电平，不能打开此位的模拟开关，基准电

压就加不到译码网络上。经译码网络将各位的"权"值转换成相应的模拟量，再经求和，将表示数码的各位模拟量相加，就得出输出量 U_O。

简单地说，数模转换的基本原理是基于权的控制，即权电流相加。一般地，权电流是由参考电压源作用于电阻网络形成。

8.2.2　权电阻 D/A 转换器

图 8.4 所示为权电阻网络构成的 n 位 D/A 转换器电路图。它是实现二进制数字—电压转换的最简单的一种网络结构。

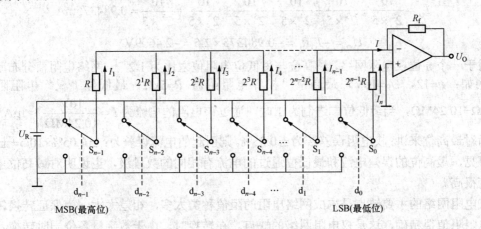

图 8.4　权电阻 D/A 转换器

对应于 n 位二进制数，有 n 个并列支路，每一个支路由一个电阻和一个模拟开关串联组成。各支路的电阻阻值按二进制数的"权"值选取。当数码为 0 时，开关接地；数码为 1 时，开关接基准电压，在运算放大器反相端总线上出现与该位电阻成反比的电流信号。如图 8.4 所示，各位输出的权电流分量分别为：$I_1 = \dfrac{U_R}{R}$，$I_2 = \dfrac{U_R}{2R}$，$I_3 = \dfrac{U_R}{4R}$，$\cdots$，$I_n = \dfrac{U_R}{2^{n-1}R}$。电流方向如图所示，对于运算放大器，由于虚地效应，全部输入电流都流入反馈电阻 R_f，网络输出的总电流 I

$$I = I_1 + I_2 + I_3 + \cdots + I_n$$

$$= \frac{U_R}{R}D_{n-1} + \frac{U_R}{2R}D_{n-2} + \frac{U_R}{4R}D_{n-3} + \cdots + \frac{U_R}{2^{n-1}R}D_0 = \frac{U_R}{R}\left(\frac{D_{n-1}}{2^0} + \frac{D_{n-2}}{2^1} + \frac{D_{n-3}}{2^2} + \cdots + \frac{D_0}{2^{n-1}}\right)$$

$$= \frac{U_R}{2^{n-1}R}(2^{n-1}D_{n-1} + 2^{n-2}D_{n-2} + 2^{n-3}D_{n-3} + \cdots + 2^0D_0)$$

$$U_O = -R_f I$$

若取 $R_f = R$，则

$$U_O = -R_f \frac{U_R}{2^{n-1}R}(2^{n-1}D_{n-1} + 2^{n-2}D_{n-2} + \cdots + 2^1D_1 + 2^0D_0)$$

$$= -\frac{2U_R}{2^n}(2^{n-1}D_{n-1} + 2^{n-2}D_{n-2} + \cdots + 2^1D_1 + 2^0D_0) \tag{8.1}$$

由此可见，输出电压 U_O 与二进制数的权成正比，所以，将这一组电阻称为权电阻。每一位的权电阻是否与 U_R 相连，由二进制数的各位所控制的双向开关来决定，当 $D_i = 1$ 时，接通

U_R；当 D_i=0 时，则接地。输出的模拟电压与数字量成正比。

例如：$n = 8$，$R_f = 2.5\text{k}\Omega$，$R=5\text{k}\Omega$，$U_R = 10\text{V}$，设 D=10011011，则

$$I_O = \frac{10}{5} + \frac{10}{2^3 \times 5} + \frac{10}{2^4 \times 5} + \frac{10}{2^6 \times 5} + \frac{10}{2^7 \times 5} = 2.421875\text{mA}$$

$$U_O = -R_f I_O = -2.5 \times 2.421875 = -6.0546875\text{V}$$

如输入数码为 00111111 时，则

$$I_O = \frac{10}{2^2 \times 5} + \frac{10}{2^3 \times 5} + \frac{10}{2^4 \times 5} + \frac{10}{2^5 \times 5} + \frac{10}{2^6 \times 5} + \frac{10}{2^7 \times 5} = 0.984375\text{mA}$$

$$U_O = -I_O R_f = -0.984375 \times 2.5 = -2.4609\text{V}$$

对于一个 n 位权电阻网络，最高位与最低位电阻值之比为 $1:2^{n-1}$，网络电阻值分布范围很宽。例如：$n=12$，$U_R=10\text{V}$，最高位"权"电阻阻值 $R=5\text{k}\Omega$，最低位"权"电阻阻值为 $2^{11} \times 5\text{k}\Omega=10.24\text{M}\Omega$，当最低位二进制为 1 时，通过该电阻的电流为 $I = \dfrac{10\text{V}}{10.24\text{M}\Omega} \approx 1\mu\text{A}$。

而对最高位来讲：权电阻误差若为 $\pm 0.05\%$。则引起的电流误差为：$\pm 0.05\% \times 10/5 = \pm 1\mu\text{A}$。由此可见，最高位的误差电流和最低位通过的电流有相同的数量级，也说明对最高位电阻要求精度很高。

权电阻网络的主要缺点是构成网络电阻的阻值种类太多，相差太大，为保证转换精度还要求电阻阻值很精确，这是权电阻网络的缺点。在转换时，由于数字量各位同时转换，速度快，这种转换又称为并行数模转换。

8.2.3 T 型电阻网络 D/A 转换器

T 型电阻网络即 $R\text{-}2R$ 网络，克服了权电阻网络电阻变化范围大、种类多的缺点，只用两种数值的精密电阻 R 和 $2R$。

T 型电阻网络的基本结构如图 8.5 所示。

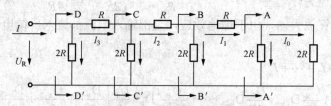

图 8.5 T 型电阻网络基本结构图

这是一个四级的 T 型网络。电阻值为 R 和 $2R$ 的电阻构成 T 型。由图 8.5 可知，由节点 AA'向右看的等效电阻值为 R，而由 BB'、CC'、DD'各点向右看的等效电阻值也都是 R。因此有

$$I = \frac{U_R}{R} \quad I_3 = \frac{1}{2}I = \frac{U_R}{2R} \quad I_2 = \frac{1}{2}I_3 = \frac{1}{2} \cdot \frac{U_R}{2R}$$

$$I_1 = \frac{1}{2}I_2 = \frac{1}{2^2} \cdot \frac{U_R}{2R} \quad\quad\quad\quad I_0 = \frac{1}{2}I_1 = \frac{1}{2^3} \cdot \frac{U_R}{2R}$$

这种网络可以类推到 N 级。

图 8.6 所示为一个数字量输入为四位的 T 型网络 D/A 转换器原理图。

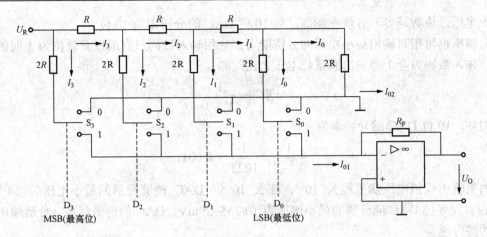

图 8.6　四位 T 型网络 D/A 转换器原理图

同样，图中电阻值为 R 和 $2R$ 的电阻构成 T 型网路。$D_0 \sim D_3$ 表示四位二进制输入信号，D_3 为高位，D_0 为低位。$S_0 \sim S_3$ 是四个电子模拟开关，当某一位数 $D_i = 1$，即表示 S_i 接 1，这时相应电阻的电流 I_i 流向 I_{01}；当 $D_i = 0$，即表示 S_i 接 0，则流过相应电阻的电流 I_i 流向 I_{02} 到地。因此运算放大器输入电流 I_{01} 由下式决定

$$I_{01} = I_3 \cdot D_3 + I_2 \cdot D_2 + I_1 \cdot D_1 + I_0 \cdot D_0$$

$$= \frac{U_R}{2R} \cdot D_3 + \frac{1}{2} \frac{U_R}{2R} \cdot D_2 + \frac{1}{2^2} \frac{U_R}{2R} \cdot D_1 + \frac{1}{2^3} \frac{U_R}{2R} \cdot D_0$$

$$= \frac{U_R}{2^4 R}(D_3 \cdot 2^3 + D_2 \cdot 2^2 + D_1 \cdot 2^1 D_0 \cdot 2^0)$$

图 8.6 中的运算放大器接成反相放大器的形式，其输出电压 U_O 由下式决定

$$U_O = -I_{01} \cdot R_F$$

$$= -\frac{U_R}{2^4} \cdot \frac{R_F}{R}(D_3 \cdot 2^3 + D_2 \cdot 2^2 + D_1 \cdot 2^1 + D_0 \cdot 2^0)$$

即输出的模拟电压与输入的数字信号 $D_3 \sim D_0$ 的状态以及位权成正比。

若取 $R_F = R$，则 D/A 转换后的输出电压表示为

$$U_O = -\frac{U_R}{2^4} \cdot (D_3 \cdot 2^3 + D_2 \cdot 2^2 + D_1 \cdot 2^1 + D_0 \cdot 2^0)$$

如果电阻网络由 N 级组成，则 D/A 转换后的输出电压表示为

$$U_O = -\frac{U_R}{2^n}(D_{n-1} \cdot 2^{n-1} + D_{n-2} \cdot 2^{n-2} + \cdots + D_1 \cdot 2^1 + D_0 \cdot 2^0) \qquad (8.2)$$

T 型电阻网络 D/A 转换与权电阻转换类似，输入数字量各位同时转换，所以也是并行转换，速度快。但它所需要的电阻值种类少，范围也不宽，所以它是较权电阻 D/A 转换器更为广泛的应用电路。

8.2.4　数模转换器的主要参数

在 D/A 转换器中，一般用分辨率和绝对误差来描述转换精度。

（1）分辨率用输入二进制数码的位数给出。在分辨率为 n 位的 D/A 转换器中，输出模拟电压的大小应能区分输入代码从 00…00 到 11…11 全部 2^n 个不同的状态，给出 2^n 个不同等级

的输出电压。位数越多，分辨率越高。如 10 位 DAC 的分辨率为 10 位。

分辨率也可指对输出最小电压的分辨能力。它用输入数码只有最低有效位为 1 时的输出电压与输入数码为全 1 时输出满量程电压之比，即

$$分辨率 = \frac{1}{2^n - 1}$$

例如：10 位 DAC 的分辨率为

$$\frac{1}{2^{10} - 1} = \frac{1}{1023} \approx 0.001$$

如果输出模拟电压满量程为 10V，那么 10 位 DAC 能够分辨的最小电压为 10/1023=9.76mV，而 8 位 DAC 能分辨的最小电压为 10/255=39mV。DAC 的位数越多，分辨输出最小电压的能力越强。

（2）绝对误差又称绝对精度，是指当输入数码为全 1 时所对应实际输出电压与电路理论值之差。设计时，一般要求小于 LSB/2（LSB 为最低有效值）所对应输出的电压值。因此，绝对误差与位数有关，位数 n 越多，LSB 越小，精度则越高。

（3）转换速度是指从送入数字信号起，到输出电流或电压达到稳态值所需要的时间。因此，也称为输出建立时间。一般位数越多，转换时间越长，也就是说精度与速度是相互矛盾的。

在不包含运算放大器的单片集成 D/A 转换器中，建立时间最短的可达 0.1μs 以内。在包含运算放大器的单片集成 D/A 转换器中，建立时间最短的也可达 1.5μs 以内。

8.2.5 集成 D/A 转换器

集成 D/A 芯片通常只将 T 型（倒 T 型）电阻网络、模拟开关等集成到一块芯片上，多数芯片中并不包含运算放大器。构成 D/A 转换器时要外接运算放大器，有时还要外接电阻。常用的 D/A 转换芯片有八位、十位、十二位、十六位等品种，下面介绍八位 D/A 转换器，其型号为 DAC0832，它的集成芯片内部原理框图和外部引线排列如图 8.7 所示。

1. 原理框图

DAC0832 芯片内部主要由三部分组成：两个八位锁（寄）存器，即输入锁存器和 DAC 锁存器，可以进行两次缓冲操作，使操作形式灵活、多样。控制的电路由 G_1、G_2、G_3 等门电路组成，实现对锁存器的多种控制；八位 D/A 转换器主要由倒 T 型电阻网络组成，参考电压 U_R 和求和运算放大器需要外接。

2. DAC0832 管脚使用说明

（1）$D_7 \sim D_0$：数字信号输入端，D_7 为最高位，D_0 为最低位。

（2）ILE：允许输入锁存，高电平有效。

（3）$\overline{CS}$：片选输入，低电平有效。

（4）$\overline{WR1}$：写信号（1）输入，低电平有效。

由图 8.7（a）可知，$A = ILE \cdot \overline{CS} \cdot \overline{WR_1}$。只有当 ILE=1，$\overline{CS} = \overline{WR_1} = 0$ 时 A 点为高电平 1，输入锁存器处于导通状态，允许数据输入；而当 $\overline{WR_1} = 1$ 时输入数据 $D_7 \sim D_0$ 被锁存。

（5）$\overline{WR_2}$：写信号（2）输入，低电平有效。

（6）$\overline{XFER}$：传送控制信号输入端，低电平有效。

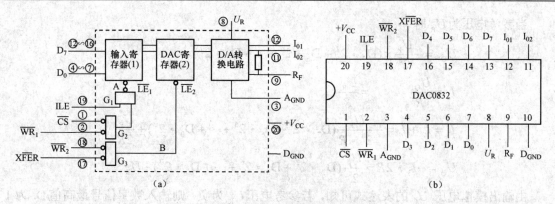

图 8.7   DAC0832 原理框图和引线图

（a）DAC0832 原理框图；（b）引线图

数据 $D_7 \sim D_0$ 被锁存后，能否进行 D/A 转换还要看 B 点的电平。B= $\overline{WR_2} \cdot \overline{XFER}$，只有 $\overline{WR_2}$ 和 $\overline{XFER}$ 均为低电平时 B 才为 1，使锁存于输入锁存器中的数据被锁存于 DAC 锁存器进行 D/A 转换，否则将停止 D/A 转换。

使用该芯片时，可采用双缓冲方式，即两级锁存都受控；也可以用单级缓冲方式，即只控制一级锁存，另一级始终直通；还可以让两级都直通，随时对输入数字信号进行 D/A 转换。因此，这种结构的转换器使用起来非常灵活方便。

（7）U_{REF}：参考电压输入端，可在+10V～−10V 范围内选择。

（8）I_{O1}：电流输出 1（12 脚）。

（9）I_{O2}：电流输出 2（11 脚）。

（10）R_f：9 脚反馈电阻引线端。

（11）V_{CC}：电源电压，可在+5V～+15V 范围内选择。最佳工作状态为+15V。

（12）A_{GND}：模拟信号接地端。

（13）D_{GND}：数字信号接地端。

3. DAC0832 的应用

用 DAC0832 构成单极性 D/A 的典型接线如图 8.8 所示。

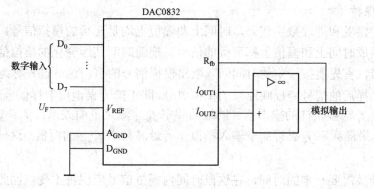

图 8.8   单极性输出 D/A 转换器

如果在图 8.8 的基础上再加一级放大器，就构成了双极性电压输出，如图 8.9 所示。

当参考电压为 U_R 时

$$U_{O1} = -\frac{U_R}{2^8} \times (D_7 \cdot 2^7 + D_6 \cdot 2^6 + \cdots + D_0 \cdot 2^0)$$

$$I_2 = \frac{U_{O1}}{R} \qquad I_1 = \frac{U_R}{R}$$

$$I_3 = I_2 + I_1 = -\frac{U_R}{2^8 \cdot R}(D_7 \cdot 2^7 + D_6 \cdot 2^6 + \cdots + D_0 \cdot 2^0) + \frac{U_R}{2R}$$

$$U_O = -I_3 \cdot 2R = \frac{U_R}{2^7}(D_7 \cdot 2^7 + D_6 \cdot 2^6 + \cdots + D_0 \cdot 2^0) - U_R$$

由输出模拟电压 U_O 的表达式可知，若参考电压 U_R 为负，则输入数字信号最高值 D_7 为 1时，U_O 为负值；当 $D_7=0$ 时，U_O 为正值。所以，最高位 D_7 起到了符号位的作用。当 U_R 为正时，D_7 同样可起到符号的作用，但 $D_7=1$ 时 U_O 为正值，$D_7=0$ 时 U_O 为负值。

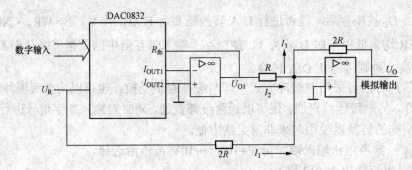

图 8.9　双极性输出 D/A 转换器

8.3　A/D 转 换 器

8.3.1　A/D 转换的基本原理

A/D 转换是将模拟信号转换成数字信号，所以 A/D 转换电路，其输入是连续变化的模拟信号，输出则是离散的二进制数字信号。从输入到输出完成上述转换，一般要经过采样、保持、量化和编码四个步骤。

1. 采样和保持

计算机只能接受和处理数字代码，时间上和幅值上均是连续的模拟信号，输入到计算机之前，必须变换成时间上和幅值上都离散的信号。把随时间连续变化的模拟信号变化成对应的离散数字信号，首先要按一定的时间间隔取出模拟信号的值，这一过程称为采样。

为了保证采样后的信号能反映原来的模拟信号，即正确无误地用取样信号表示模拟信号，要求采样的频率 f_s 与被采样的模拟信号的最高频率 f_{Imax} 满足下面关系：$f_s \geqslant 2f_{Imax}$。

也就是说，采样频率 f_s 必须高于输入模拟信号最高频率 f_{Imax} 的两倍，这一关系称为采样定理。

由于模数转换需要一定的时间，在这段时间内模拟信号应保持不变，因此要求采样后的模拟信号值必须保持一段时间。图 8.10 所示为表示模拟信号、采样信号及采样后保持的信号波形图。其中 u_i 为输入模拟信号；u_s 为采样信号，频率为 $f_s = \dfrac{1}{T_s}$；u_o 为采样保持后的输出波形，每个采样值保持的时间为 T_s。只要 f_s 高于 u_i 最高频率的两倍，则输出信号 u_o 中可以比较真实地反映出输入模拟信号 u_i 的变化规律和大小。

2. 量化和编码

采样保持电路的输出仍是模拟量，不是数字量。为此要把这个模拟量转换成数字量。如果输出数字量是三位的二进制数，则只有 000～111 八种可能的值，所以在 A/D 转换中就有一个将采样保持电路输出的采样值电平换算到与之相近的离散电平的过程，这就称为量化。量化后的信号虽是一个离散量，但为了传输和处理，还必须用一个二进制代码或其他代码来表示，这就是编码。量化和编码就是由模拟量转换数字量的过程，亦即 A/D 转换的主要阶段。

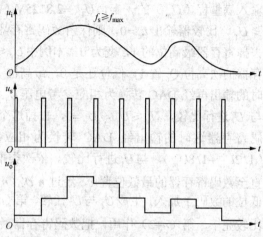

数字量的大小都是以某个最小数字量单位的整数倍来表示的，在用数字量表示模拟电压时，也是如此。最小数字量单位，就是量化单位，用 Δ 表示。既然模拟电压是连续的，那么它就不一定能被 Δ 整除，也就是说用近似的方法取值，这就不可避免地带来了误差，我们称之为量化误差。误差的大小取决于量化的方法。

图 8.10　模拟信号、采样、保持波形图

而各种量化方法中，对模拟量分割的等级越细，误差则越小。

量化方法一般有两种：一种是采用只舍不入的方法；另一种是采用四舍五入的方法。例如，量化单位为 1mV，对于 $0.5mV \leqslant u_o < 1mV$ 只舍不入方法取 $u_o = 0mV$，而四舍五入方法则取 $u_o = 1mV$。由于前者只舍不入，而后者有舍有入，所以后者较前者误差来得小。前者误差最大为 1mV，后者为 0.5mV。

3. 采样保持电路

由于采样脉冲的宽度往往是很窄的，因此样值脉冲的宽度也很窄，为使后续电路能很好地对采样结果进行处理，通常要将样值脉冲的幅度，即采样期间的电压值保存起来，直到下次采样，实现这个保存功能的电路称为保持电路。一般将采样和保持电路总称为采样保持电路，采样保持电路基本组成如图 8.11 所示。

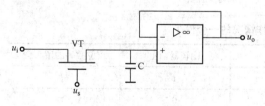

图 8.11　采样保持电路原理图

电路由一个存储输入信息的电容 C，一个场效应管 VT 构成的电子模拟开关及电压跟随运算放大器组成。当采样控制信号 u_s 为高电平时，在其脉宽 t_W 期间，开关管 VT 导通，输入模拟信号 u_i 通过 VT 存储在电容 C 上。经过运放电压跟随器，使输出电压 $u_o = u_c = u_i$。当采样控制信号 u_s 为低电平时，开关管 VT 截止，电容 C 上的电压因无放电通路，会在一段时间内保持不变，所以输出电压 u_o 也保持原数值，直到下一个采样控制信号 u_s 的高电平到来为止。

8.3.2　逐次逼近型 A/D 转换器

逐次逼近型 A/D 转换器是用数码设定比较的方法来进行转换，转换过程中，量化和编码同时实现，属于直接 A/D 转换器。这种 A/D 转换器由电压比较器、逻辑控制器、DAC 及数

码寄存器组成。其原理框图如图 8.12 所示。其转换原理是将输入模拟量同反馈电压（参考电压）U_f 做 n 次比较，使量化的数字量逐次逼近输入模拟量。如待转换的模拟电压 U_i=4.1093V，由表 8.2 比较转换过程，先把数码寄存器最高位 Q_7 置 1（即从最高位开始比较），其余各位 $Q_6 \sim Q_0$ 置 0，即如八位（10000000=128）该数码经 DAC 转换后的输出电压（参考电压 U_f）恰为输入满量程（U_m）的一半，U_f =2.8125V（$1/2 U_m$）。将输入模拟电压 U_i 与 U_f 相比较，若 $U_i \geq U_f$，比较器输出 u_c =0，则保留数码寄存器最高位的 1；若 $U_i < U_f$，比较器输出 U_c =1，则去掉寄存器最高位的 1，变为 0。本例中 $U_f \leq U_i$，U_c =1，"1" 保留，然后控制器再将数码寄存器的次高位 Q_6 置 1，低位还是 0，最高位 1 保留，即八位（11000000=192），数码寄存器这时的输出再经 DAC 转换为相应参考电压 U_f =2.8125V+1.4063V=4.2188V（$1/2 U_m$ +$1/4 U_m$），与 U_i 进行比较，$U_i \leq U_f$，U_c =0，去掉这个 1。第三个顺序脉冲使 Q_5 =1，即 10100000，数码寄存器这时的输出经 DAC 转换为相应参考电压 U_f，U_f =2.8125V+ 0.70315V=3.5156V（$1/2 U_m$ +$1/8 U_m$），与 U_i 进行比较。依次类推，如表 8.2 所示，在一系列 CP 脉冲的作用下，直至数码寄存器的最低位置 1，经过 n 次（n 为数码寄存器的位数）比较后，数码寄存器中最低位的数码 1 加入，生成 U_f 与 U_i 比较，第（n+1）CP 作用以决定最低位数码是保留还是舍去，比较完毕，第（n+2）作用，把数码寄存器最后的状态数输出，模拟量转化为相应数字量。逐次比较的过程，就是 D/A 转换器输出电压与待转换电压逐步逼近的过程，也是寄存器数码逐步建立的过程。A/D 一次采样转换结束时，D/A 转换的输出电压与待转换电压近似相等。寄存器的状态所对应的数码是与模拟电压成正比，也就是与代转换电压成正比，从而实现了 A/D 转换。

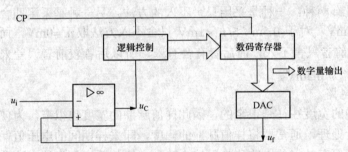

图 8.12　逐次逼近型 A/D 转换器原理框图

表 8.2　　　　　　　　　　　　　　逐次逼近型 A/D 转换器工作情况的一个例子

脉冲顺序	寄存器状态 $Q_7 \sim Q_0$	DAC 输出电压	比较器输出	该位数码的留、舍
1	10000000	2.8125	1	留
2	11000000	4.2188	0	舍
3	10100000	3.5156	1	留
4	10110000	3.8672	1	留
5	10111000	4.043	1	留
6	10111100	4.1309	0	舍
7	10111010	4.0869	1	留
8	10111011	4.1089	1	留

8.3.3 并联比较型 A/D 转换器

并联比较型 A/D 转换器由电阻分压器、电压比较器、数码寄存器及编码器等组成，如图 8.13 所示。

该电路工作原理如下。

电阻分压器将输入参考电压量化为 $U_R/15$、$3U_R/15$ 到 $13U_R/15$，7 个比较电平，量化单位为 $\Delta=2U_R/15$。这 7 个电平分别接到 7 个电压比较器 $C_1 \sim C_7$ 的反相输入端上。7 个参考电压比较器的同相输入端连在一起，作为采样保持模拟电压的输入端。输入电压 U_i 同时加到每个比较器一个输入端，与参考电压比较，若 $U_i < U_R/15$，则所有比较器的输出全是低电平，CP 上升沿到来后寄存器中所有的触发器，都被置成 0 状态。若 $U_R/15 \leqslant U_i < 3U_R/15$，只有 C_1 输出为高电平，CP 上升沿到达后，最下面一个触发器被置 1，其余触发器被置 0。依次类推，可列出 U_i 为不同电压时寄存器的状态，如表 8.3 所示，不过寄存器输出的是一组 7 位的二值代码，还不是所要求的二进制数，必须进行编码。

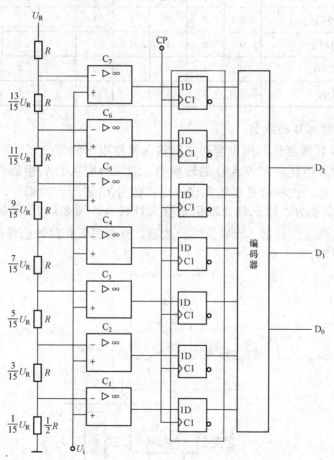

图 8.13 并联比较型 ADC

并联比较型 A/D 转换器的转换精度主要取决于量化电平的划分，分得越细，精度越高。但是，分得越细，使用的比较器和触发器数目越多，电路越复杂。另外，转换精度还受参考电压的稳定度和分压电阻的相对精度以及电压比较器灵敏度的影响。并联比较型 A/D 转换器的优点是转换速度极快，目前 8 位的并联比较型 A/D 转换器时间可达 50ns 以下。其缺点是当输出位数增加时，所需电压比较器数目和触发器数目将以极大比例增加，输出为 n 位二进制代码的转换器中应当有 2^{n-1} 个电压比较器和 2^{n-1} 个触发器。因此该 A/D 转换器适用于高转换速度、低分辨率的场合。

表 8.3　　　　　　　　　**三位并联比较 A/D 转换器输入与输出关系对照表**

输入模拟电压	比较器输出							数字信号		
U_i	C_7	C_6	C_5	C_4	C_3	C_2	C_1	D_2	D_1	D_0
$0 \leqslant U_i < 1/15\, U_R$	0	0	0	0	0	0	0	0	0	0
$1/15 \leqslant U_i < 3/15\, U_R$	0	0	0	0	0	0	1	0	0	1
$3/15 \leqslant U_i < 5/15\, U_R$	0	0	0	0	0	1	1	0	1	0
$5/15 \leqslant U_i < 7/15\, U_R$	0	0	0	0	1	1	1	0	1	1
$7/15 \leqslant U_i < 9/15\, U_R$	0	0	0	1	1	1	1	1	0	0
$9/15 \leqslant U_i < 11/15\, U_R$	0	0	1	1	1	1	1	1	0	1
$11/15 \leqslant U_i < 13/15\, U_R$	0	1	1	1	1	1	1	1	1	0
$13/15 \leqslant U_i < 1\, U_R$	1	1	1	1	1	1	1	1	1	1

8.3.4　双积分型 A/D 转换器

双积分型 A/D 转换器是利用电容对未知输入模拟电压信号的充电和放电过程作为基本计数器的计数时间控制来完成 A/D 的转换的。双积分型 A/D 转换器在一次转换过程中要进行两次积分，第一次积分是对输入模拟电压信号 U_i 进行定时积分，第二次是对基准电压 $-U_{REF}$ 进行定值积分，因此称为双积分型 A/D 转换。图 8.14 所示为双积分型 A/D 转换器原理框图，它包含积分器、比较器、计数器、控制逻辑和时钟信号源几部分。图 8.15 所示为其电压波形图。

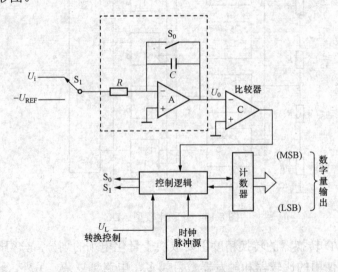

图 8.14　双积分型 A/D 转换器的结构框图

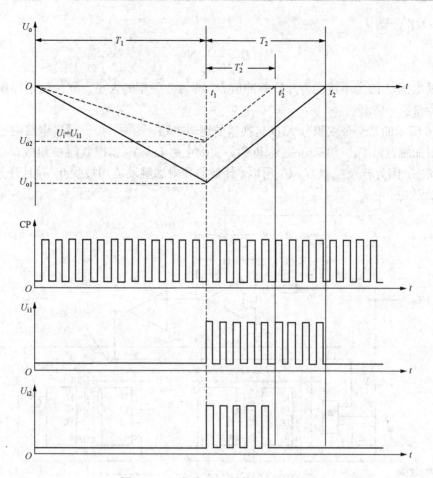

图 8.15　双积分 A/D 转换电压波形图

转换过程如下：转换控制信号等于 0，计数器清零并接通开关 S_0，使积分电容 C 完全放电。转换控制信号 $U_L=1$ 时开始转换。S_0 开关断开，开关 S_1 接通输入信号电压 U_i，积分器从原始状态 0V 开始积分，当积分到 T_1 时，积分器输出电压为：$U_o = -\dfrac{1}{RC}\int_0^{T_1} u_i \mathrm{d}t = -\dfrac{T_1}{RC}U_i$，它与 u_i 成正比。采样结束，逻辑控制电路使开关 S_1 接至基准电压 U_{REF} 积分器向反相积分。当积分器输出电压上升到零时，积分过程结束，设这段时间为 T_2，则积分器输出 U_o 为

$$U_o = -\frac{1}{C}\int_0^{T_2}\frac{U_{REF}}{R}\mathrm{d}t = -\frac{T_1}{RC}U_i = 0 \qquad\qquad \frac{T_2}{RC}U_{REF} = \frac{T_1}{RC}U_i$$

所以

$$T_2 = \frac{T_1}{U_{REF}}U_i$$

反相积分到 $U_o=0$ 的这段时间 T_2 与输入信号 U_i 成正比。被转换电压 U_i 越大，U_o 数值越大，T_2 时间也越长。令计数器在 T_2 时间里对固定频率为 $f_c\left(f_c = \dfrac{1}{T_c}\right)$ 的时钟脉冲计数为 D，则

$$D = \frac{T_2}{T_c} = \frac{T_1}{T_c U_{REF}}U_i$$

取 $T_1 = \mathrm{N}T_\mathrm{c}$，则

$$D = \frac{U_\mathrm{i}}{U_\mathrm{REF}}\mathrm{N} \tag{8.3}$$

被转换电压 U_i 的大小转换为计数脉冲值 D，即为数字量的大小。而 N 为采样积分的时钟脉冲数，它是一个常数。

图 8.16 所示的是一个双积分 A/D 转换器的逻辑电路。图中，控制逻辑电路由一个 n 位的计数器、附加触发器 F_A、模拟开关 S_0 和 S_1、驱动电路 L_0、L_1 和控制门 G 组成。

开始状态：因为转换控制 $U_L=0$，所以，计数器和附加触发器均被置 0，并且开关 S_0 闭合，积分电容 C 放电。

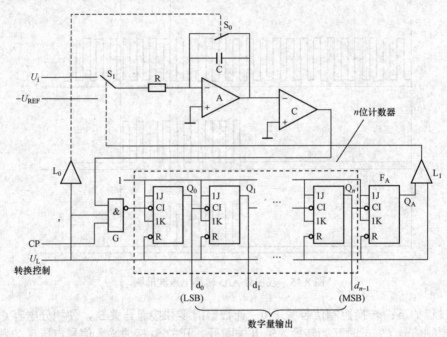

图 8.16　双积分型 A/D 转换器的控制逻辑电路

当 $U_L=1$ 时，开始转换，S_0 断开，S_1 接到模拟输入电压 U_i，积分器开始积分，积分过程中，积分器的输出为负电压，比较器输出为高电平，G 门打开，计数器对 CP 脉冲计数。当计数器记满 2^n 个脉冲，自动返回全 0，同时，给附加触发器 F_A 一个进位脉冲，F_A 置 1。S_1 接到基准电压 U_REF 端，开始反向积分。等积分器输出回到 0，比较器输出变为低电平，G 门关死，转换结束。计数器中所存数字即为转换结果。

因为　　　　　　　　　　　　$T_1 = 2^n T_\mathrm{e}$

所以　　　　　　　$D = \frac{T_1}{T_\mathrm{c}U_\mathrm{REF}}U_\mathrm{i} = \frac{2^n}{U_\mathrm{REF}}U_\mathrm{i}$

计数器在比较积分后的计数 D 就是输出电压转换结果。

双积分转换器的特点如下。

（1）第一次积分时间 T_1 是固定的，可用计数器来控制。第二次积分开始，比较器送出开门信号，计数器从 0 开始计数，直到计数溢出，使计数器复 0，同时发出控制信号，将开关

S_1 切换到基准电压 U_{REF}。

（2）当 S_1 接向 $-U_{REF}$ 时，积分器开始反向积分，计数器也开始第二次计数，直到积分器输出回到 0 电平，比较器送出关门信号，计数器停止工作，此时计数器中的数码即为与模拟输入电压等值的数值量。

（3）转换器抗干扰能力强。因转换器的输入端使用了积分器，对平均值为零的各种噪声有很强的抑制能力。另外，双积分 A/D 转换器的比较阶段时间 T_1 仅取决于 $2^n T_c$，而与积分电容 C、电阻 R 无关，因此，积分电容、电阻长期漂移并不影响准确度。

（4）双积分 A/D 转换器，其主要缺点是工作速度低，它完成一次 A/D 转换所需时间是 $(T_1 + T_2)$，一般需要几十毫秒。若 T_1 取 20ms，那它的最快转换速度不会超过每秒 50 次，而逐次逼近型 A/D 就快得多。但由于其优点十分突出，所以在对转换速度要求不高的场合（如数字测量），双积分 A/D 转换器用得非常广泛。

8.3.5 A/D 转换器的主要技术指标

1. 分辨率

A/D 转换器的分辨率又称分解度，以输出二进制数或十进制数的位数表示，它说明 A/D 转换器对输入信号的分辨能力。其输出二进制数位越多，转换精度越高，即分辨率越高。故可用分辨率表示转换精度。常以 LSB 所对应的电压值表示。如输入的模拟电压满量程为 5V，八位 ADC 的 LSB 所对应的输入电压为 $\frac{1}{2^8} \times 5 = 19.53\text{mV}$，而十位 ADC 计数，则为 $\frac{1}{2^{10}} \times 5 = 4.88\text{mV}$。ADC 位数越多，分辨率越高。

2. 转换速度

转换速度是指 ADC 从接到转换控制信号起，到输出稳定的数字量为止所用的时间。显然用的时间越少，转换速度越快。A/D 转换器的转换速度主要取决于转换电路的类型，不同类型 A/D 转换器的转换速度相差很大。通常高转换速度可达数百毫微秒，中速为数十微秒，低速为数十毫秒。

3. 相对误差

它表示 A/D 转换器实际输出的数字量和理想输出数字量之间的差别。常用最低有效位的倍数表达。例如 A/D 转换器的相对误差≤LSB/2，表示实际输出的数字量和理论上应得到的输出数字量之间的误差少于最低位 1 的一半。

8.3.6 集成 A/D 转换器

集成 A/D 转换器芯片也很多，这里介绍八位 A/D 转换器，ADC0809 A/D 转换芯片。

1. 原理框图

ADC0809 是采用 CMOS 工艺制成的双列直插式八位 A/D 转换器，其原理如图 8.17 所示。ADC0809 内部由八路模拟开关、地址锁存器和译码器、比较器、电阻网络、树状电子开关、逐次逼近寄存器、控制与定时电路、三态输出锁存器等组成。

虚线框中为 0809 的核心部分。

ADC0809 芯片有 28 个管脚，其引脚图如图 8.18 所示。下面介绍各引脚功能。

$IN_0 \sim IN_7$：为八路模拟电压输入端。它可对八路模拟信号进行转换。但某一时刻只能选择一路进行转换。"选择"由地址锁存器和译码器来控制。

A、B、C：模拟输入通道的地址选择线。它的状态译码与选中模拟电压输入通道的关系如表 8.4 所示。

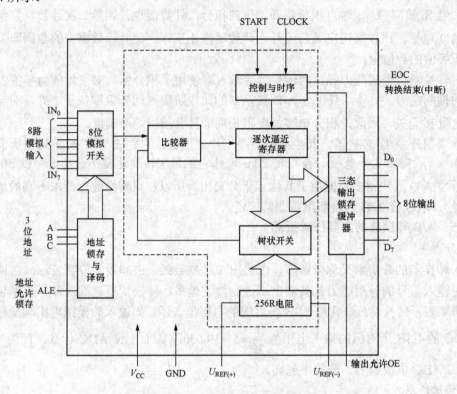

图 8.17　ADC0809 原理框图

表 8.4		输入通道的状态译码		
C B A	模拟通道		C B A	模拟通道
0 0 0	IN_0		1 0 0	IN_4
0 0 1	IN_1		1 0 1	IN_5
0 1 0	IN_2		1 1 0	IN_6
0 1 1	IN_3		1 1 1	IN_7

ALE：地址锁存允许信号，是高电平有效。

START：脉冲输入信号启动端。其上升沿使内部寄存器清零，下降沿开始进行模数转换。

CLOCK：时钟脉冲输入端，由其控制时序电路工作。

EOC：转换结束给出中断。

$D_0 \sim D_7$：数据输出端。D_0 为最低位、D_7 为最高位。

OE：输出允许，高电平有效。

$U_{REF(+)}$ 和 $U_{REF(-)}$：电阻网络参考电压正端和负端。

GND：接地源。

V_{CC}：电源端。

2. ADC0809 主要技术指标

（1）分辨率：8 位。

（2）精度：±1LSB。

（3）转换时间：100μs。

（4）输入电压：+5V。

（5）电源电压：+5V。

3. ADC0809 管脚图和其典型应用

ADC0809 的典型应用如图 8.19 所示。

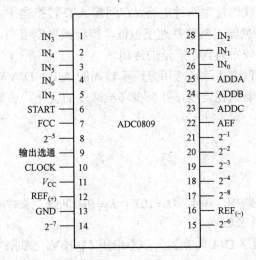

图 8.18　ADC0809 引脚图

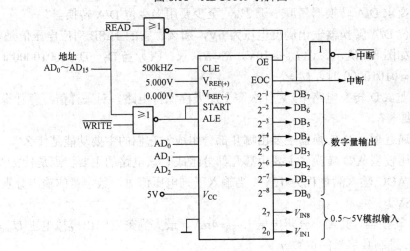

图 8.19　ADC0809 典型应用

小　　结

  D/A 转换和 A/D 转换是数字系统中不可缺少的部件，在工业控制和数字测量仪表中更是重要的核心部件。随着计算机计算精度和计算速度的不断提高，对 A/D、D/A 转换器的转换精度和速度也提出了更高的要求。正是这种要求大大地推动了 A/D、D/A 转换技术的不断进步。事实上，在许多使用计算机进行控制、检测和处理系统中，系统所能达到的精度和速度是由 A/D、D/A 转换器的转换精度和转换速度所决定的。因此，转换精度和转换速度是 A/D、D/A 转换器最重要的两个性能指标，也是我们学习的重点。

在 D/A 转换器中介绍了权电阻网络和 T 型电阻网络。这几种类型的电路在集成 D/A 转换器产品中都有应用。

A/D 转换器主要归纳为直接 A/D 转换器和间接 A/D 转换器两大类。在直接 A/D 转换器中介绍了逐次逼近型和并联比较型两种电路。在间接 A/D 转换器中重点介绍了双积分型 A/D 转换器。双积分型 A/D 转换器虽然转换速度很低，但转换精度很高，而且对元件的精度要求不高，所以在许多低速系统中得到了广泛的应用。

为了得到较高的转换精度，除了选用分辨率较高的 A/D、D/A 转换器以外，还必须保证参考电源和供电电源有足够的稳定度，并减少环境温度的变化。否则，难以得到应有的转换精度。

习　　题

8.1　在图 8.4 所示电路中，$n=4$，$U_R=10V$，$R_F=R=10k\Omega$，求对应于各位二进制数码的输出电压值，写出 U_O 的逻辑表达式。

8.2　四位 T 型电阻网络 D/A 转换器，参考电压 $U_R=8V$，试求：①当 $D_3D_2D_1D_0=1001$ 和 1010 时对应的输出电压 U_o 值；②当某一位 $D_2=1$，其他位为 0 时，输出电压 U_o 的表达式。

8.3　如果要求 D/A 转换器精度小于 2%，至少要用多少位 D/A 转换器？

8.4　某 8 位 D/A 转换器输出满度电压为 6V，那么，它的 1LSB 对应电压值是多少？

8.5　电路如图 8.4 所示，设 $U_R=-10V$，$R_F=R$，求：（1）当 $D_7\sim D_0=10010000$ 时，$U_O=?$（2）当 $D_7\sim D_0=01010000$ 时，$U_O=?$

8.6　在实现 A/D 转换电路中，为什么需要加采样保持电路？对采样信号有什么要求？对保持电路有何要求？

8.7　逐次逼近型 A/D 转换器主要由哪几部分组成？它们的主要功能是什么？

8.8　并联比较型 A/D 转换器主要由哪几部分组成？该电路的主要特点是什么？

8.9　八位 ADC 输入满量程为 10V，当输入下列电压值时，数字量的输出分别为多大？①3.5V；②7.08V。

8.10　D/A 转换器，其最小分辨电压 $U_{LSB}=4mV$，最大满刻度输出模拟电压 $U_{om}=10V$，求该转换器输入二进制数字量的位数 n。

8.11　在十位二进制数 D/A 转换器中，已知其最大满刻度输出模拟电压 $U_{om}=5V$，求最小分辨电压 U_{LSB} 和分辨率。

8.12　如果将图 8.20 所示逐次逼近型 A/D 转换器扩展到十位，时钟信号 CP 的频率 $f_c=1MHz$，试计算完成一次转换所需要的时间。

8.13　在八位二进制数输出的逐次逼近型 A/D 转换器中，如果 $U_{REF}=-5V$、$U_i=4.22V$，试问其输出 $d_7d_6\cdots d_0=?$ 若其他条件不变，而仅将其中的 D/A 转换器改成十位，那么输出 $d_9d_8\cdots d_0$ 又会是多少？请写出两种情况下的量化误差。

8.14　在双积分 A/D 转换器中，时钟信号 CP 的频率 $f_c=100kHz$，其分辨率为八位二进制，计算电路的最高转换频率。

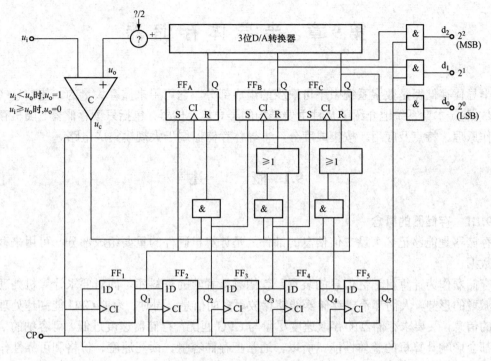

图 8.20　题 8.12 图

第9章 半导体存储器

半导体存储器是数字系统中不可缺少的组成部分，它可用来储存大量的二值信息（或称二值数据）。本章系统地介绍了几种主要结构的半导体存储器，包括只读存储器、随机存储器的工作原理、特点及应用。按集成度分，半导体存储器属于大规模集成电路。

9.1 概　　述

9.1.1 存储器的概念

存储器是能够记忆大量二值信息的部件，是计算机硬件的重要组成部分，可用来存储程序和数据。

存储器作为计算机记忆信息的装置，就像频繁吞吐的资料库。面对要求计算机处理的信息量激增的形势，人们都希望存储器能够存放更多的信息。同时，为使CPU能高速处理存储器里的信息，又要求存储器的存取速度尽量与CPU匹配，存储器速度过低、可容纳的信息量过小都会影响计算机的整体性能。所以，通常把存储容量、读写速度、价格和可靠性作为衡量存储器性能的重要指标。

1. 存储容量

存储容量是指一个存储器所能存放的最大的二值信息量，通常用 B（Byte，字节）、KB（千字节）、MB（兆字节）、GB（吉字节）等单位表示。

需要指出的是存储器里的 $1K=2^{10}=1024$，$1M=2^{20}$，$1G=2^{30}$。

2. 存取时间

信息存入存储器的操作称为写操作，从存储器取出信息的操作称为读操作，读、写操作统称为"访问"。存储器存取时间是指完成一次存储器读/写操作所需要的时间，故又称为读写时间。

存取速度是存取时间的倒数。

存取周期是进行读/写操作所需的最小时间间隔。由于在每一次读/写操作后，都需要一段时间用于存储器内部线路的恢复动作，所以存取周期要比存取时间大。

3. 价格

价格是衡量经济性能的重要指标。性能优良、价格便宜的存储器才能被设计者和用户所接受。因为各机型存储器容量差别很大，所以价格以每位（bit）价格来表示。

4. 可靠性

可靠性是指存储器在规定时间内无故障工作的情况，一般采用平均无故障时间间隔（MTBF）来衡量。MTBF越长，表示存储器的可靠性越好。

9.1.2 存储器的分类

存储器的分类方法很多，常用的分类方法有以下几种。

1. 按存储介质分类

用来制作存储器的物质称为介质。按存储介质可以将存储器分为三类：半导体存储器、磁表面存储器和光盘。

2. 按存取方式分类

按照存储器的存取方式可分为随机存取（读写）存储器、只读存储器、顺序存取存储器和直接存取存储器等。

随机存取存储器（Random Access Memory，RAM）的任意一个存储单元都可被随机读写，且存取时间与存储单元的物理位置无关。它一般由半导体材料制成，速度较快，用于内存。

只读存储器（Read Only Memory，ROM）的内容不能被一般的 CPU 写操作随机刷新，即不能"随便"写，而其内容可随机读出。它一般也由半导体材料组成，用于内存。

顺序存取存储器（Sequence Access Memory，SAM）只能按照某种次序顺序存取，即存取时间与存储单元的物理位置有关。磁带是一种典型的顺序存储器，由于其顺序存取的特点，且工作速度较慢，它只能用于外存。

直接存取存储器（Direct Access Memory，DAM）存取数据时不必对存储介质做完整的顺序搜索，可直接存取。磁盘和光盘都是典型的直接存取存储器。磁盘的逻辑扇区在每个磁道内顺序排列，邻近磁道紧接排列。读取磁盘中某扇区的内容时，先要寻道定位（此时扇区号跳跃）然后在磁道内顺序找到相应扇区。鉴于这种工作过程，有人把直接存取存储器称为半顺序存取存储器。

3. 按信息的可保护性分类

根据存储器信息的可保护性可将存储器分为易失性存储器和非易失性存储器。

断电后信息消失的存储器为易失性存储器，如半导体介质的 RAM。断电后仍保持信息的存储器为非易失性存储器，如半导体介质的 ROM、磁盘、光盘存储器等。

4. 按所处位置及功能分类

根据存储器所处的位置可分为内存和外存。位于主机内部，可以被 CPU 直接访问的存储器，称为内存。由于计算机运行时，内存与 CPU 频繁交换数据，是存储器中的主力军，故又称主存。位于主机外部，被视为外设的存储器，称为外存。由于外存的数据只有调入内存，才能被 CPU 应用，起着后备支援的辅助作用，故又称辅存。主存由半导体 ROM、RAM 构成，外存常由磁盘、光盘、磁带等存储器组成。

5. 按制造工艺分类

半导体存储器按制造工艺的不同，又可分为双极型（如 TTL）、MOS 型等存储器。双极型存储器集成度低、功耗大、价格高，但速度快；MOS 型存储器集成度高、功耗低、速度较慢、价格低。MOS 型存储器还可进一步分为 NMOS、HMOS、PMOS、CMOS 等不同工艺的产品。其中 CMOS 互补型 MOS 电路，具有功耗极低、速度较快的特点，在便携机中应用较广。

9.2　只读存储器

只读存储器（Read Only Memory）通常简写为 ROM。ROM 存放的数据一般不能用简单的方法对其进行改写，正常使用时主要对其进行读取操作，ROM 还具有掉电后其内部信息不丢失的特点（通常称为非易失性），一般用于存放一些固定的数据或程序。

只读存储器通常分为：掩膜式 ROM、一次可编程 ROM（PROM）、紫外线可擦除 ROM（EPROM）、电可擦除 ROM（E^{2}PROM）等几种类型。

9.2.1 ROM 的结构及工作原理

存储器是一种存放数据的器件，就像存放货物的仓库一样，人们在仓库中存放货物时为了便于存放和拿取，通常将货物存放的位置进行编号，并且留有存放及拿取的通路，存储器的结构如图 9.1 所示。

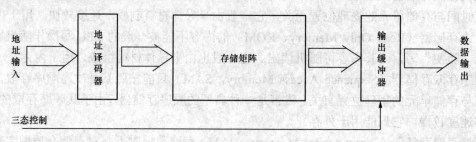

图 9.1　ROM 电路结构框图

从图 9.1 中可以看出，存储器电路主要由存储矩阵（存储体）、地址译码器和输出缓冲器三个部分组成。

存储矩阵由许多存储单元按一定规则排列而成。存储单元可以由二极管、三极管或场效应管构成，每个存储单元能存放 1 位二进制码。每一个或一组存储单元有一个对应的地址编码。

地址译码器的作用是将输入的地址代码译成相应的控制信号，利用这些控制信号通过输出缓冲器访问存储矩阵中的存储单元。

输出缓冲器主要有两个作用：一是能提高存储器的带负载能力；二是可实现对输出状态的三态控制，以便与系统总线连接。

图 9.2 所示为一个简单的 ROM 电路，具有 2 位地址输入码和 4 位数据输出。其存储单元由二极管构成，地址译码器由 4 个二极管构成的与门组成，存储矩阵实际上是由 4 个二极管或门组成的编码器。2 位地址信号 A_1、A_0 可以提供 4 个不同的地址，每一个地址输入都对应一个唯一的有效输出：$W_0 \sim W_3$ 有一个输出为高电平。当 $W_0 \sim W_3$ 分别输出高电平时，输出线 $D_0 \sim D_3$ 上就会输出不同的 4 位二进制码。通常把 $W_0 \sim W_3$ 称为字线，把 $D_0 \sim D_3$ 称为位线（数据线），而 A_1、A_0 也称为地址线。输出缓冲器用于提高负载能力，并将存储矩阵输出的高、低电平信号转换为标准的逻辑电平，同时，还可以通过给定 $\overline{EN}$ 信号实现对输出的三态控制。

由图 9.2 所示电路可以看出，地址译码器的输出（字线）$W_0 \sim W_3$ 与地址输入 A_1、A_0 为与逻辑，即

$$W_0 = \overline{A_1}\,\overline{A_0} \qquad W_1 = \overline{A_1}A_0$$

$$W_2 = A_1\overline{A_0} \qquad W_3 = A_1A_0$$

而存储矩阵的输出（位线）D_3'，D_2'，D_1'，D_0' 与其输入（字线）的关系为或逻辑，即

$$D_3' = W_1 + W_3 = \overline{A_1}A_0 + A_1A_0 = A_0$$

$$D_2' = W_0 + W_2 + W_3 = \overline{A_1}\,\overline{A_0} + A_1\overline{A_0} + A_1A_0 = \overline{A_0} + A_1$$

$$D_1' = W_1 + W_3 = A_0$$

$$D_0' = W_0 + W_1 = \overline{A_1}\,\overline{A_0} + \overline{A_1}A_0 = \overline{A_1}$$

如果把图 9.2 所示电路中的 A_1、A_0 作为输入，$D_3 \sim D_0$ 作为输出，并且考虑到三态缓冲器的作用，当 $\overline{EN}$ 等于 0 时，得到表 9.1 所示的数据表。

表 9.1 说明存储器有 4 个地址，它们的编号为 00、01、10、11，而每个地址内存放的二值信息 $D_3D_2D_2D_0$ 分别为 0101、1011、0100、1110。

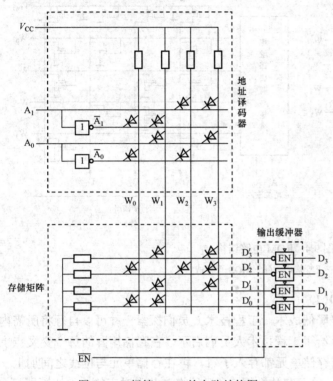

图 9.2 二极管 ROM 的电路结构图

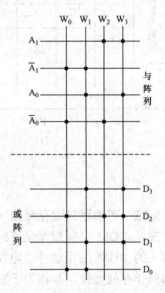

图 9.3 图 9.2 ROM 简化图

不难看出，字线和位线的每个交叉点都是一个存储单元，交叉点的个数是存储单元数。接有二极管的交叉点相当于存了一个 1，没有接二极管的交叉点相当于存了一个 0。

表 9.1   **图 9.2 ROM 中的数据表**

地 址		数 据			
A_1	A_0	D_3	D_2	D_1	D_0
0	0	0	1	0	1
0	1	1	0	1	1
1	0	0	1	0	0
1	1	1	1	1	0

为了简化 ROM 电路图，可将图 9.2 改成图 9.3 所示的简化形式。在图 9.3 所示的简化图中，不再画出电源、电阻、二极管及缓冲器电路，只在与或矩阵的交叉点处加黑点表示有存储元件（存 1），不加黑点表示无存储元件（存 0），这种电路也称为 "ROM 阵列逻辑图"。

从图 9.3 中可以看出存储单元的内容是不可能改写的，只能在工厂中使用掩膜光刻工艺

将需要存放的数据存放在存储单元中,这类器件通常称为掩膜式 ROM,由于存放的数据不同,
生产其电路的模板也不相同,这样就决定了该类电路仅适用于大批量生产且数据固定的情况,
如一些点阵打印机的点阵字库。

ROM 电路的与或矩阵除可用二极管构成外,还可以用三极管或 MOS 管组成,如图 9.4
所示。读者可自行分析它们的工作原理并列出类似表 9.1 所示的数据表。

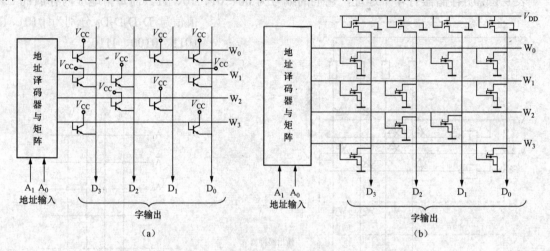

图 9.4　ROM 电路结构

（a）三极管构成；（b）MOS 管构成

9.2.2　可编程只读存储器（PROM）

掩膜 ROM 必须批量生产时才能降低成本。工程技术人员们探索一种可以自行将所需内
容写入的 ROM 通用器件。电路熔丝给了工程技术人员们启示,在存储矩阵的每个交叉点上
全部制作存储元件,即相当于在所有存储单元都存入了 1,再在存储单元与位线之间加上一
个熔丝（俗称保险丝）,如果希望某一单元存放数据 0,只须将该节点对应的熔丝烧断即可。
图 9.5 所示为这种 ROM 电路的内部结构图。

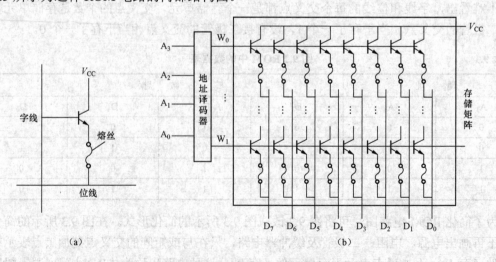

图 9.5　PROM 的结构原理图

（a）存储单元；（b）结构图

PROM 存储器也存在一些明显的不足：首先，由于在半导体电路中加入了金属丝，使生产工艺变得复杂；其次，由于可编程的部分是由熔丝构成的，决定了该器件一旦内容写错，就成为废品。

9.2.3 可擦除可编程只读存储器

最早投入使用的可擦除可编程只读存储器是一种可用紫外线照射擦除的，称为 UVEPROM（Ultra-Violet Erasable Programmable Read-Only Memory， EPROM）的可编程 ROM，不久又出现了可用电信号擦除的可编程 ROM（Electrically Erasable Programmable Read-Only Memory，E^2PROM），后来又研制出了快闪存储器（Flash Memory），也是一种电可擦除的可编程 ROM。

1. EPROM（UVEPROM）

EPROM 是用一个特殊的 FAMOS 管代替了 PROM 中的熔丝。一方面，FAMOS 管在漏源极间加高压（不同的器件有不同的含义，常见的有 12V、21V、25V 等）时导通，失压时能保持，相当于使存储单元存 1；另一方面，该器件受紫外线照射时截止，相当于使存储单元存 0。这两种操作可反复交替进行，使得 EPROM 具有多次编程的特点。

这种器件内容的修改需要专门的写入器，器件的表面需要留一透明窗口，以便紫外线照入。平时为避免日光、阳光中紫外线照射造成信息破坏，在芯片透明窗口上方应贴上不透光塑料膜等。

2. E^2PROM

紫外线可擦除的 EPROM 擦除、编程时需要将芯片从机器上拿下，放在专门的装置上进行，操作手续多，耗时长（达几十分钟）、编程电压高、安全性差。为克服这些缺点，又研制了可以用电信号擦除的可编程 ROM，这就是通常所说的 E^2PROM。

3. 快闪存储器（Flash Memory）

与 EPROM 相比，E^2PROM 擦除较为方便，但由于擦除和写入时均需要加高电压脉冲，而且擦、写的时间仍较长，所以在系统的正常工作状态下，E^2PROM 仍然只能工作在它的读出状态，作为 ROM 使用。

为满足在线（在机器上）直接操作的需求，近年来推出了一种可统一使用主机主电源（+5V 或更低）进行编程、擦写的新型快擦写存储器——Flash Memory，又称快闪存储器，可完全替代一般的 E^2PROM。它的主要性能特点如下。

（1）集成度高（可达 64MB 以上），价格低，可靠性高。

（2）擦写速度快，擦写次数多（可达 100 万次，甚至 2000 万次）。

（3）功耗低。

（4）编程电压低，可使用主机电源在线操作。

目前它已广泛应用于 PC 机的 ROM BIOS，而且用其构成的 U 盘已有取代软盘的趋势。

9.3 随机存储器

随机存储器（Random Access Memory）通常简写为 RAM。RAM 工作时可以随时从任何一个地址读出数据，也可以随时将数据写入任何一个指定的存储单元中，一旦停电后所存储的数据将随之丢失。RAM 分为静态 RAM 和动态 RAM。

9.3.1 静态随机存储器

静态 RAM 可由双极型器件或 MOS 器件等用不同工艺制成。双极型静态 RAM 的工作速度快、功耗大、价格高，而 MOS 型静态 RAM 集成度高、价格低、功耗小，但速度较慢。两者都用"触发器"作为记忆元件。触发器在读出时，不破坏原有信息；在没有读/写操作时，能维持原有信息，由此取名为静态 RAM（SRAM）。SRAM 电路通常由存储矩阵、地址译码器和读/写控制电路三部分组成，如图 9.6 所示。

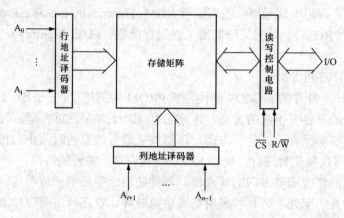

图 9.6　SRAM 结构图

存储矩阵由许多存储单元按一定规则排列而成，每个存储单元能存放 1 位二进制码，每一个或一组存储单元有一个对应的地址编码，在译码器和读/写电路的控制下，既可写入数据，也可读出数据。

地址译码器的作用是将输入的地址代码译成相应的控制信号，这些控制信号通过输出缓冲器访问存储矩阵中的存储单元。地址译码器又分成行地址译码器和列地址译码器。行地址译码器将输入地址的一部分（行地址）译成对应的行字线，从存储矩阵中选中一行存储单元。

列地址译码器将输入地址的其余部分（列地址）译成对应的列字线，从存储矩阵中选中一列存储单元，同时被行/列字线选中的存储单元可进行读/写操作。

读/写控制电路用于对电路的读写操作进行控制。其中 $R/\overline{W}=1$ 时，执行读操作，否则为写操作，$\overline{CS}=0$ 时，RAM 可正常操作，否则为高阻态。

9.3.2 动态随机存储器

动态 RAM（DRAM）多由 MOS 工艺制造，特点是采用电容作为记忆元件。图 9.7 所示为单管动态 MOS 存储单元的逻辑电路。

写操作时，使字线为高电平，MOS 管 VT 导通，当 A（写入的数据）为高电平时对 C 充电或维持 C 的高电位不变；当 A 为低电平时，使 C 放电或维持 C 上的低电位不变，于是对应存储了"1"或"0"。

读操作时，使字线为高电平，MOS 管 VT 导通，如 C 上高电平，将经 VT 管向 CD 提供电荷，使位线得到读出的信号电平，为了使器件做得较小，通常 C 的电容量很小，远比 CD 小，因此，当读出后，C 上的电荷已所剩无几了，因此读出是破坏性的，要使数据读出后电容 C 仍存储为"1"，就必须把 1 重新写回，这一过程称为再生。若电容 C 存储信息"0"时，则读出为 0，再生亦为"0"。

不进行读/写操作时，由于线路中存在漏电流、杂散电容等，若原存储信息"1"时，电荷将不断泄漏，时间一长信息将变为"0"。解决的办法是在其量变而未质变的时间间隔内（一般为 2ms），即读出仍为"1"时，重新再写"1"以充足电荷。由于上述动作在 RAM 工作的整个过程中，必须反复进行，故称为动态刷新。刷新时，数据仅在芯片内部读出，不外送，故又称虚读。

为实施动态刷新，芯片将输入的全部地址信号分为行、列两个部分（一般各取一半），规定低地址为行地址、高地址为列地址。刷新时按行将全部 DRAM 芯片刷新一遍。

由于电路简单、易于集成，DRAM 芯片价格十分便宜，加上其功耗低，虽然需要外加动态刷新电路，仍得到了广泛应用。

DRAM 常用于一般内存。而 SRAM 由于速度快，多用于使用数量较少的高速缓冲存储器和小型的存储器应用系统中。

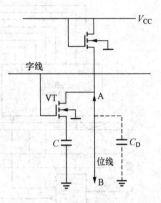

图 9.7 单管动态 MOS 存储单元的逻辑电路

9.4 存储器容量的扩展

当使用一片存储器不能满足对存储器容量的要求时，就需要将若干片存储器组合起来，形成一个容量更大的存储器。当每片存储器的字数够用而每个字的位数不够用时，应采用位扩展的连接方式；当每片的字数不够用而位数够用时，应采用字扩展方式；当每片的字数和位数都不够用时，则需同时采用位扩展和字扩展的连接方式。

9.4.1 字扩展方式

图 9.8 所示为用字扩展方式将 4 片 256×8 位的 RAM 接成一个 1024×8 位的 RAM 的例子。因为 256×4=1024，即 4 片中共有 1024 个字，所以必须给它们编成 1024 个不同的地址。1024 个地址需要 10 根地址线，而现有的存储器的地址输入端只有 8 根，它们给出的地址范围全都是 0～255，无法区分 4 片中同样的地址单元。因此必须增加两位地址代码 A_8、A_9。将 A_9A_8 组合在一起正好有四种取值，将这四种组合分别分配给 4 片存储器，则 4 片的地址分配情况将如表 9.2 所示。

表 9.2   图 9.9 中各片 RAM 电路的地址分配

器件编号	A_9	A_8	$\overline{Y_0}$	$\overline{Y_1}$	$\overline{Y_2}$	$\overline{Y_3}$	地址范围 $A_9A_8A_7A_6A_5A_4A_3A_2A_1A_0$（等效十进制数）
（1）	0	0	0	1	1	1	00 00000000 ～ 00 11111111 （0） （255）
（2）	0	1	1	0	1	1	01 00000000 ～ 01 11111111 （256） （511）
（3）	1	0	1	1	0	1	10 00000000 ～ 10 11111111 （512） （767）
（4）	1	1	1	1	1	0	11 00000000 ～ 11 11111111 （768） （1023）

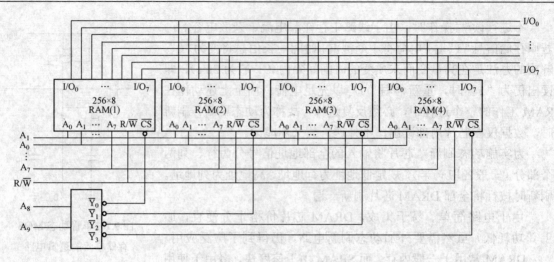

图 9.8　RAM 的字扩展接法

9.4.2　位扩展方式

图 9.9 所示为用位扩展方式将 4 片 256×1 位的 RAM 接成一个 256×4 位的 RAM 的例子。

这种连接的方法与字扩展方法相比要简单些，只需将 4 片的所有地址线、$R/\overline{W}$、$\overline{CS}$ 分别并联起来就行了。每一片的 I/O 端作为整个 RAM 输入/输出数据端的一位。总的存储容量为每一片的 4 倍。

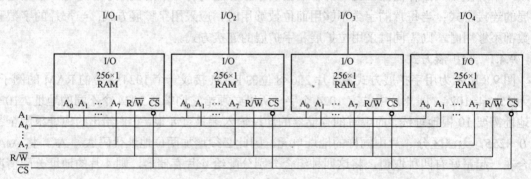

图 9.9　RAM 的位扩展接法

用 ROM 实现时，ROM 芯片上没有读/写控制端，在进行位扩展时其余管脚的连接方法与 RAM 完全相同。

9.5　ROM 的 应 用

ROM 因其结构简单，集成度高，在不供电时仍然可以长期保存数据，得到了广泛的应用，ROM 通常在计算机系统中作为程序存储器使用，但本质上仍属于组合逻辑电路，因此也常用于逻辑设计。也可以和时序逻辑器件配合使用，用于时序逻辑电路的设计。

9.5.1　用 ROM 实现组合逻辑函数

表 9.3 所示为一个 ROM 的数据表。如果将输入地址 A_1 和 A_0 看作是两个输入变量，将输出数据 D_3、D_2、D_1、D_0 看作是一组输出逻辑变量，那么 D_3、D_2、D_1、D_0 就是一组以 A_1 和

A_0 为输入变量的逻辑函数，表 9.3 所示为这一组多输出逻辑函数的真值表。

表 9.3　　　　　　　　　　　　　一个 ROM 的数据表

A_1	A_0	D_0	D_1	D_2	D_3
0	0	1	0	1	1
0	1	0	0	1	0
1	0	1	1	0	1
1	1	0	1	1	1

另外，从图 9.2 所示的 ROM 的结构图上可以看到，其中译码器的输出包含了输入变量的全部最小项，且每一位数据输出又都是若干个最小项之和，所以任何形式的组合逻辑函数都能通过向 ROM 的存储体中写入相应的数据来实现。

【例 9.1】　用 ROM 实现 8421BCD 码到余 3 码的转换。

解：设 8421BCD 码输入变量为 A_3、A_2、A_1、A_0，余 3 码输出变量为 F_3、F_2、F_1、F_0，得到如表 9.4 所示的真值表。

表 9.4　　　　　　　　　8421BCD 转换成余 3 码的真值表

8421BCD 码（输入）				余 3 码（输出）			
A_3	A_2	A_1	A_0	F_3	F_2	F_1	F_0
0	0	0	0	0	0	1	1
0	0	0	1	0	1	0	0
0	0	1	0	0	1	0	1
0	0	1	1	0	1	1	0
0	1	0	0	0	1	1	1
0	1	0	1	1	0	0	0
0	1	1	0	1	0	0	1
0	1	1	1	1	0	1	0
1	0	0	0	1	0	1	1
1	0	0	1	1	1	0	0

根据真值表可写出下列函数表达式

$$F_3 = \Sigma m(5,6,7,8,9)$$
$$F_2 = \Sigma m(1,2,3,4,9)$$
$$F_1 = \Sigma m(0,3,4,7,8)$$
$$F_0 = \Sigma m(0,2,4,6,8)$$

由于译码电路输出了地址线的所有最小项组合，我们只需用一个四根地址线输入、四根输出端的 ROM 就可以实现其功能。我们定义其地址输入端作为输入代码，数据输出端看成输出端，只需将存储矩阵对应的最小项单元进行编程连接即可以实现要求，电路如图 9.10 所示。

【例 9.2】　用 ROM 实现下列多输出逻辑函数

$$Y_1 = \overline{A}BC + A\overline{B}C \qquad Y_2 = A\overline{B}C\overline{D} + BC\overline{D} + \overline{A}BCD$$
$$Y_3 = AB\overline{C}D + \overline{A}\,\overline{B}\,\overline{C}\,\overline{D} \qquad Y_4 = \overline{A}BC\overline{D} + ABCD$$

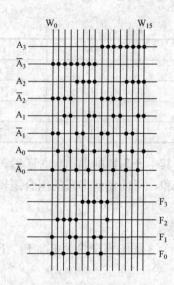

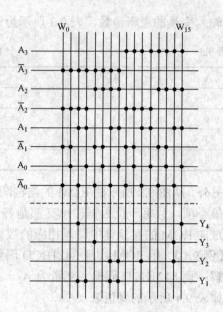

图 9.10　［例 9.1］逻辑电路图　　　　　　　图 9.11　［例 9.2］逻辑电路图

解： 将题中各函数表达式转换成最小项表达形式

$$Y_1 = \overline{A}BC\overline{D} + \overline{A}BCD + \overline{ABC}D + \overline{A}B\overline{CD} \qquad Y_2 = A\overline{B}C\overline{D} + \overline{A}BC\overline{D} + ABC\overline{D} + \overline{A}BCD$$

$$Y_3 = ABC\overline{D} + \overline{A}B\overline{CD} \qquad\qquad Y_4 = \overline{ABC}\overline{D} + ABCD$$

或写成

$$Y_1 = m_2 + m_3 + m_6 + m_7 \qquad Y_2 = m_6 + m_7 + m_{10} + m_{14}$$
$$Y_3 = m_4 + m_{14} \qquad\qquad Y_4 = m_2 + m_{15}$$

电路如图 9.11 所示。

【例 9.3】 用 ROM 实现 8421BCD 码七段显示译码器的功能。

解： 设 8421BCD 码的输入变量为 A_3、A_2、A_1、A_0，输出变量为 A、B、C、D、E、F、G，列出如表 9.5 所示真值表。

表 9.5　　　　　　　　8421BCD 转换成七段码的真值表

8421BCD 码（输入）				七段码（输出）						
A_3	A_2	A_1	A_0	A	B	C	D	E	F	G
0	0	0	0	1	1	1	1	1	1	0
0	0	0	1	0	1	1	0	0	0	0
0	0	1	0	1	1	0	1	1	0	1
0	0	1	1	1	1	1	1	0	0	1
0	1	0	0	0	1	1	0	0	1	1
0	1	0	1	1	0	1	1	0	1	1
0	1	1	0	0	0	1	1	1	1	1
0	1	1	1	1	1	1	0	0	0	0
1	0	0	0	1	1	1	1	1	1	1
1	0	0	1	1	1	1	0	0	1	1

根据真值表可写出如下函数表达式

$$A = m_0 + m_2 + m_3 + m_5 + m_7 + m_8 + m_9$$
$$B = m_0 + m_1 + m_2 + m_3 + m_4 + m_7 + m_8 + m_9$$
$$C = m_0 + m_1 + m_3 + m_4 + m_5 + m_6 + m_7 + m_8$$
$$D = m_0 + m_2 + m_3 + m_5 + m_6 + m_8$$
$$E = m_0 + m_2 + m_6 + m_8$$
$$F = m_0 + m_4 + m_5 + m_6 + m_8 + m_9$$
$$G = m_2 + m_3 + m_4 + m_5 + m_6 + m_8 + m_9$$

电路如图 9.12 所示。

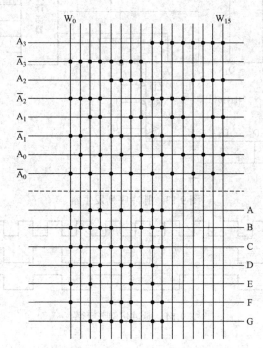

图 9.12　8421BCD 码七段显示译码器

通过上面的例子不难推想，用具有 n 位地址输入、m 位数据输出的 ROM 可以获得一组任何形式的 n 变量的组合逻辑函数，只要先将函数化为最小项之和的标准式，然后向 ROM 中写入相应的数据即可。这个原理也同样适用于 RAM。

9.5.2　用 ROM 实现脉冲序列发生器

在各种数字电路中，往往需要一组或多组序列信号，如雷达、通信、遥控、遥测等系统，可以用译码器和计数器实现，也可以用一个合适进制的计数器实现。一般地，脉冲序列占几个时钟节拍（或者说脉冲序列有几位），计数器就选几进制的计数器。

在 CP 脉冲作用下，N 进制计数器每 N 个 CP 脉冲状态循环一次。第一个脉冲作用之前，计数器清零，此时对应于最小项 $m_0 = 1$。第一个 CP 作用后，计数器的状态相当于 $m_1 = 1$，随后 $m_2, \cdots, m_n$ 依次出现高电平，在位线相关交点上点黑点，就可以获得所需的脉冲序列输出。如果要求多组脉冲序列输出，只要增加位线的条数即可。有几组脉冲输出，就用几条位线。该方法比用组合逻辑电路和计数器实现起来更具优势。

【**例 9.4**】 用 ROM 和 74LS161 构成脉冲序列发生器，要求产生两个 8 位的序列信号 P_1 和 P_2，P_1 和 P_2 分别为 00010111 和 10101100（时间顺序为自左至右）。

解： 以第一个时钟到达前的态序 0 为计算序列脉冲的起始位置，由于序列是 8 位，所以将 74LS161 接成一个 8 进制计数器，再加上 ROM 组成图 9.13 所示的阵列图，即可产生所需要的脉冲序列。序列脉冲波形图如图 9.14 所示。

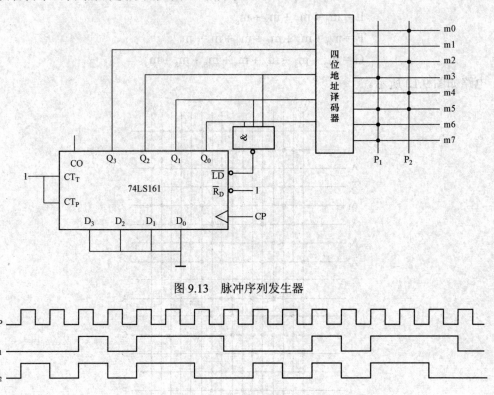

图 9.13　脉冲序列发生器

图 9.14　脉冲序列波形图

小　　　　结

本章介绍的存储器是一种能存储大量数据和信号的半导体器件。由于要求存储器存储的数据量很大，而器件的引脚数有限，因而，不可能将每个存储单元的输入和输出端都固定地各接到一个外引脚上。因此存储器的结构与第 6 章中讲的寄存器是不同的。

半导体存储器中的存储单元具有公共的 输入/输出端，存储器中的数据采用按地址存放数据的方法，只有那些被选中地址的存储单元才能与输入/输出端接通，从而与外界进行数据交换。为此，存储器的电路结构中必须包含地址译码器、存储矩阵和输入/输出电路这三个重要的组成部分。

半导体存储器的种类很多，从读、写的功能上分成只读存储器（ROM）和随机存储器（RAM）两大类。根据存储单元电路结构和工作原理的不同，又将 ROM 分为掩模 ROM、PROM、EPROM、EEPROM（或称 E^2PROM）等几种类型；将 RAM 分为静态 RAM 和动态 RAM 两类。掌握各种类型半导体存储器在电路结构和性能上的不同特点，将为我们合理选用这些器件提供理论依据。

当一片存储器的容量不够用时，可以将多片存储器芯片组合起来，构成一个更大容量的存储器，这种方法称为存储器容量的扩展。存储器容量的扩展可分为字的扩展和位的扩展。当每片存储器的字数够用而每个字的位数不够用时，应采用位扩展的连接方式；当每片的字数不够用而位数够用时，应采用字扩展方式；当每片的字数和位数都不够用时，则需同时采用位扩展和字扩展的连接方式。

习　　题

9.1　ROM 有哪些种类？各有何特点？

9.2　ROM 与 RAM 的主要区别是什么？它们各适用于哪些场合？

9.3　SRAM 和 DRAM 的主要区别是什么？

9.4　试用 2 片 1024×8 位的 ROM 组成 1024×16 位的存储器。

9.5　试用 4 片 4K×8 位的 RAM 接成 16K×8 位的存储器。

9.6　用 ROM 产生下列一组逻辑函数。

$$Y_1 = \overline{A}B\overline{C} + \overline{A}\overline{B}C \qquad\qquad Y_2 = A\overline{B}C\overline{D} + BC\overline{D} + \overline{B}ACD$$

$$Y_3 = ABC\overline{D} + \overline{A}B\overline{C}D + \overline{B}C \qquad Y_4 = \overline{A}BC\overline{D} + ABC\overline{D} + BC$$

9.7　用 ROM 矩阵实现下列码制之间的转换：①四位 8421 码与格雷码之间的转换；②8421 码与十进制数之间的转换。

第 10 章　可编程逻辑器件

可编程逻辑器件及其设计软件的出现使可编程设计工作变得非常容易，一些复杂的逻辑系统可以方便迅速地完成，本章介绍几种常见的可编程器件的结构特点及其主要应用。

10.1　概　　述

数字集成电路从逻辑功能的特点来分，可分为通用型和专用型。前面讲过的 74 系列及其改进系列、CC4000 系列、74HC 系列等都属于通用型器件，这些器件的逻辑功能是出厂时已经由厂商设计好的，具有很强的通用性。

从理论上讲，用大量通用器件可以组成任何复杂的数字系统，但设计工作非常繁琐，设计周期长，调试维修难，系统结构大，可靠性、功耗成本等各项指标均变差。

可编程逻辑器件（Programmable Logic Device，PLD）的问世为解决这些矛盾提供了一条比较理想的途径。

10.1.1　可编程器件的主要特点

PLD 是 20 世纪 80 年代发展起来的新型器件，虽然也作为一种通用器件生产，但其逻辑功能可由用户根据自己的需要来设计并通过对此器件进行编程实现。而且，有些 PLD 集成度极高，足以满足一般数字系统设计的要求。采用这样的器件设计数字系统，既没有采用一般通用器件造成的体积大、布线困难等缺陷，又避开了使用专用集成电路带来的高成本，因此，问世以后得到了迅猛的发展。其主要优点如下。

1. 高集成度

PLD 器件较中小规模集成芯片具有更高的集成度，一般来说一片 PLD 器件可替代 4～20 片中小规模集成芯片，而更大规模的 PLD（如 CPLD、FPGA）由于采用最新的集成电路生产工艺及技术，集成度更高，使用 PLD 器件可大大降低电子产品的成本并缩小电子产品的体积。

2. 显著加快电子系统的设计速度

PLD 器件集成度的提高，使设计和安装容易；可以利用计算机进行辅助设计，通过设计软件对设计的电路进行仿真和模拟，减小了电路调试时间；而且 PLD 器件的可擦除和可编程的特性，使设计修改简单了。

3. 高性能

PLD 器件在生产过程中采用了最新的生产工艺及技术，其性能远优于一般通用器件，其速度也比通用器件高一到两个数量级，另外由于器件数量的减少，电路的总功耗降低了。

4. 高可靠性

应用 PLD 器件设计电路明显减少器件的数量，器件的减少，使布线也减少，同时器件之间的交叉干扰和可能产生的噪声源减少，使系统运行更可靠。

5. 低成本

由于 PLD 器件的上述优点使电子产品在设计、安装、调试、维修、器件库存等方面的成本下降，从而降低电子产品的总成本，提高了产品的竞争力。

10.1.2 可编程器件的组成原理

由第 4 章的讨论可以知道，组合逻辑电路都可以用与或和或与函数表达式的形式，因此组合逻辑电路都可分为与逻辑部分及或逻辑部分，所以组合逻辑电路都可用图 10.1 进行描述。

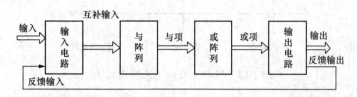

图 10.1　组合电路基本结构

图 10.1 所示的组合电路模型，实际上也就是 PLD 电路的基本模型，可分为输入电路、与阵列、或阵列、输出电路几个部分。

输入电路用于对输入信号进行缓冲，并产生原、反变量两个互补的信号供与阵列使用。与阵列和或阵列用于实现各种与或结构的逻辑函数。输出反馈电路用于实现各种复杂的逻辑功能。输出电路则有多种形式，可以是三态输出；也可以是双向输出；或者是一个多功能的输出宏单元，使 PLD 的功能更加灵活、完善。

表 10.1 所示为常用的 PLD 内部结构。

表 10.1 　　　　　　　　　　　　　**常用 PLD 内部结构**

分　类	与阵列	或阵列	输出电路
PROM	固定	可编程	固定
PLA	可编程	可编程	固定
PAL	可编程	固定	固定
GAL	可编程	固定	可组态

从表 10.1 中可以看出，PROM 实际上也是一种 PLD 器件，它也是由与阵列和或阵列组成的，其与阵列是固定的，而或阵列是可编程的。当与阵列有 n 个输入时，就会有 2^n 个输出（全译码输出），即要有 2^n 个 n 输入的与门存在。由于 PROM 是直接利用未经化简的与或表达式的每个最小项来实现函数，因而在门的利用率上常常是不经济的，一般仅作为存储器来使用，而很少作为 PLD 使用。

PLA 的与阵列和或阵列均可编程，因而可实现经过化简的与或逻辑，与、或阵列利用率较高，但由于编程复杂和输出结构的缺陷，现在已很少使用了。

PAL 的与项可编程，而或项是固定的，每个输出是输入变量若干个与项的或。用户可通过编程实现各种组合逻辑电路。PAL 一般采用熔丝双极性工艺，只能编程一次。但由于其速度较快、开发系统完善，现仍有较少使用。

GAL 的基本逻辑部分与 PAL 相同，也是与项可编程、或项固定。但输出电路采用了逻辑宏单元形式，用户可以对输出自行组态，而且 GAL 采用了 E^2PROM 的浮栅技术，实现了电可擦除功能，可进行现场的功能重置，现使用较广。

10.1.3　可编程器件的表示

由于 PLD 器件的阵列规模较大，在描述 PLD 内部电路时采用通常的逻辑电路表示方法将带来诸多不便，所以在讨论 PLD 器件时采用图 10.2 所示的简化表示。

图 10.2　PLD 电路的节点惯用画法

"固定连接"表示该节点的两条交叉线是固定连接的，不可以通过编程将其断开；"可编程连接"表示该节点的两条交叉线可通过编程的方法将其连接或断开；"不连接"表示该节点的两条交叉线互不相连。

PLD 器件由于与项、或项较多，采用传统的表示方法绘制 PLD 内部电路很不方便，故常用图 10.3 所示的简化表示。

10.1.4　可编程器件的输出结构

不同的可编程器件，其输出结构也不尽相同，下面以 PAL 器件为例对 PLD 器件的常用输出结构做一介绍。

1. 固定输出结构

固定输出结构是可编程器件中最简单的输出结构，如图 10.4 所示，其输出就是或阵列的输出。

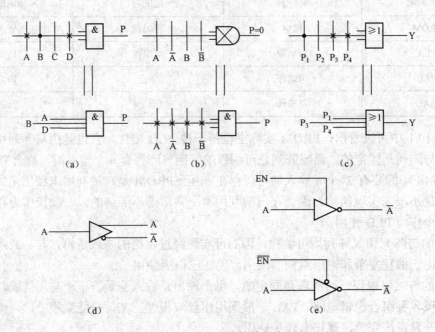

图 10.3　PLD 门电路的简化表示

（a）与门；（b）输出恒等于 0 的与门；（c）或门；（d）互补输出的缓冲器；（e）三态输出的缓冲器

2. 异步 I/O 输出结构

用固定输出结构可以实现简单的组合逻辑功能，但如果要实现输出端既可以当输出，又可以当输入等较为复杂的功能，固定输出结构就无法实现了，这时需用异步 I/O 结构的输出结构，如图 10.5 所示。

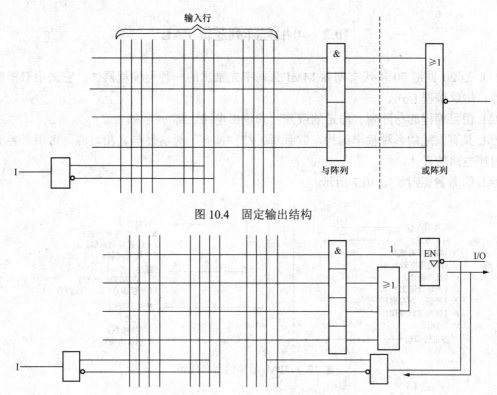

图 10.4　固定输出结构

图 10.5　异步 I/O 输出结构

从图中可以看出，当三态门的使能端为 0 时，其三态门输出为高阻，其内部的输出电路与 I/O 线隔离，这时 I/O 线可作为输入端来使用；而当三态门的使能端为 1 时，三态门把内部输出电路与 I/O 线连接起来，其 I/O 为输出，同时由于输出还可以反馈到其内部矩阵，因此可实现各种需带反馈的电路，从而减少电路的外部连接，如触发器电路及各种带级联的电路。

3. 带异或门的输出结构

带异或门的输出结构，其输出端加了一个异或门，如图 10.6 所示。

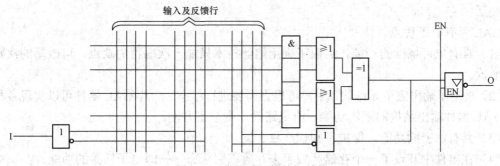

图 10.6　带异或门的输出结构

这个异或门的加入使得电路的构成发生了变化，可以很方便地对与-或阵列输出的函数求反，以便当某一个函数用原函数实现较困难时可以通过反函数加以实现。因为异或门具有如下特点：当输入端的一个输入接为 0 时，其输出等于另一个输入；而当输入端中的一个接为 1 时，其输出为另一个输入的非。

10.2　可编程阵列逻辑 PAL

PAL 是 20 世纪 70 年代末期由 MMI 公司率先推出的一种可编程器件。它采用双极型工艺制作，熔丝编程方式。

PAL 由可编程的与阵列、固定的或阵列和输出电路三部分组成。

PAL 具有前述的各种输出结构，并且每种结构都有一类器件与之相对应，可用于各类组合和时序电路的设计。

PAL 的命名规则如图 10.7 所示。

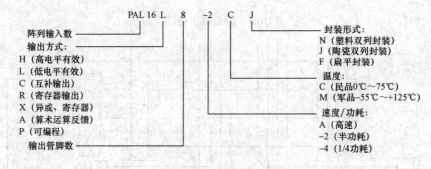

图 10.7　PAL 器件的命名规则

10.3　通用可编程逻辑阵列 GAL

PAL 器件一般采用熔丝工艺，一次编程后，就像 PROM 那样不可再改变，这给使用者带来了不便。

GAL 器件是从 PAL 改进而来的，采用了 E^2CMOS 工艺，也就是电改写 CMOS 工艺，能在很短的时间内完成电擦除和电改写的任务，而且与 EPROM 一样，可进行多次编程。另外其输出采用了更为灵活的逻辑宏单元结构（Output Logic Macro Cell，OLMC），使得逻辑设计更加灵活。

GAL 具有以下优点。

（1）具有电可擦除的功能，克服了采用熔丝技术只能一次编程的缺点，可改写的次数超过 100 次。

（2）采用了输出宏单元结构，用户可根据需要进行组态，一片 GAL 器件可以实现各种组态的 PAL 器件输出结构的逻辑功能，给电路设计带来了方便。

（3）具有加密的功能，保护了知识产权。

（4）在器件中开设了一个存储区域用来存放识别标志——即电子标签的功能。

下面以图 10.8 所示的 GAL16V8 为例，介绍 GAL 器件的一般结构形式和工作原理。

图 10.8 所示为 GAL16V8 的内部逻辑框图，从图中可看出，GAL16V8 由输入端、与阵列、输出宏单元、系统时钟和输出三态控制端五个部分组成。

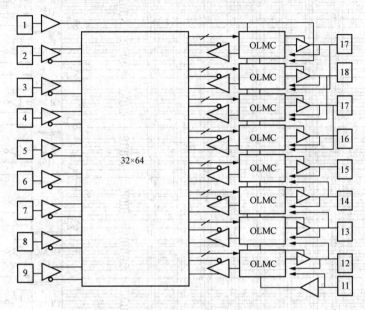

图 10.8　GAL16V8 的内部逻辑框图

（1）输入端：GAL16V8 的 2～9 脚共 8 个输入端，每个输入端有一个缓冲器，并由缓冲器引出两个互补的输出到与阵列。

（2）与阵列部分：它由 8 根输入及 8 根输出各引出两根互补的输出构成 32 列，即与项的变量个数为 16；8 根输出每个输出对应一个 8 输入或门构成 64 行，即 GAL16V8 的与阵列为一个 32×64 的阵列，共 2048 个可编程单元。

（3）输出宏单元：GAL16V8 共有 8 个输出宏单元，分别对应于 12～19 脚。每个宏单元的电路均可通过编程实现所有 PAL 输出结构的功能。

（4）系统时钟：GAL16V8 的 1 脚为系统时钟输入端，与每个输出宏单元中 D 触发器时钟输入端相连，因此 GAL 器件可实现同步时序电路，但不可能实现异步时序电路。

（5）输出三态控制端：GAL16V8 的 11 脚为器件的三态控制公共端。

图 10.9 所示为 GAL16V8 的内部逻辑图。

图 10.10 所示为 GAL 器件的输出宏单元 OLMC 结构。

从图中可看出，GAL16V8 的 OLMC 由一个或门、一个异或门、一个 D 触发器和四个多路选择器组成。

或门可实现器件的或逻辑，GAL16V8 的每个 OLMC 提供了 8 个或门，每个输出最多有 8 个与项。

异或门可实现逻辑极性变换。

多路选择器用以通过编程实现前述 PAL 器件的输出结构。

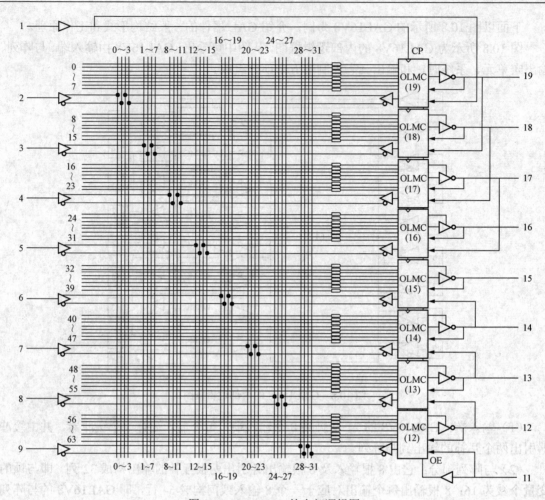

图 10.9　GAL16V8 的内部逻辑图

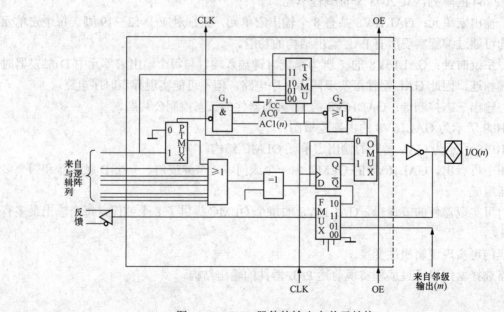

图 10.10　GAL 器件的输出宏单元结构

10.4 可编程逻辑器件应用举例

【例 10.1】 用可编程器件设计一个数值判别电路。要求判断 4 位二进制数 DCBA 的大小是否在 0～5、8～10 之间。

解: 若以 $Y_1=1$ 表示 DCBA 的数值在 0～5 之间;以 $Y_2=1$ 表示 DCBA 的数值在 8～10 之间,则得到表 10.2 所示的函数真值表。

表 10.2   [例 10.1] 的真值表

D	C	B	A	Y_1	Y_2
0	0	0	0	1	0
0	0	0	1	1	0
0	0	1	0	1	0
0	0	1	1	1	0
0	1	0	0	1	0
0	1	0	1	1	0
0	1	1	0	0	0
0	1	1	1	0	0
1	0	0	0	0	1
1	0	0	1	0	1
1	0	1	0	0	1
1	0	1	1	0	0
1	1	0	0	0	0
1	1	0	1	0	0
1	1	1	0	0	0
1	1	1	1	0	0

从真值表可得出如下函数表达式(已化简)

$$Y_1 = \overline{D}\,\overline{C} + \overline{D}\,\overline{B}$$

$$Y_2 = D\overline{C}\,\overline{B} + D\overline{C}\,\overline{A}$$

这是一组有 4 个输入变量,2 个输出变量的组合逻辑函数。如果用一片 PAL 器件来实现这一逻辑函数,必须选用至少有 4 个以上输入端、2 个以上输出端及每个输出具有 3 个以上乘积项(或门输入端有 3 个以上输入端)的器件。

由于完整电路过于复杂,在这里仅画出 [例 10.1] 的逻辑阵列图,如图 10.11 所示。后面的例子同此。

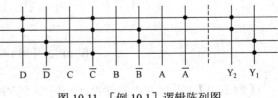

图 10.11   [例 10.1] 逻辑阵列图

【例 10.2】用可编程器件实现 8421BCD 码变换成 5421BCD 码的码制变换器。

解: 设 A_3、A_2、A_1、A_0 为 8421BCD 码的输入变量,B_3、B_2、B_1、B_0 为 5421BCD 码的

输出变量，得表 10.3 所示的真值表。

由真值表可得出如下函数表达式（已化简）

$$B_3 = A_3\overline{A_2}\,\overline{A_1} + \overline{A_3}A_2A_1 + \overline{A_3}A_2A_0$$

$$B_2 = A_3\overline{A_2}\,\overline{A_1}A_0 + \overline{A_3}\,\overline{A_2}A_1\overline{A_0}$$

$$B_1 = \overline{A_3}A_1A_0 + \overline{A_3}\,\overline{A_2}A_1 + A_3\overline{A_2}\,\overline{A_1}\,\overline{A_0}$$

$$B_0 = \overline{A_3}\,\overline{A_2}A_0 + A_3\overline{A_2}A_1A_0 + \overline{A_3}A_2A_1\overline{A_0}$$

这是一组有 4 个输入变量，4 个输出变量的组合逻辑函数。如果用一片 PAL 器件来实现这一逻辑函数，必须选用至少有 4 个以上输入端、4 个以上输出端及每个输出具有 4 个以上乘积项（或门输入端有 4 个以上输入端）的器件。

表 10.3 　　　　　　　　　　　　　　　　　[例 10.2] 的真值表

A_3	A_2	A_1	A_0	B_3	B_2	B_1	B_0
0	0	0	0	0	0	0	0
0	0	0	1	0	0	0	1
0	0	1	0	0	0	1	0
0	0	1	1	0	0	1	1
0	1	0	0	0	1	0	0
0	1	0	1	1	0	0	0
0	1	1	0	1	0	0	1
0	1	1	1	1	0	1	0
1	0	0	0	1	0	1	1
1	0	0	1	1	1	0	0

逻辑阵列图如图 10.12 所示。

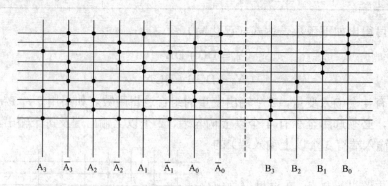

A_3 　$\overline{A_3}$ 　A_2 　$\overline{A_2}$ 　A_1 　$\overline{A_1}$ 　A_0 　$\overline{A_0}$ 　　B_3 　B_2 　B_1 　B_0

图 10.12 　[例 10.2] 逻辑阵列图

【例 10.3】 用可编程器件设计一同步十六进制加计数器。

解： 十六进制加计数器需要记忆十六个状态，因此需使用 4 个触发器，设 4 个触发器的输出分别为 Q_3、Q_2、Q_1、Q_0，可画出图 10.13 所示的状态图。

由状态转换图可画出 Q_3、Q_2、Q_1、Q_0 对应的卡诺图，并通过卡诺图化简得如下函数表

达式

$$Q_3^{n+1}=\overline{Q}_2^{\ n}Q_3^{\ n}+\overline{Q}_1^{\ n}Q_3^{\ n}+\overline{Q}_0^{\ n}Q_3^{\ n}+\overline{Q}_3^{\ n}Q_2^{\ n}Q_1^{\ n}Q_0^{\ n}$$

$$Q_2^{n+1}=\overline{Q}_2^{\ n}Q_1^{\ n}Q_0^{\ n}+Q_2^{\ n}\overline{Q}_0^{\ n}+Q_2^{\ n}\overline{Q}_1^{\ n}$$

$$Q_1^{n+1}=\overline{Q}_1^{\ n}Q_0^{\ n}+Q_1^{\ n}\overline{Q}_0^{\ n}$$

$$Q_0^{n+1}=\overline{Q}_0^{\ n}$$

逻辑阵列电路图如图 10.14 所示。

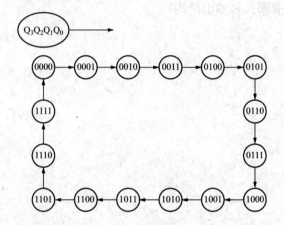

图 10.13　同步十六进制加计数器状态转换图

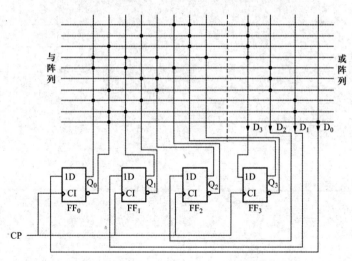

图 10.14　[例 10.3] 逻辑阵列电路图

小　　结

本章主要介绍了可编程器件的基本概念、分类和工作原理，以及可编程器件基本应用。

通过本章学习，要求学生了解可编程器件的基本概念、分类和工作原理，掌握 PAL、GAL 器件的主要特点，学会用 PAL、GAL 器件进行简单逻辑电路设计。

习　　题

10.1　试比较可编程器件与 ROM 的异同。

10.2　可编程器件有哪几种基本类型？主要特点是什么？

10.3　用 PAL 逻辑阵列图实现以下逻辑功能：①将 4 位二进制数转换成 Gray 码；②构成全加器。

10.4　可编程器件有哪几种输出结构？

部分习题参考答案

第1章

1.3 $(357)_8 = 3 \times 8^2 + 5 \times 8^1 + 7 \times 8^0$；$(FC8)_{16} = F \times 16^2 + C \times 16^1 + 8 \times 16^0$

1.4 22；9.25；27；255

1.5 1111；100011.1011；1010111.1

1.6 $(525)_8$，$(155)_{16}$；$(16.5)_8$，$(E.A)_{16}$

1.7 $(100.0011)_2$；$(1001.1011)_2$；$(1010001.11)_2$；$(0.00111)_2 \cdots 余 (0.00001)_2$

1.8 $(1101000101)_{8421BCD}$；$(001001100111)_G$；$(110100100100001)_{8421BCD}$；

$(0101110100110001)_G$

第2章

2.1 $\overline{BCD} + \overline{AC}$

2.2 $A\overline{BC} + \overline{AB}C + \overline{ABC} + ABC$；$AB\overline{C} + \overline{ABC} + ABC + \overline{AB}C$

2.3 001；011；110；111；011

2.4 $F_1 = F_2$；$F_1 = \overline{F_2}$；

2.5 $\overline{A} \cdot B + \overline{C} \cdot D$；$(\overline{A} + \overline{B} \cdot C)(A + \overline{D})$

2.6 $\overline{AB} \cdot (\overline{A} + \overline{B})$；$\overline{\overline{A \cdot B \cdot C \cdot \overline{D}} + F}$

2.8 $F = \overline{G}$；$F = \overline{G}$

2.10 $A + B + \overline{C}$；$ABD + \overline{C}D + DE$；$A \odot B$；$AB + ACD$；$B \odot (CD)$；$C \oplus D$；$\overline{D}$

2.11 1；$A + \overline{BD}$；$\overline{AB} + C + \overline{BD} + BE$；$A\overline{B} + D$

2.12 $\Sigma m(1,4,5,6,7,) = \Pi m(0,2,3)$；$\Sigma m(0,1,2,3,4) = \Pi m(5,6,7,8,9,10,11,12,13,14,15)$

2.14 B；C；1

2.15 1；$AB + C$；$A + C + BD + \overline{B}EH$；

2.16 $ABC + \overline{ABC}$；$\Sigma m(4,5,8,10,12,13,14)$；$\Sigma m(4,5,6,7,9,12,14)$

2.17 $\Sigma m(1,3,6,7) = \Pi m(0,2,4,5)$

2.18 $A\overline{D} + A\overline{B} + A\overline{C}$；$\overline{A}B + \overline{B}C + AC$；$\overline{A}B + B\overline{D} + ACD + \overline{A}C\overline{D}$；$\overline{B}\overline{D} + AB + AC + \overline{A}CD$

2.20 $(A + B + C)(\overline{A} + \overline{B} + \overline{C} + \overline{D})$；$(\overline{A} + \overline{B})(\overline{A} + \overline{C})(\overline{B} + D)(\overline{C} + D)$；B

2.21 $AC\overline{D} + AB\overline{D} + A\overline{B}CD + \overline{A}BCD$；1

2.23 $\overline{B}C + \overline{C}D + \overline{B}D$；$B\overline{D} + \overline{B}C + BD$ 或 $BD + \overline{C}D + \overline{B}D$

2.24 $\overline{A} + BD$；$\overline{A}C + CD + \overline{C}\overline{D}$；$B\overline{D} + \overline{B}CD + C\overline{D}$；$\overline{D} + B\overline{C} + \overline{B}C$

2.26 $C\overline{E}$；$\overline{B}D + \overline{B}E + \overline{C}D\overline{E} + ABD + AB\overline{E}$

第3章

3.2 0.7V；5.7V；5.7V；5.35V

3.8   5.4mA；2.43mA

3.9   0.82kΩ；0.43kΩ

3.14 $\overline{\overline{ABC}+CD}$；$A\overline{B}+A\overline{CD}$

3.17 $A \oplus \overline{B}$

第 4 章

4.1   奇校验

4.2   ABC+AD+BD+CD

4.3 $X_3 + X_2\overline{X}_0 + X_2X_1$；$X_3X_0 + X_2\overline{X}_1\overline{X}_0$；$X_3\overline{X}_0 + \overline{X}_2X_1 + X_2X_0$
       $X_3\overline{X}_0 + \overline{X}_3\overline{X}_2X_0 + X_2X_1\overline{X}_0$

4.12 $a_1a_0b_1b_0$；$a_1\overline{a}_0b_1 + a_1b_1\overline{b}_0$；$\overline{a}_1a_0b_1 + a_0b_1\overline{b}_0 + a_1\overline{b}_1b_0 + a_1\overline{a}_0b_0$；$a_0b_0$

4.14 $Y_2Y_1Y_0 = 101$；高阻

4.15 $F_1 = \overline{XYW} + \overline{X}YW + \overline{X}Y\overline{Z} + X\overline{Y}$ $F_2 = \overline{XYW} + \overline{X}Y\overline{Z} + X\overline{Y}\overline{W} + XYZ$

4.19 $\overline{AC} + B + A\overline{C}$；$\overline{ABCD} + \overline{B}C + \overline{A}C + AB\overline{C}D + ABCG$

第 5 章

5.9 $Q^{n+1} = \overline{Q^n}$；$Q^{n+1} = Q^n$；$Q^{n+1} = 0$；$Q^{n+1} = Q^n$；$\overline{Q^n}$；$\overline{Q^n}$

5.12 $\overline{A}\overline{Q^n} + BQ^n$

5.16 BQ^n；$\overline{A}\overline{Q^n}$

第 6 章

6.1

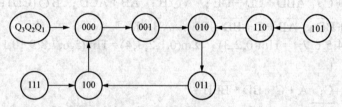

电路有自启动能力。

6.3

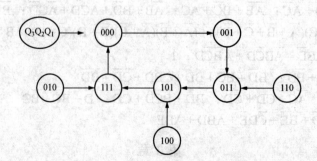

6.6   状态图

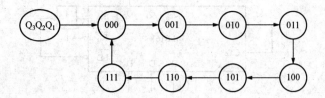

具有自启动能力。

6.11

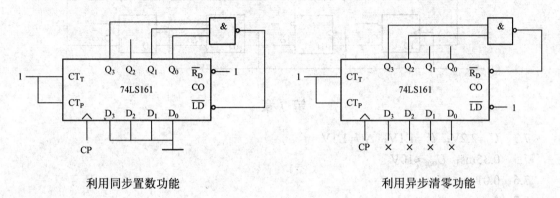

利用同步置数功能   利用异步清零功能

6.12　该电路为十三进制计数器

6.15　九进制计数器

6.16

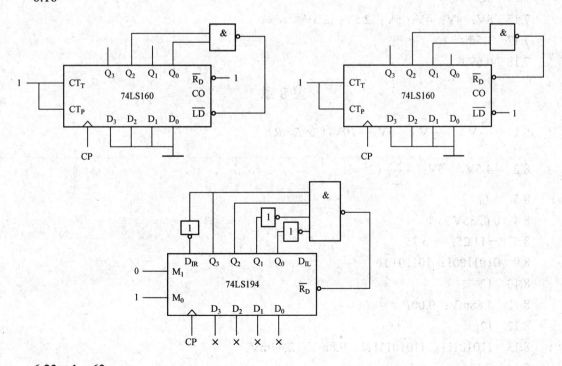

6.23　1：63

6.27

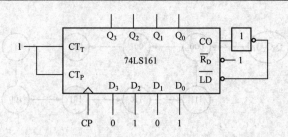

6.33

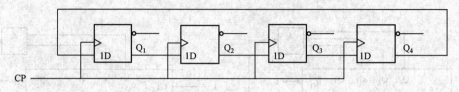

第7章

7.3　U_+=2.2V；　U_-=1.1V；　ΔU=1.1V

7.5　0.35ms；　$U_{om}\approx$10V

7.6　0.011ms

7.7　5

7.8　$0.7(R_1+R_2)C$

7.12　0.286

7.13　$R_a=R_b$

7.15　8V；　4V；　4V；　5V；　2.5V；　2.5V

7.17　1.5ms

7.18　0.69μs

第8章

8.1　$-\dfrac{5}{4}$V；　$-\dfrac{5}{2}$V；　-5V；　-10V（令R_f=R）

8.2　-4.5V，　-5V；　$-\dfrac{U_R}{2^4}(2^2\times1)$

8.3　6位

8.4　0.0235V

8.5　-11.25；　-6.25

8.9　01011001；　10110101

8.10　12

8.11　4.88mV；　0.001

8.12　12μs

8.13　11010111；　1101011111；　9.8mV；　2.44mV

8.14　5.12ms

参 考 文 献

[1] 阎石. 数字电子技术基础 [M]. 5 版. 北京：高等教育出版社，2006.

[2] 杨春玲，王淑娟. 数字电子技术基础 [M]. 北京：高等教育出版社，2011.

[3] 康华光. 电子技术基础（数字部分）[M]. 4 版. 北京：高等教育出版社，2006.

[4] 秦曾煌. 电工学（下册，电子技术）[M]. 6 版. 北京：高等教育出版社，2004.

[5] 蔡惟铮. 集成电子技术 [M]. 北京：高等教育出版社，2004.

[6] 郑家龙. 集成电子技术基础教程（上册）[M]. 2 版. 北京：高等教育出版社，2008.

[7] 刘贵栋. 电子电路的 Multisim 仿真实践 [M]. 哈尔滨：哈尔滨工业大学出版社，2008.

[8] 阎石. 帮你学数字电子技术基础——释疑、解题、考试 [M]. 北京：高等教育出版社，2004.

[9] 张克农. 数字电子技术基础学习指导与解题指南 [M]. 北京：高等教育出版社，2004.

[10] 王淑娟. 数字电子技术基础学习指导与考研指南 [M]. 北京：高等教育出版社，2008.

[11] 徐维. 数字逻辑系统与设计学习指导及习题解析 [M]. 北京：科学出版社，2006.